基于 CDIO 理念的
卓越制药工程师培养模式的构建与实践

陈新梅　周萍◎著

吉林科学技术出版社

图书在版编目（ＣＩＰ）数据

基于 CDIO 理念的卓越制药工程师培养模式的构建与实践 / 陈新梅, 周萍著. -- 长春 : 吉林科学技术出版社, 2021.5

ISBN 978-7-5578-8184-9

Ⅰ. ①基… Ⅱ. ①陈… ②周… Ⅲ. ①制药工业—人才培养—研究 Ⅳ. ①TQ46-4

中国版本图书馆 CIP 数据核字(2021)第 108814 号

基于 CDIO 理念的卓越制药工程师培养模式的构建与实践

著　　　陈新梅　周　萍
出 版 人　宛　霞
责任编辑　张丽敏
助理编辑　米庆红
封面设计　华　睿
幅面尺寸　185mm×260mm　1/16
字　　数　286 千字
页　　数　212
印　　张　13.25
版　　次　2021 年 5 月第 1 版
印　　次　2022 年 1 月第 2 次印刷

出　　版　吉林科学技术出版社
发　　行　吉林科学技术出版社
地　　址　长春市净月区福祉大路 5788 号
邮　　编　130118
发行部电话/传真　0431-81629529　81629530　81629531
　　　　　　　　　81629532　81629533　81629534
储运部电话　0431-86059116
编辑部电话　0431-81629518
印　　刷　保定市铭泰达印刷有限公司

书　　号　ISBN 978-7-5578-8184-9
定　　价　46.00 元

前　言

　　制药工程专业是药学（中药学、生物药）、化学、工程学、医学、生物学等学科相互交叉、相互渗透形成的交叉学科，培养对象为药物及其制剂的生产、中试放大、工程设计技术人才。随着工业化和信息化的迅速发展，制药行业在自主创新、产业结构、环境、能源、原材料等方面都面临越来越多的难点和挑战。2015 年国务院发布了《中国制造2025》强国战略，为推动从制造业大国向制造业强国的转变，我国的制造业在自主创新、资源利用、产业结构、质量效益、绿色发展和信息化等方面，均急需一批高素质综合性工程技术领军人才。特别是随着"工业 4.0"时代的到来，工业智能感知、工业大数据、智能制造和云制造等关键核心技术的应用，对制药工程技术人才提出越来越高的要求。2016 年我国正式成为《华盛顿协议》成员国，标志着我国工程教育获得国际认可。在这一大背景下，着力培养引领新一轮产业变革的卓越人才，提升国家的硬实力及国际竞争力，适应我国从"制造大国"向"智造强国"转变对人才的战略需求，成为我们面临的紧迫任务。

　　2010 年，教育部联合 22 个部门和 7 个行业协会，推出了高等院校"卓越工程师教育培养计划"，目的是为我国培养一批创新能力强、知识水平高、实践能力强，"面向工业界、面向未来、面向世界"的卓越工程技术人才和领军人才。2017 年提出的"新工科"建设目标，对工科人才的培养提出了新要求，明确了"以立德树人为引领，以应对变化、塑造未来为建设理念，以继承与创新、交叉与融合、协调与共享为主要途径，旨在培养未来多元化、创新型的卓越工程人才"的高等工程教育宗旨。结合新的要求，创新构建制药工程专业卓越人才培养模式，加强高校与行业和企业的深度合作，培养更加符合社会和企业需求的高素质复合型人才，增强专业国际化建设，就成为推动我国工程教育与国际工程教育接轨、提升我国工程教育国际竞争力的一个有效途径。

　　为了实现"卓越计划"及"新工科"人才培养的预期目标，积极应对"工业 4.0"时代到来，我们构建了"基于 CDIO 理念的卓越制药工程师的培养模式"（CDIO，Conceive 构思、Design 设计、Implement 实施、Operate 运行）。CDIO 工程教育模式是当前国际工程教育改革的最新成果和教育理念。卓越制药工程师只有具备了正确的大工程观和高层次的工程文化素养，才能真正实现制药工程的综合效益和国家制药行业可持续发展。通过严格遴选，我们组建了"卓越制药工程师试点班"。试点班成员来自我校药学院制药工程专业 2012、2013、2014、2015 级，共 32 名本科生。"卓越制药工程师试点班"基于 CDIO 理念，以创新创业教育理念为指导，坚持"以学生为本，倡导勇于追求真理，敢于探索未知，充分发挥潜能"的原则，对学生进行培养。试点班采用动态分层管理模式，以"3+1 分段式培养、校企联合培养、双师培养、国际化视野培养"为培养模式，对卓越制药工程专业技术人才的培养模式进行了探索和实践。该模式注重学生的实践能力、创新能力和国际化视野，培养出的卓越制药工程师，熟悉药物及制剂的产品研发、工艺流程、生产设备和质量控制，了解企业文化、管理模式、工程设计、运行方式等知识，同时也具备一定的工程意识、工程素养和工程实践能力。

2016 年到 2019 年期间，卓越制药工程师试点班共毕业 32 名毕业生。试点班学生的专业素养、专业知识、专业技能、工程实践能力、工程创新能力、工程研发能力和工程组织能力均得到显著提高，国际化视野也得以开阔。通过培养，学生在掌握扎实的工程知识和专业理论的同时，能选用适当的理论和实践方法解决工程实践中出现的实际问题，并具有产品和工程项目设计与管理经验，具备良好的沟通与交流能力，成为具有职业道德、责任心、工程素养、工程创新能力和国际竞争力的复合型的高层次制药工程技术人才。从 2016 年和 2020 年的两次"毕业生回访结果"来看，该试点班基本达到了预先设定的目标。

在"卓越工程师教育培养计划（2.0 版）"开启的新阶段，我们按照时间顺序，对"卓越制药工程师试点班"的筹备、遴选、组建、培养、毕业、回访和成果推广等标志性事件进行了系统梳理，以详实的第一手资料系统记述和讨论了卓越制药工程师的培养过程和取得的成绩。期望本书总结的经验和成果，能为"卓越计划 2.0"时代制药工程师的培养提供一些参考和借鉴，为具有行业特色的培养模式注入新的理念和新的要素，能够推动在产学研结合道路上走出一条高层次创新人才培养的新途径。

陈新梅　周萍

2021 年 3 月

目 录

附录三 课题组发表的教学论文

第一章　卓越制药工程师试点班的顶层设计

一、国内外现状分析

随着世界经济和科学技术的快速发展，走"工程强国"之路成为绝大多数国家的共识，并逐渐上升到国家战略层次。西方发达国家高度重视工程教育，美国将"加强科学、工程和技术教育、引领世界创新"作为国家战略，提出了"2020工程师计划"；欧盟为了加强欧洲工程教育提出了三项大型工程教育改革计划，包括"欧洲工程的教学与研究计划、加强欧洲工程教育、欧洲高等工程教育"等；英国提出了"培养21世纪的工程师计划"；日本把发展工程教育作为实现经济持续增长的重要措施。

党的十七大提出走中国特色新型工业化道路，我国工程院在《走向创新——创新型工程科技人才培养研究综合报告》中指出："工业界既需要学术型工程科技人才，更需要应用型工程科技人才，尤其是需要技术交叉、科技集成创新的新型工程科技人才。国有大中型企业需要大批优秀工科毕业生充实到工程一线"。

在上述的国内外大背景下，我国借鉴世界先进国家高等工程教育的成功经验，教育部在2010年推出"卓越工程师教育培养计划"，该计划是《国家中长期教育改革与发展规划纲要》（2010-2020年）和《国家中长期人才发展规划纲要》（2010-2020年）的重要内容，由教育部发起，旨在为未来工程师领域培养多种类型的优秀的工程师后备军。该计划要求高校转变办学理念，调整人才培养目标定位以及改革人才培养模式，培养"面向工业界、面向未来、面向世界"的优秀工程技术人才，提升我国工程教育的国际竞争力，提升我国产业的国际竞争力。第一批试点61所高校已批准开展"卓越工程师培养教育计划"，其中985工程高校19所、部属行业背景高校16所、省属高校16所。

习近平同志在华中农业大学座谈会中指出："我们的学习应该是全面的、系统的、富有探索精神的。既要向书本学习，也要向实践学习，既刻苦钻研理论又积极掌握技能，要学以致用"。习近平同志在联合国"教育第一"全球倡议行动纪念活动的视频贺词中，着力强调增强学生的社会责任感、创新精神和实践能力。

教育部在2010、2012、2013年，分三批批准国内高校的工程学科相关专业进入"卓越工程师培养教育计划"，着力培养学生的工程实践能力。

制药工程专业是药学（中药学、生物药）、化学、工程学、医学、生物学等学科相互交叉、相互渗透形成的交叉学科，培养对象为药物及其制剂的生产、中试放大、工程设计的技术人才。自1998年教育部的学科目录中首次正式提出"制药工程"专业以来，为制药行业培养了一大批技术人才，为我国医药工业发展做出了巨大贡献。

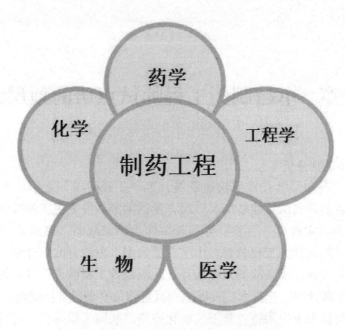

图1-1 制药工程专业的多学科交叉性

随着工业化和信息化的迅速发展，制药行业在自主创新、产业结构、环境、能源、原材料等方面，面临越来越多的难点和挑战，这对制药工程技术人才提出越来越高的要求。同时制药工程专业在发展的过程中，在培养模式上"重理论、轻实践"造成培养的学生理论和实践脱节，无法满足生产企业的需求，对企业和行业的发展造成一定影响。因此我国制药工程教育面临三个无法回避的问题：

问题一：学生工程实践能力较薄弱；

问题二：教师工程素质不高；

问题三：企业与高校合作育人积极性不高；

因此，"卓越工程师培养教育计划"为制药工程专业培养应用型技术人才提供了一条切实可行的思路和途径。2010-2011、2012、2013年，教育部分三批，分别批准国内高校参与"卓越工程师培养教育计划"。制药工程专业获得批准情况见表1-1、表1-2和表1-3所示。

表1-1 教育部批准的第一批试点高校

加入时间	学校名称	专业	专业代码	层次
2010	天津大学	制药工程	081102	本科
2010	北京化工大学	制药工程	081102	本科
2010	华东理工大学	制药工程	081102	本科
2011	南京工业大学	制药工程	081102	本科
2011	北京石油化工学院	制药工程	081102	本科
2011	江南大学	制药工程	081102	本科
2010	南京工业大学	制药工程	430136	工程硕士
2010	江南大学	制药工程	430136	工程硕士

表1-2　教育部批准的第二批试点高校

加入时间	学校名称	专业	专业代码	层次
2012	武汉工程大学	制药工程	081102	本科
2012	中国药科大学	制药工程	081102	本科
2012	中国药科大学	制药工程	430136	工程硕士

表1-3　教育部批准的第三批试点高校

加入时间	学校名称	专业	专业代码	层次
2013	河北科技大学	制药工程	081302	本科
2013	合肥工业大学	制药工程	081302	本科
2013	贵州大学	制药工程	081302	本科
2013	云南大学	制药工程	081302	本科

卓越工程师就业率成果喜人。2014年，教育部首批批准的卓越工程师本科层次学生毕业，各高校统计数据显示就业前景喜人。华东理工大学化工学院首批卓越工程师班的41名学生，不仅100%就业，同时整体就业质量较高。宁波工程学院的5个专业的830名卓越工程师就业率也高达95%以上。

2013年我校制药工程专业获批"山东省卓越工程师教育培养计划项目"。为了引导高校主动服务国家战略、加快半岛蓝色经济区和黄河三角洲高效生态经济区建设、提高高等工程教育质量，山东省教育厅于2013年开展了"山东省省级卓越工程师教育培养计划项目"。我校制药工程专业积极申报，获得立项。

二、基于CDIO理念的卓越制药工程师培养模式

山东省是医药产业大省和药品流通大省，截止到2013年，全省规模以上医药生产企业共738家，实现主营业务收入3353亿元、利税504亿元、利润336亿元，三项指标居全国首位。药品生产企业在进行新药研发、工艺设计、中试放大、投产、GMP改造等工作时，需要大批掌握工程技术知识、药物制剂研发和生产、生产工艺、药品质量控制等知识和技术的应用型人才。"卓越制药工程师"是制药工程专业的高层次应用型人才。该项目的实施能树立制药工程人才实践教育示范作用、满足制药工程师的规模化、高质量的人才培养需求、推动校企联合育人的长远机制、建立稳定的专职兼职应用型师资队伍。

CDIO工程教育模式（Conceive构思、Design设计、Implement实施、Operate运行）是当前国际工程教育改革的最新成果和教育理念。其核心理念是"做中学"(learning by doing)和"基于项目的教育和学习"(project based on education and learning)集中概括和抽象表达。CDIO让学生在受教育的过程中接受工程实践、直接体验产品的生命周期。CDIO突出学生的主体地位、注重扎实的工程基础理论和专业知识的培养，让学生以主动的、实践的、课程之间联系的方式进行学习。

本项目所提出的卓越制药工程师的培养模式主要由"校内学习"和"药企实践"两个培养阶段组成。四年本科制，实行"3+1"的培养模式，即：3年校内培养+1年企业实践能力培养。在原有教学方法的基础上，根据卓越工程师的培养要求，强化理论和实践的结合，推进企业现场教学、工程项目教学、案例教学等教学方法和手段，以制药工程技术能力为培养重点，使培养出来的学生熟悉药物及制剂的产品研发、工艺流程、生产设备、质量控制，同时了解企业文化、管理模式、工程设计、运行方式等具备工程意识、工程素质、工程实践能力的卓越制药工程师。

表1-4 卓越制药工程师培养阶段

年级	学期	学习地点	学习内容
大一	1	学校	通识教育
	2		
大二	3		学科教育
	4		
大三	5		专业教学
	6		
大四	7	企业	工程实践
	8		

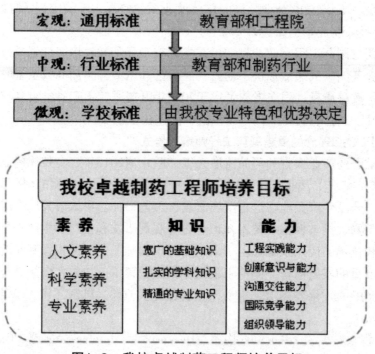

图1-2 我校卓越制药工程师培养目标

三、研究意义

创新制药工程人才培养的新模式。以我校药学院的制药工程专业、药学专业、中药学专业为依托，加强与企业的合作力度，通过"走出去、请进来"的方式、依照教育部《卓越工程师教育培养计划通用标准》，结合我校的优势和特点，制定符合我校特色的专业培养方案，建立校企联合培养、共同管理的新机制。通过实施应用型制药工程人才培养方案，深入推进"多方位、多层次、多模式"的课程体系改革与实践，探索适合山东省制药行业经济可持续发展的高素质工程创新人才培养之路，培养掌握制药工程领域的专门知识和关键技术，具有发展潜质和国际竞争力的制药工程人才。

有利于培养实践能力强的应用型制药工程技术型人才。以立足山东省经济社会发展需要，着眼山东高等教育实际，坚持"行业指导、校企合作、分类实施、形式多样"的原则，进一步加强高校与行业、企业、科研院所等单位合作，培养更加符合社会和企业需求的高素质复合型人才，提高学生的工程实践、工程设计、工程创新能力，为我省培养造就一大批创新能力强、适应山东半岛经济区建设和推动科技创新的高质量适用型人才。

有利于建设具有工程技术背景的高水平师资队伍。通过与制药企业建立联合培养人才的新机制、优化制药人才培养方案、改革课程体系、教学内容和教学方法、建设高水平工程教育师资队伍。

有利于提高制药企业参与人才培养的积极性。高校是人才培养的主体，具有高水平的师资队伍、了解教育规律；企业更加注重应用，能给学生提供实践的环境；因此高校与药企合作具有一定的互补性。以"卓越制药工程师"人才培养为载体和契机，有利于推动制药企业内部管理机制优化、提高药企员工的素质、推动技术革新。同时也有利于宣传企业文化，提高企业社会形象。

有利于提高我校制药工程专业学生的就业率。与普通的制药工程专业人才相比，卓越制药工程师在培养过程中强调了实践，因此更加适合于应用，这在一定程度上有利于提高该专业学生的就业率。

四、培养目标

培养一批具有创新精神和实践能力的制药工程师。以国家通用标准为指导，参照行业标准，并结合我校办学理念和办学特色，制定我校卓越制药工程师培养标准，并依此为标准，培养"宽基础、高素质、重实践、能创新"的卓越制药工程师，使学生具有较强的综合素质和能力。

满足制药工程师的规模化、高质量的人才培养需求。创新人才的培养模式，通过校企联合方式，结合医药产业快速发展对人才的要求，加大制药工程实践教育力度，积极培养"卓越制药工程师"，满足制药工程对工程师的规模化、高质量的人才需求。

推动校企联合育人的长远机制。通过深化校企合作，建立技术创新和产品研制、科技成果转化基地，共同开展前沿技术的研究和创新产品的开发，推进产学研结合的校企联合发展的长远模式。

建立稳定的专职兼职应用型师资队伍。鼓励高校教师到企业实践，企业工程技术人员到高校进修培养的新机制，双方取长补短，共同促进双方人员业务水平的提高。

五、特色鲜明的培养模式

本项目所构建的"卓越制药工程师培养模式"，包括校企合作培养模式、双师培养模式、分段3+1培养模式、国际化视野培养模式等模式，特色鲜明。

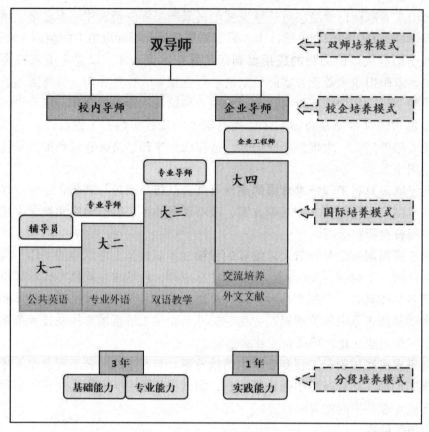

图1-3　培养模式

1."校企合作培养"模式

校企联合培养主要体现在：企业参与学生的培养和学生参与企业的生产，由校企联合制定实践教学计划、校企联合开展实践活动、校企联合考核实践教学质量。学生大一、大二、大三期间的课程在学校内完成。卓越工程师班按单独制定的应用型制药工程专业培养方案培养，大部分专业课程由具有企业工作经历的专业教师讲授。学生大四的企业实践在企业内完成。学校根据制药行业的发展需要，优先选择制药领域具有代表性的龙头或骨干企业作为卓越工程师培养计划的合作方。双方签订合作培养协议。

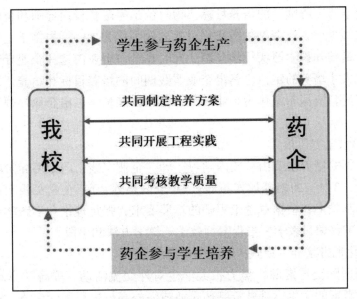

图1-4 校企合作模式

逐步培养并形成"校—省—国家"三级工程实践教育中心，以我校现有的制药工程实训车间为基础，力争与省内大型制药企业合作逐步培育并积极申请山东省工程实践教育中心；再与国内知名药企合作，逐步培育并积极申请国家级工程实践教育中心。

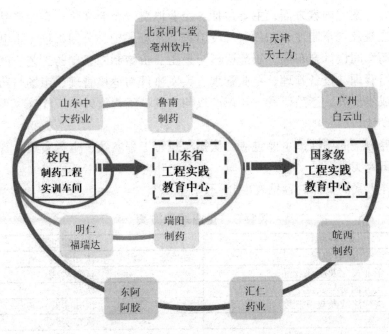

图1-5 各级工程实践教育中心构成

2."双师制培养"模式

按"卓越制药工程师"的培养目标，为每位学生配备校内导师和企业导师。校内导师按1∶3的师生比，选派副教授职称以上的教师作为导师，根据学生的特点实行个性化的培养。基础知识学习实行学分制；同时在合作企业内选择企业导师。根据企业需求及学校对人才培养的定位，确定企业实践期间的培养目标和培养任务。从企业中聘任具有丰富经验资深专家作为企业导师，参与技能教学，由企业导师和学校导师共同指导学生。

3."分段3+1培养"模式

卓越工程师的培养主要由"校内学习"和"企业实践"两个培养阶段组成。四年本科制，实行"3+1"的培养模式，即：3年校内培养+1年企业实践能力培养。在原有教学方法的基础上，根据卓越工程师的培养要求，强化理论和实践的结合，推进企业现场教学、工程项目教学、工程案例教学等教学方法和手段。

4."国际化视野培养"模式

允分利用国际交流资源，努力扩大学生对外交流活动，安排"卓越工程师教育培养计划"试点班的学生远赴外资制药企业或海外高校进行国际交流、实习、培训、工程实践、修读相关专业课程，让学生全面的了解制药工程专业相关的技术、产品、政策、法规、发展动向。聘请国际一流大学的名师来校授课；引进国外原版教材和期刊；通过网络与国外高校联合建立虚拟实验室；与国外企业共建工程教育联合体；引进海外留学归国人员来校工作。

六、企业培养方案

企业培养方案的内容方面，主要包括：企业概况、企业文化、企业产品、消防与安全、法律法规及规章制度、GMP、三废治理与环境保护、公用工程（水电汽）、土木工程、制药车间设计与布局、制药机械与设备、机械制图、制药工艺、产品质量控制、生产运行管理、设备管理、企业管理、突发事件与危机管理、市场与药品营销、财务分析、成本核算、产品研发、知识产权与专利、工程设计、工程施工、基于工程项目的毕业设计。

企业培养方案的属性，主要包括：认知实践、工程实践、生产实践、管理实践、工程设计与研究实践。

企业培养方案的具体内容见表1-5所示。

表1-5　企业培养方案

实践环节	实践属性
企业概况	认知实践
企业文化及企业产品	认知实践
消防与安全	认知实践
法律法规及规章制度	认知实践
GMP	认知实践
三废治理与环境保护	认知实践
公用工程（水电汽）	工程实践
土木工程	工程实践
制药车间设计与布局	工程实践

（续表）

制药机械与设备	生产实践
机械制图	生产实践
制药工艺	生产实践
产品质量控制	管理实践
生产运行管理	管理实践
设备管理	管理实践
企业管理	管理实践
突发事件与危机管理	管理实践
市场与药品营销	工程设计与研究实践
财务分析	工程设计与研究实践
成本核算	工程设计与研究实践
产品研发	工程设计与研究实践
工程设计	工程设计与研究实践
工程施工	工程设计与研究实践
基于工程项目的毕业设计	工程设计与研究实践

七、顶层设计路线图

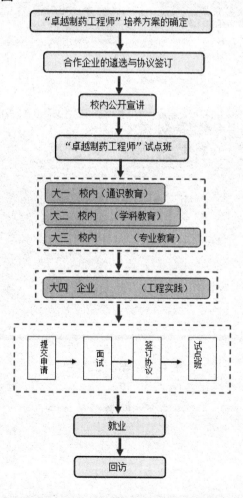

图1-6　课题顶层设计路线

八、已经具备的教学改革的基础

1.具有特色鲜明的学科优势

我校制药工程专业的核心课程——中药药剂学和中药炮制学具有特色鲜明的学科优势。"中药药剂学"为国家中医药管理局重点学科，"中药药剂学"课程为山东省精品课程，"中药炮制学"课程为山东省精品课程。同时，拥有国家新药研发大平台。

a

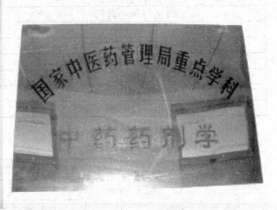

b

c

d

图1-7　学科及平台

2. 拥有国家级实验教学示范中心

我校实验中心为国家级中医药结合实验教学示范中心。

a   b

图1-8　实验中心

3.拥有制药工程实训车间（GMP模拟车间）

　　药学实验室包括6个药剂实验室、6个炮制实验室、1个制药工程实训车间、1个精密仪器室、总面积为2400平方米，能容纳500名学生同时上课。车间拥有中试功能的中药多功能提取罐、超临界二氧化碳萃取设备、切药机、炒药机、粉碎机、微粉机、压片机、胶囊填充机、滴丸机、制粒机、制丸机、包衣机等大型现代制剂生产设备，能为卓越工程师的培养提供药物制剂的生产过程实践的中试与设备场所。

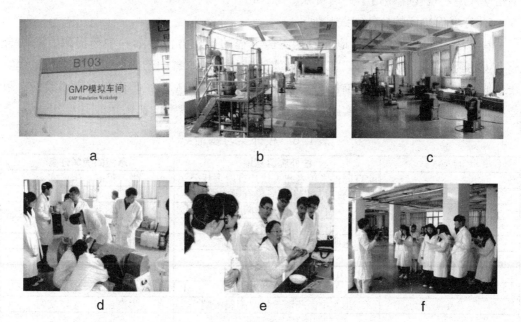

a   b   c

d   e   f

g   h   i

图1-9　GMP模拟车间及机械制图

4.山东省中药炮制技术中心

山东省中药炮制工程技术研究中心于2006年4月揭牌成立，下设三个研究室，分别为：中药炮制原理研究室、中药炮制工程技术研究室、中药饮片标准化研究室。本中心与南京中医药大学、辽宁中医药大学、中国中医科学院、山东中医研究院等国内炮制力量雄厚的教学、科研单位建立了良好的合作关系。中心注重产、学、研结合研究，与山东博康中药饮片有限公司、山东曲阜康达药业有限公司、安徽沪瞧中药饮片厂、曲阜康达药业有限公司、浙江春江制药机械研究所等饮片企业和炮制设备研发单位建立了长久稳定的合作关系。该炮制中心在省内乃至全国具有一定影响力，为我省中药饮片炮制现代化做出了突出贡献。

5.有书面协议的校外实践基地

具有固定的校外实习基地，包括制药工程的不同方向，如：中药提取、药物合成、生物药物、药物制剂等。工程设计实践基地：山东省中药研究院；生物药工程实践基地：山东东阿阿胶股份有限公司；化学药工程实践基地：鲁南制药集团股份有限公司；天然药（中药）工程实践基地：山东宏济堂制药集团。

表1-6　校外实习基地

序号	校外实习基地	承担的教学任务
1	北京同仁堂（亳州）饮片有限责任公司	生产见习、生产实习
2	鲁南制药集团股份有限公司	生产见习、生产实习
3	山东中大药业有限公司	生产见习、生产实习
4	山东福胶集团有限公司	生产实习
5	山东明仁福瑞达制药股份有限公司	生产见习、生产实习
6	瑞阳制药有限公司	生产见习、生产实习
7	山东天顺药业股份有限公司	生产实习
8	山东省中医药研究院	生产见习、生产实习
9	山东中医药大学第二附属医院	生产见习、生产实习
10	山东中医药大学临床医学院	生产见习、生产实习
11	山东润华药业有限公司	生产见习、生产实习
12	山东宏济堂药业股份有限公司	生产见习、生产实习

九、保障

1.组织保障

药学院成立了"制药工程专业卓越工程师教育培养计划工作小组"，由药学院院长担任组长，分管教学的副院长和分管学生工作的副书记担任副组长。成员由专业负责人、教学团队负责人、课程组长、企业负责人专家等组成。

2.制度保障

领导小组和工作小组全面组织落实培养全过程，包括：培养方案的制定与论证、人才培养标准体系的制定与论证、学籍管理、课程设置、学生遴选、校内教学、校外教学、教师评聘、考核管理等，全面统筹和落实卓越工程师人才培养工作，并负责承担企业合作、学生管理和相关协调工作。

第二章 卓越制药工程师试点班组建筹备及宣讲

一、筹备

为了系统了解我校制药工程专业学生情况，课题组经教务处相关负责人批准后，调取了我校药学院2012、2013、2014、2015级制药工程专业学生相关资料，进行信息采集，逐一对学生情况进行了解。同时，课题组在我校药学院2012、2013、2014、2015级制药工程专业学生中进行了问卷调查。上述筹备工作为"卓越制药工程师试点班"成员的遴选奠定坚实的基础。

图2-1 我校2012-2015级制药工程专业学生简况

图2-2 学生信息采集表

制药工程专业学生调查表

1.你报考"山东中医药大学"和"制药工程专业"的原因是什么？

报考山东中医药大学的原因

报考制药工程专业的原因

2.评价你自己对制药工程专业的了解程度。

A.非常了解　　B.了解　　C.不了解

3.评价你自己对我国制药行业在世界所处水平的了解程度。

A.非常了解　　B.了解　　C.不了解

4.你对制药工程专业感兴趣的程度。

A.非常感兴趣　　非常感兴趣的原因是

B.一般

C.不感兴趣　　不感兴趣的原因是

5.在大学期间，你尝试过创新吗？

A.有　（a.SRT项目　b.挑战杯　c.申请专利　d.实验助手　e.其他）

B.没有　原因

6.在读大学期间，你尝试过创业吗？

A.有　（a.家教　b.餐厅　c.超市　d.药店　e.发传单　f.其他）

B.没有　原因

7.你的英语水平如何？

A.非常好　　B.一般　　　C.很差

今后打算采取哪些手段提高英语水平？

8.截止到目前，你打算本科毕业以后做什么？

A.考研究生　你选择考研的原因是

你考研的目标学校是原因是

你考研的目标专业是原因是

B.先找工作　你选择先找工作的原因是

你找工作的目标地域是原因是

你找工作的目标职位是原因是

C暂时还没考虑。没考虑过毕业打算的原因是

9.截止到目前，你将来想去哪种性质的工作单位去工作？

A.国有企业原因是

B.外　　企原因是

C.私人企业原因是

D.自己创业原因是

E.其　　他原因是

10.在本次调查之前，你了解"卓越工程师培养教育计划"吗？

A.非常了解　　B.了解　　C.不了解

如果你了解，你了解的渠道是

11.你愿意参加"卓越制药工程师试点班"的遴选吗？

A.很愿意　很愿意的原因是

B.持观望态度　持观望的原因是

C不愿意　　不愿意的原因是

12.你认为"卓越工程师培养教育计划"最突出的优点和不足是什么？

最突出的优点

最突出的不足_____

13.从企业聘请专家来校进行专题讲座，你想听哪些内容？你有哪些建议？

想听的内容

你的建议

14.组织同学去制药企业参观学习。你能提供哪些建议？

你的建议

15.假期组织同学去制药企业进行生产实践，你愿意参与吗？

A.很愿意。原因是

B.观望。原因是

C.不愿意。原因是

16.除了上述的15个问题之外，你还有其他什么想说的吗？

二、宣讲

为组建卓越制药工程师试点班，让更多的同学了解我国教育部的"卓越计划"，项目负责人陈新梅副教授在我校药学院2012、2013、2014、2015级制药工程专业学生进行宣讲，详细介绍了教育部"卓越工程师培养教育计划"，并对我校"卓越制药工程师试点班"成员的遴选条件、遴选程序和遴选规模进行了详细介绍。

图2-3　宣讲

图2-4　宣讲

第三章　卓越制药工程师试点班成员的遴选及公示

一、遴选通知

为了扩大"卓越制药工程师"试点班的影响，药学院辅导员通知到制药工程专业每位同学，同时课题组在第一教学楼宣传栏、第二教学楼宣传栏等处张贴了遴选海报，期望更多的同学积极参与遴选。

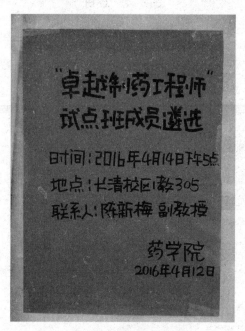

图3-1　遴选通知

二、"卓越制药工程师"试点班成员遴选

根据"卓越工程师教育培养计划"的相关要求，经过前期宣讲、报名、初选等环节，我院首批"卓越制药工程师"试点班遴选工作于2016年4月14日完成。为了做好试点班成员的遴选工作，课题组前期做了详细的部署与安排，于2015年12月分别在2012、2013、2014和2015级制药工程专业学生中进行宣讲，对遴选条件、遴选程序和遴选规模进行了详细介绍，从983名制药工程专业学生中确定了参加面试的学生名单。

2016年4月14日下午，"卓越制药工程师"试点班成员遴选面试工作在1号教学楼305教室举行。药学院3名教师参加面试，面试的形式以自我介绍和问题回答为主，面试的内容主要考察学生的知识面与知识结构、逻辑思维能力、语言表达能力、心理素质、组织协调能力、团队精神、实践能力、反应能力、应变能力、外语水平等方面，重点考察学生对工程教育和工程实践的兴趣，是否具有社会责任感、团队协作精神、实践能力和组织协调能力。

　　"卓越制药工程师"试点班采取灵活的管理机制，主要培养具有工程意识、实践能力和具有国际视野的卓越制药工程师。

图3-2　遴选现场

图3-3　遴选现场

图3-4　参加遴选的学生

图3-5　参加遴选的学生

图3-6　参加遴选的学生

表3-1　"卓越制药工程师试点班"遴选表

姓名		性别		专业年级		学号	
知识面与知识结构		□优秀　□较好　□良　□及格　□需努力					
逻辑思维能力		□优秀　□较好　□良　□及格　□需努力					
语言表达能力		□优秀　□较好　□良　□及格　□需努力					
心理素质		□优秀　□较好　□良　□及格　□需努力					
组织协调能力		□优秀　□较好　□良　□及格　□需努力					
团队精神		□优秀　□较好　□良　□及格　□需努力					
实践能力		□优秀　□较好　□良　□及格　□需努力					
反应能力		□优秀　□较好　□良　□及格　□需努力					
应激能力		□优秀　□较好　□良　□及格　□需努力					
外语水平		□优秀　□较好　□良　□及格　□需努力					
其他说明							
面试成绩		□杰出　□优秀　□良好　□中等　□合格					
面试结果 面试人签字		□录取　□不同意录取　□待定					
						年　月　日	
课题组意见		年　月　日					

三、药学院"卓越制药工程师"试点班成员遴选结果公示

经过前期筹备、宣讲、报名、初选、遴选等工作，卓越制药工程师试点班完成了遴选工作，从我校2012、2013、2014、2015等四个年级的983名制药工程专业学生中，遴选出32名试点班成员。遴选结果进行了为期一周的公示。

表3-2　山东中医药大学药学院"卓越制药工程试点班"成员名单

序号	姓名	学号	专业班级
1	岳志敏	20153425	中药学2015级4班
2	刘奇	20153701	制药工程2015级1班
3	李文莉	20153818	制药工程2015级2班
4	高小鹏	20153837	制药工程2015级2班
5	吴锦	20153917	制药工程2015级3班
6	郭梦	20154053	制药工程2015级4班
7	熊乐文	20154038	制药工程2015级4班
8	杨丽莹	20154024	制药工程2015级4班
9	刘英男	20148731	制药工程2014级1班
10	邢佰颖	20148780	制药工程2014级2班
11	秦乐	20148772	制药工程2014级2班
12	蒲俊杰	20148816	制药工程2014级3班
13	郭登荣	20148868	制药工程2014级4班
14	樊闪闪	20136646	制药工程2013级1班
15	胡超群	20136665	制药工程2013级1班
16	宋传举	20136728	制药工程2013级2班
17	孙笑蕾	20136707	制药工程2013级2班
18	孟颖	20136784	制药工程2013级3班
19	崔英贤	20136818	制药工程2013级4班
20	林娜	20136830	制药工程2013级4班
21	马明珠	20136820	制药工程2013级4班

（续表）

22	江艳成	20128273	制药工程2012级1班
23	庞倩倩	20128281	制药工程2012级1班
24	彭祥东	20128282	制药工程2012级1班
25	张姗姗	20128306	制药工程2012级1班
26	辛晓倩	20128297	制药工程2012级1班
27	崔轶达	20128320	制药工程2012级2班
28	孙琪	20128345	制药工程2012级2班
29	邢春玲	20128360	制药工程2012级2班
30	邓文贺	20128378	制药工程2012级3班
31	杨丽敏	20128484	制药工程2012级4班
32	康松	20128445	制药工程2012级4班

第四章　卓越制药工程师试点班学生的培养

一、参观我校实验中心GMP模拟车间

为了提升试点班学生的GMP意识和加强工程实践能力，2016年4月15日中午，"卓越制药工程师"试点班的成员参观了我校实验中心GMP模拟车间。GMP是英文"Good Manufacturing Practice"的缩写，中文含义是"药品生产质量管理规范"，是指从负责药品质量控制、生产操作人员的素质到药品生产厂房、设施、设备、生产管理、工艺卫生、物料管理、质量控制、成品储存和销售的一套保证药品质量的科学管理体系[1]。实施GMP的目的是使患者得到优良的药品。

我校实验中心GMP模拟车间参照制药企业了GMP车间标准，模拟药厂生产的工艺流程及车间管理模式，不仅配备有制粒机、压片机、制丸机、包衣机、胶囊机等常规制药设备，还有先进的制药机械及设备，包括：多功能提取浓缩机组、超微粉碎机、微型铝塑泡罩包装机、喷雾干燥器等，能完成颗粒剂、丸剂、滴丸的制备。在指导教师的带领下，同学们依次参观了口服液、滴丸、颗粒剂、片剂等制剂的生产车间。在参观的过程中，指导老师首先强调了安全问题，车间内严禁动用明火，安全使用电器设备，各种电器设备必须保持干燥、清洁；受压容器设备要求安装安全阀压力表，每年进行一次试压试验；提取工序投料时，不得将头探入提取罐投料口；排药渣时，设备附近严禁站人，以杜绝危险发生；进入操作间应按要求将工作服穿戴整齐，包括头发裹进帽内，戴好口罩；严禁在没有通知同伴的情况下独自开机；禁止在转动设备上放置杂物及工具。

指导老师重点介绍了GMP车间的设计理念、车间布局、卫生管理、制药用水、空气净化、空调系统、照明系统和常用制药设备。指导老师强调GMP的主旨在于最大限度地降低药品生产过程中的污染、交叉污染以及混淆、差错等问题。为避免污染和交叉污染，厂房、生产设施和设备应当根据所生产的特性、工艺流程及相应洁净度级别要求合理设计、布局和使用。厂房按生产工艺流程及所要求的洁净级别合理布局，做到人流、物流分开，不交叉、不互相妨碍；可以通过设置缓冲间、并结合空调系统的压差等设计减少人、物流的交叉污染。制剂车间除具有生产的各工艺用室外，还应配套足够面积的生产辅助用室，包括原料暂存区洁具室，工作服的洗涤、整理、保管室等。

参观期间，指导老师提问"造成药品污染的原因有哪些"？同学们经过一番思考和讨论后，总结出引起药品污染的原因主要有人员、设备、环境和其他药品，答案得到指导老师的肯定。指导老师继续补充了GMP对厂房与设施、设备有具体的要求及对

生产卫生的要求。厂址选择自然环境好、水源充足、水质符合要求、空气污染小的地区。对于卫生，GMP中主要包括环境卫生、工艺卫生和人员卫生。根据污染来源不同，污染可分为尘埃污染、微生物污染、遗留物污染。使用设备、器具、仪器等清洁不彻底而遗留的物质会对后续生产的药品造成污染；尘埃污染、微生物污染、遗留物污染可通过空气、水、设施、设备、器具、仪器表面、人员等介质传播。尘埃、微生物或病原体常依附于空气中，故对工厂和生产区域有不同洁净度要求。药品生产洁净室的空气洁净度主要划分为A、B、C、D四个级别，A级指高风险操作区，B级指生产无菌配制和灌装等高风险操作A级区所处的背景区域。C级和D级指生产无菌药品过程中重要程度较低的洁净操作区。GMP对洁净区的清洁、消毒也有严格的规定，例如A级洁净区每天至少清洁一次或更换产品前对地板、设备和内窗清洁；每年至少进行4次全面清洁。

人本身是一个带菌体和微粒产生源，人是污染最重要的传播媒介，体表如头发、手和裸露皮肤，呼吸、咳嗽、喷嚏，还有衣着、化妆品等可对药品产生污染。这也是为什么进GMP模拟车间不能佩戴手表、首饰，不得涂抹化妆品的原因。因此，进入洁净区必须根据不同洁净度的要求，按照相关文件规定的程序，穿戴相应的洁净服，以杜绝污染。此外，指导老师介绍了各洁净区的着装要求，D级区：应将头发、胡须等相关部位遮盖。应穿合适的工作服和鞋子或鞋套。应采取适当措施，以避免带入洁净区外的污染物。C级区：应将头发、胡须等相关部位遮盖，应戴口罩。应穿手腕处可收紧的连体服或衣裤分开的工作服，并穿适当的鞋子或鞋套。工作服应不脱落纤维或微粒。A/B级区：应用头罩将所有头发以及胡须等相关部位全部遮盖，头罩应罩入衣领内，应戴口罩以防飞沫，必要时戴防护目镜。应戴经灭菌且无颗粒物（如滑石粉）脱落的橡胶或塑料手套，穿经灭菌或消毒的脚套，裤腿应塞进脚套内，袖口应塞进手套内。工作服应为灭菌的连体工作服，不脱落纤维或微粒，并能滞留身体脱落的微粒。个人外衣不得带入通向B、C级区的更衣室。每位员工每次进入AB级区，都应更换无菌工作服；或至少每班更换一次，但须用监测结果证明这种方法的可行性。操作期间应经常消毒手套，并在必要时更换口罩和手套。洁净区所用工作服的清洗和处理方式应确保其不携带污染物，不会污染洁净区。工作服的清洗、灭菌应遵循相关规程，并最好在单独设置的洗衣间内进行操作。

水是制药过程中不可缺少的物质，处理不当的水也是造成药品污染的主要原因。制备工艺用水按制备方法和水质可分为饮用水、纯化水和注射用水。注射用水的制备可通过①纯化水→微孔滤膜滤过→多效蒸馏→注射用水；②原水→反渗透→微孔滤膜滤过→注射用水；③蒸汽→冷凝→离子交换→蒸馏→冷却→注射用水；④蒸汽→冷凝→蒸馏→冷却→注射用水；⑤纯化水→多效蒸馏→微孔滤膜滤过→注射用水。目前制备注射用水工艺主要以第①种和第⑤种为主。

之后同学们观看了ZP-35B旋转式压片机的操作：第一步是开机前的准备工作，包括：冲模的安装和检查。冲模安装前，应将转盘的工作面、上下冲杆孔、中模孔和所需安装的冲模逐件擦拭干净；并检查是否有裂纹、缺边，以免损坏机器。上冲、下冲，冲模安装后，可用盘车手轮使转盘沿数字顺序方向旋转1-2周，观察是否有碰撞和硬磨擦现象。然后检查机器蜗轮箱内油位，应在视窗高度的1/2-2/3。检查机器各油杯和油嘴内是否有足够的黄油和机油，以保证运转正常，润滑良好。检查上压轮表面润滑是否良好，机器各紧固件是否紧固，调整机器各手柄位置。第二步是开机运行，指导老师强调必须先检查电动机转向是否与标牌所示方向一致，否则会严重损坏机器和下冲杆。还要检查颗粒是否干燥，要求颗粒中的细粉（大于100目），不得超过10%，同时调节片厚逐步把片剂的重量和软硬调至成品要求后，再启动电机、闭合离合器，进行正式运转生产。机器使用寿命与转速有关系，由于原料的颗粒大小、粘度、温度等性质同片剂直径、压力、片厚在使用上不能作统一的定量规定，一般来说，片径大、压力大时转速应慢些，反之可快些。停机首先要脱开离合器，使压片机停止工作，再关闭电源。

本次参观充分利用校内资源，不仅开阔了同学们的视野，而且也增强了同学们的专业使命感。参观GMP模拟车间有利于将制药工程专业的理论与实践相结合；利用GMP模拟车间，在老师的指导下；学生在接近真实工作情景中学习，能增加学生的感性认识，将学生从被动者变为学习主体，并有助于培养学生的合作意识及创新意识[2]。在卓越制药工程师试点班学生后期的培养过程中，课题组将重点考虑如何科学合理利用好我校的GMP模拟车间，充分发挥其在教学和实践中的作用。

图4-1 卓越制药工程师试点班成员

图4-2　卓越制药工程师试点班成员

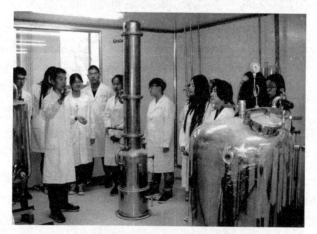

图4-3　卓越制药工程师试点班成员参观我校GMP模拟车间

图4-4　卓越制药工程师试点班成员参观我校GMP模拟车间

参考文献

[1] 国家药品监督管理局. 药品生产质量管理规范(2010年修订)解读 [M].北京:中国医药科技出版社, 2011.

[2] 崔英贤,陈新梅,林桂涛,周长征,马山.GMP模拟车间在制药工程专业人才培养中的应用研究[J].药学研究,2016,35(9):553-555.

二、试点班成员药企实习交流汇报（一）

为了进一步了解"卓越制药工程师"试点班毕业生在企业实习实践情况、同时加强试点班成员之间的交流与沟通，2016年4月26日下午，"卓越制药工程师"试点班成员在实验楼A608制药系办公室召开座谈会。正在企业实习的2012级制药工程专业3名同学——在西王制药实习的王锐同学、在辉瑞实习的邓文贺同学、在葛兰素史克实习的康松同学，畅谈了他们在企业实习的体会并分享了成长的喜悦。三位同学结合自己在企业的实习经历，对师弟师妹今后的职业规划、积极适应社会和提高专业素养等诸多方面等提出了富有建设性的建议，希望师弟师妹在今后的学习和生活中，注意培养勇于探索的创新精神和解决问题的实践能力。低年级的同学认真倾听了学长的精彩发言和诚恳建议，并与学长进行了热烈的交流和讨论。座谈结束后，试点班成员表示这次座谈使他们受益匪浅，决心在今后的学习中，认真听每一节课、积极参与实践活动、脚踏实地、精益求精、抓住机会、不断提高自身素质。

首先，在西王制药实习的王锐同学对山东西王药业有限公司的发展历程、企业文化和实习体会等方面进行了详细的介绍。山东西王药业有限公司是山东西王集团下属子公司，主要从事注射级无水葡萄糖的生产，并以年产量15万吨的成绩成为亚洲最大的无水葡萄糖生产基地。众所周知，要想把一个企业做大不是很困难，但是要把一个企业做长久甚至长盛不衰却是很不容易的。长寿企业与昙花一现的企业之间，最大区别在于企业文化中的核心价值观和企业的核心竞争力。西王集团始建于1986年，经历了探索创业、改革创新、跨越式发展三个阶段，从小小的棉花子榨油厂发展成全球最大的淀粉糖生产企业，历经艰难险阻，集团几经生死，不断结合实际调整发展战略，贯彻"创新、协调、绿色、开放、共享"的发展理念才换来这样骄人的成绩[1]。

该公司多年来始终致力于产品内在质量和企业管理水平的不断完善提高，目前该公司无水葡萄糖国内市场占有率80%以上，且畅销亚、非、拉、欧美等40多个国家和地区。荣列2009年中国企业500强第404位，中国制造业500强228位。随后，王锐同学向师弟师妹介绍了企业文化。该企业以坚持"创新、诚信、奉献、争先"为核心价值观；公司立足于"打造百年老店，建设现代西王"的宏伟愿景；履行"农业产业化、工业现代化、市场国际化、管理专业化"的使命，秉承"健康西王、诚信西王、忧患西王、快乐西王"的经营理念，致力于建设"中国糖都"，全力打造中国最大的原料药生产企业，铸造国际化一流的现代生命生物工程基地[2]。

王锐同学在山东西王药业的实习活动过程中，锻炼了自身的实际操作能力，并在与企业中的员工的对比中，发现了自身经验的不足。试点班的同学也通过这次交流开阔了视野，接触了社会现实，真实感受和体验了许多书本上学不到的知识。师弟师妹也为集团的发展历程和企业文化感到震撼，从中学习了创始人不屈不挠的坚韧意志和为梦想坚持到底的奋斗精神，同学们也受到了极大的鼓舞。

继王锐同学之后，邓文贺同学详细地介绍了辉瑞制药有限公司(Pfizer Pharmaceuticals Ltd)的发展历史、国际地位和主要产品。辉瑞制药创建于1849年，迄今已有170多年的历史，总部位于美国纽约。作为"宇宙大药厂"的辉瑞，是目前全球最大的以研发为基础的生物制药公司，也是在华投资最大的跨国制药企业之一。辉瑞公司的产品覆盖了包括化学药物、生物制剂、疫苗、健康药物等诸多广泛而极具潜力的治疗及健康领域，同时其卓越的研发和生产能力处于全球领先地位，它也是中国最大的外资制药企业，连续多年入选世界500强[3]。

公开数据显示，2013年，辉瑞公司全年合计收入516亿美元，在全球拥有7万多名员工，56家生产基地，260个合作研发机构，产品销售到175个国家和地区，2013年有10种产品的销售额超过10亿美元，是目前全球最大的以研发为基础的制药公司[4]。辉瑞是一家以研发为基础的医药企业，产品是它的生命。但是竞争激烈的市场和错综复杂的环境，仅仅凭借研发优势已经不足以保证制药企业的继续在市场上保持优势，于是辉瑞在发展过程中实施了一系列旨在获得新技术、成熟产品的并购活动[5]。辉瑞制药有限公司产品包括：降胆固醇药立普妥、口服抗真菌药大扶康、抗生素希舒美，以及治阳痿药万艾可等。

随后邓文贺同学介绍了辉瑞公司的薪资待遇和工作环境。根据网友在职业圈上的数据统计显示：辉瑞制药平均工资为11071元/月，其中29%的工资收入位于区间6000-9000元/月，21%的工资收入位于区间9000-12000元/月。据分析数据统计，辉瑞制药年终奖平均21027元，辉瑞的员工对公司工资待遇和薪酬福利较为满意。该企业的薪酬福利包括：住房补助、交通补助、公积金、五险一金，电话补贴等[6]。这种薪资体系能够起到更好地吸引、保留人才，更好的激励人才为企业服务的作用。公司环境较好，有完善的培训体系，薪资体系，工作流程标准化，是行业内标杆公司。对实习生邓文贺同学来说，该公司锻炼空间很大，能够学到很多专业知识和实际操作技巧，让人受益匪浅。通过学长的讲解，师弟师妹可以更加详细地了解该公司，为他们今后的职业规划提供了更多的选择。

最后，在葛兰素史克公司实习的康松同学也是从企业发展历程、企业文化和薪资待遇等方面进行了详细的介绍。总部设在英国布伦特福德市中心的葛兰素史克公司(Glaxo Smith Kline, 简称GSK)，是目前全英最大、历史最长的国际药剂产销一体化集团。公司是由英国伦敦的葛兰素威康(Glaxo Wellcome)和美国费城的史克必成(Smith Kline)在2000年12月成立，两家公司都是由两家公司都是由英国人在主导，都是由一家药店起步，在不同的国度，却在同样的领域以同样的管理模式并行[7]。葛兰素史克公司在抗感染、中枢神经系统、呼吸、胃肠道、代谢医疗领域代表当今世界的最高水平，在疫苗领域雄居行业榜首。此外，公司在消费保健领域也居领先地位，主要产品包括非处方药、口腔护理品和营养保健饮料[8]。葛兰素史克也是最早在中国成功兴建合资企业的外国制药公司之一，其旗下的中美史克和重庆葛兰素都是全国闻名的企业。成立至今，中美史克成功开发推广了史克肠虫清、康泰克清、新康泰克、芬必得、必理通、泰胃美、兰美抒、百多邦、康得、伯克纳等十多个品牌。成为中国OTC市场的领导品牌。GSK在华业务覆盖250个城市，以北京、上海、广州、杭州和成都为5大商务区域中心；5个生产基地坐落于上海、苏州、杭州和天津；一个全球研发中心位于上海浦东。

随后康松同学继续汇报了公司薪酬待遇和工作环境等情况。葛兰素史克（GSK）平均工资为11642元/月，其中63%的工资收入位于区间9000-12000元/月，9%的工资收入位于区间6000-9000元/月，葛兰素史克（GSK）年终奖平均8830元。

三位药企实习同学的介绍打消了很多即将毕业的师弟师妹们迷茫、顾虑和恐惧心理，促使他们以积极心态面对新的环境、新的角色，公司激烈的竞争、复杂的人际关系等，更加从容地适应今后新的生活环境和工作岗位。试点班的同学们通过这次的企业实习体会交流，不论是在理论知识、视野还是心理素质上都得到了一定的提高，决定在以后的学习生活中脚踏实地、精益求精、抓住机会、不断提高自身素质。

图4-5　卓越制药工程师试点班学生交流

图4-6　卓越制药工程师试点班学生交流

图4-7 卓越制药工程师试点班学生交流

参考文献

[1] 武永华.生态文明引领循环经济发展研究[D].齐鲁工业大学,2019.

[2] https://yikang.company.lookchem.cn/about/

[3] https://baike.so.com/doc/2901711-3062099.html

[4] 鱼招波.辉瑞"活法"[J].新理财,2014(11):54-57,10.

[5] Matthew Herper. 辉瑞研发线十年蜕变[N]. 医药经济报,2019-10-10(F04).

[6] https://www.job592.com/pay/comxc27002.html

[7] 林蔚仁.葛兰素史克:三百岁的药业巨擘[J].中国工业评论,2017(Z1):90-97.

[8] https://qiye24789530.xinlimaoyi.com/introduce/

[9] https://www.job592.com/pay/comxc16348229.html

三、制药工程师严谨作风的培养

严谨是优良工作作风的突出特点，由于药品的特殊性，制药行业更需要培养严谨作风，强化细节意识，容不得半点马虎，杜绝"差不多"思想。2016年4月28日下午，卓越制药工程师试点班举办了"制药工程师严谨作风的培养"专题讲座。本次讲座由济南昕佰科学仪器有限公司张庆宣工程师主讲。张老师从实验室常用仪器的使用为切入点，以"企业管理的5S理念——整理（Seiri）、整顿（Seiton）、清扫（Seiso）、清洁（Seiketsu）、素养（Shitsuke）"为中心，结合自身求学经历中的真实案例，深入浅出地讲解了如何培养严谨的作风。

5S理念的核心思想是针对工作场所中每位员工的工作行为提出要求，提倡员工注重细节，在工作场所中的每一项操作都遵循规则和制度，最终达到提高整体工作质量的目的。张庆宣工程师提出"认真做好每一件小事，注重细节"，这句简单话对每个制药工程师都至关重要，严谨细致，是制药行业员工、科研人员最基本的专业素养。5S理念不仅适用于企业，同样适用于科研实验室。将5S管理应用于科研实验室的日常管理中，以科学的管理手段、方法对实验室进行综合治理，既培养了严谨的科研作风，又改善了科研环境，提高科研工作效率。这给了卓越制药工程师试点班的同学们很大的启示。

随后张庆宣工程师将5S管理的每一项内容分别进行详细阐述，加深了同学们对5S理念的理解。在"整理"方面，将需要与不要的物品分开管理，不需要的物品适时彻底清除，将需要的物品分类、分层管理，要做到三清原则——清理、清除、清爽。其推行办法主要有制定需要与不需要物品的基准，整理必要品清单。在工作场所，全盘点检，对不需要的物品进行大扫除。科研实验室可以制定试剂耗材、仪器设备清单，对于精密仪器设备，保留使用及维修保养记录；已损坏或报废的仪器设备，则根据学校相关要求统一进行分类处理。

在"整顿"方面，做到三定原则，将物品定位、定名、定量，以简便的方式摆放，做到一目了然。比如法兰片的放置，为了方便固定，可将其垫上小铁片吸上磁铁石，便于拿取，并可通过颜色知晓安全库存。在制药企业，推行的措施首先要落实整理工作，并划定放置场所。科研实验室对于精密仪器设备，应建立完整的仪器使用档案，并合理规划放置位置；此外，张庆宣工程师还提及到了实验内易燃易制爆化学品的存放，对于易制毒化学品应做好详细记录，包括使用时间、使用人和用量。

在"清扫"方面，尤其是在制药企业更应注重卫生。制药对卫生有严格的要求，在GMP中，卫生包括了环境卫生、工艺卫生和人员卫生。在药企的推行措施有建立清扫基准，严格遵守相关的规则制度。实验室成员对自己所负责的实验室区域进行打扫，对工作台、仪器设备、器皿清洁干净，做到无积尘、无污迹，并定期对仪器设备维护保养和检查，为科学实验创造良好的环境。

在"清洁"方面，要维持整理、整顿、清扫的成果，为了保持实验室取得的"整理、整顿、清扫"的实践成果，实验室成员应遵守实验室的安全制度、卫生制度。将每日的实验室卫生责任到个人，并定期进行实验室安全检查，配备必要的消防器材，随时消除事故隐患。

在"素养"方面，要做到守时间、守标准、守规定。实验室成员是实验室的使用者也是建设者，只有所有成员共同建立实用性的规章制度，并共同遵守制度，才能养成良好的工作习惯，培养严谨求实的科研作风。

张庆宣工程师的讲座内容丰富、旁征博引，以屠呦呦获诺奖为例，鼓励同学们在追求真理的道路上要坚持不懈、不要轻言放弃；以清华大学实验室爆炸为例强调严谨与安全的密切关联。谈到实验室安全，张庆宣工程师从实际案例谈起，2015年12月18日，清华大学一实验室发生爆炸，这起爆炸安全事故系实验用的氢气瓶意外爆炸导致的，为实验室安全敲起警钟。2015年4月5日，中国矿业大学南湖校区化工学院，一实验室发生甲烷爆炸，1名正做实验的学生死亡，5人受伤。2011年4月14日，四川某大学江安校区一实验室发生爆炸，3名学生受伤，当时这三名学生正在做常压流化床包衣实验。

在讲解中，张庆宣工程师从回顾高校实验室多起事故的案例，指出实验室爆炸事故屡屡发生的原因：危险物品保管不当、缺乏实验室安全意识、实验室设备老化，存在故障。张庆宣工程师强调"忽略实验安全的危害性、注重实验安全的重要性"。

安全来自严谨，细节决定成败，张庆宣工程师告诫同学们要重视实验室安全问题，深入学习安全知识，做实验时务必严格遵守相关规章制度，在细节中消除实验室安全隐患，维护自身与实验室安全。

张庆宣工程师严密的逻辑和娓娓道来的讲解吸引了每一位试点班的同学。最后张庆宣工程师与同学们进行了热烈的交流和互动，讲座在同学们经久不息的掌声中结束。此次讲座不仅使同学了解了严谨作风在制药行业中的重要性，更教会了同学们如何通过5S培养严谨的作风。让同学们认识到5S管理虽然是针对工厂生产，但是其价值和方法同样可体现在科研实验室，使科研实验室的管理朝着规范化、科学化方向发展，不仅增强了科研人员在实验室学习和工作中的严谨性，还建设了"科学、规范、安全、高效"的科研环境，更重要的是加强了实验室科研人员安全意识的培养，在细节中消除实验室安全隐患，防止意外发生。

图4-8　卓越制药工程师试点班专题讲座

图4-9　卓越制药工程师试点班专题讲座

图4-10　卓越制药工程师试点班专题讲座

[知识链接]　5S

5S 起源于日本并在日企中广泛推行，相当于我国企业开展的文明生产活动。5S指的是——整理、整顿、清扫、清洁、素养。5S是一种应用于制造业和服务业等行业、改善现场环境质量和提高员工素养的现代企业管理方法。主要是针对制造业在生产现场，对材料、设备、员工等生产要素开展相应活动，使企业有效地迈向全面质量管理。

参考文献

[1] 陈丽霞.浅谈 5 S 管理在高校化学科研实验室中的应用[J].广州化工,2020,48(16):213-214.

[2] https://baijiahao.baidu.com/s?id=1623411903264381517&wfr=spider&for=pc

四、卓越制药工程师的国际化视野（日本）

2016年5月27日中午，卓越制药工程师试点班举办了"卓越制药工程师国际化视野的构建"的专题讲座。此次讲座由山东中医药大学药学院刘玉红副教授主讲，卓越制药工程师试点班的全体同学参加了此次讲座。刘玉红老师以在日本德岛文理大学药学部进行博士后科研工作的经历为切入点，结合自身科研过程中的感悟，给试点班同学讲解了如何构建国际化视野。

随着经济全球化的快速发展，我国在医药、商业、文化、医药、军事、科技、商业等方面快速发展，各方面的发展离不开国际交流，因此国际化视野是卓越制药工程师试点班学生的必备素养。

刘玉红老师先介绍了日本制药行业的发展。日本制药行业的发展从20世纪70年代开始，当时日本制药行业处于一种资本积累阶段，其药品市场占世界的18%。日本在制药方面政策相对不完善，如其限制跨国产业或者外企在日本的发展，这种"保护"措施使得日本内部药企赚得相当一部分利润，但这同样使得日本药品研发技术方面受到限制而逐渐落后，此时日本技术还需得依赖进口。进入80年代[1]，日本逐渐缩小国内药企利润，刺激并激励药品的研发，80年代初，日本在新药研发方面投入逐渐提升，虽然此时以仿创药为主，但投资研发方面远超于此时的英美两国。90年代，日本的制药企业面临着艰难的挑战，此时的日本经济下滑严重，急需外企的投资，因此随着跨国制药企业与外企的占比增大，制药行业加速全球化，在发展制药行业方面，日本提出集中策略：缩短新药研究审批周期；消除药品关税；采用国际通用临床规则。除此之外，日本在荷兰收购制药公司，以拓宽其在欧洲的研发生产，并且逐步向周围国家扩张，最终完成其制药生产链在欧洲的布局。21世纪后，日本制药行业面临的问题主要为：创新研发的瓶颈期；市场增值较慢，本土市场竞争激烈；王牌药品在欧美国家的专利即将到期，销售量降低。为应对面临的问题，日本将大型制药企业合并，进行联手与整合，进一步走向国际化。除此之外，日本政府同样出台了政策激励创新药物研发，首先是药物的专利保护、数据保护政策，日本经济产业省、厚生劳动省独占市场和垄断利润；其次是创新药物定价政策，主要执法机构是厚生劳动省，政策作用于医药市场准入和市场管理；最后是税收优惠政策，由财务省、经济产业省执法，促进创新研发投入。日本制药行业的发展主要思路为：研发先行、生产在后、临床跟随、销售推进，最终形成现在较为成熟的制药行业。日本在研发创新方面的经验尤其值得我们借鉴。

之后刘玉红老师介绍了日本的药学教育。19世纪70年代，东京大学制药系正式成立，标志着药学教育的开始，此时药学教育正处于萌芽期，在此期间，日本意识到由于西方医疗技术的进入，现代药学技术人才较为缺失，因此以化学为基础的药学人才培养模式逐渐形成[2]。经历了约七十年的发展，在20世纪50年代，药学教育开始改革。改革内容主要是重组药学类大学与药学院[3]，扩大日本的药学院招生人数等，通过改革后，药学教育进入快速发展模式。20世纪中叶，日本的教育体系学位种类的设置相对较少，日本药学教育界接受了国外药剂师协会的建议，药学教育逐步发展细化，将药学系继续细分为工业药学、药剂学、生物药学三大系，并且教育逐步法制化、规范化。20世纪50年代，药学人才的就业去向主要集中于医院药厂，通过国外技术引进，学习不同国家的医疗卫生技术，日本将其中所学通过教育培养了更多创新型技术人才，并且在这一过程中取得了巨大成功。1974年后，法制化和规范化更进一步，日本药学教育再一次改革，其改革内容是将医学与药学教育分开，药学教育迎来实质性的一步。

20世纪80年代到21世纪初，药学教育逐渐进入矛盾与僵持阶段，此时药剂师的职责被逐渐忽视，这是由于医疗相关知识不到位以及与临床对患者的治疗作用缺乏认知，随着此类问题的增多，药剂师协会进行了针对药剂师职务的初步明确，并且针对培养药剂师，以及薪酬工资方面进一步详细的政策制定。2003年，建立4年制的药学教育制度，其中包括在医院和药房进行为期6个月的实践学习。2004年5月，日本修订了学校教育法，6月修订了药剂师法。2006年，日本将药学高等教育的学制更改为六年制，目前药学教育学年制共有两套并行，即4年制、6年制。自此，药学教育中的

"临床类教育"得到重视，学生可以利用更多的时间，解决学习中发现的困难，总结临床方面、科研方面的知识，提高自身技能。在21世纪这一全球化高速发展的时代，日本药学教育同样也在高速发展，至2016年，日本共有 74 所大学开设药学专业，包括14所药科大学和60所综合性大学。

通过刘玉红老师对日本药学教育的发展的介绍，同学们对日本药学教育也有了初步了解。日本药学人才的培养模式值得我们借鉴，该培养模式强调理论知识与实践紧密结合，即前3年以基础教育和专业知识教育为主[4]，第4年开始为实习或实践期。由于日本药学教育有两种不同教育模式，其中6年制教育对临床实习的要求更高，在最后学年中，学生可以进入医院或药厂进行为期半年的学习与实践。在强调专业知识教育的同时，日本药学教育十分重视对职业态度、药剂师职业的素养和操守的培养。在提高基础知识理论的同时，更加注重面对真实情况发生时，学生处理问题、解决问题的能力、处理与患者之间关系，始终秉持作为医疗人员应有的职业道德素养。

日本的高等药学教育均以培养具有高水平专业知识和综合素质的人才为目标，而由于学制的不同，不同学制的教学培养模式各具特色。4年学制的培养模式[5]，更加注重作为科研人才在研究领域，如药物研究、新药开发等方面。而6年学制的培养模式更偏向于临床实践，以培养学生具有良好的职业素养、掌握相关的临床医学和药学专业知识、具有较好的沟通交流能力和分析解决问题能力的药剂师人才为目标。

刘玉红老师的讲座图文并茂、生动形象。讲座之后，刘老师与同学们进行了交流和互动，讲座在同学们热烈的掌声中结束。此次讲座不仅使同学们了解卓越制药工程师如何构建国际化视野，同时也了解了日本的药学教育，开阔了同学们的视野。刘玉红老师结合自身经历讲述，让试点班同学更深刻地认识到国际化视野对于制药行业发展的重要性、日本制药行业的发展、日本药学教育的发展。在全球化的时代，我们更应该学习行业内发达的国家的先进的理念与技术，探讨更多的发展思路，正视我国药学发展和药学教育中存在的问题，为培养具有国际化视野的接班人奠定基础。

图4-11 卓越制药工程师试点班专题讲座

图4-12　卓越制药工程师试点班专题讲座

图4-13　卓越制药工程师试点班专题讲座

参考文献

[1] http://www.360doc.com/content/18/0311/21/16534268_736195380.shtml

[2] Pharmaceutical Education—Japan Pharmaceutical Association [EB/OL].http: //www. nichi –yaku.or. jp/e/e9.html

[3] MORIYA R．The future of pharmaceutical education based on our experience of medical education[J].Yakugaku Zasshi,2017,137(4):413．

[4] Starting Up Six-Year Pharmaceutical Education [EB/OL].http://science links.jp/j –east/arti–cle/200518/000020051805A0773269.php

五、现代大型制药企业车间管理及安全生产

2016年6月3日中午，卓越制药工程师试点班举办了"现代大型制药企业车间管理及安全生产"的专题讲座。此次讲座由邢济东工程师主讲，卓越制药工程师试点班的全体同学参加了此次讲座。

制剂车间管理的内容包括：人员管理、厂房管理、物料器具管理、生产管理和安全卫生管理。邢济东工程师在大型企业工作多年，有丰富的工程实践经验。在讲座中，邢济东工程师以"六味地黄丸的生产"为例，介绍了丸剂车间布局[1]、丸剂生产工艺流程、生产运行管理、产品质量控制、安全生产、生产事故处理、现代企业管理等内容。六味地黄丸的生产全过程必须符合《中国药典》2015版和《药品生产质量管理规范》的要求。在工艺卫生要求上，净制、炮制、外包装工序工艺卫生执行一般生产区工艺卫生规程；灭菌、粉粹、过筛、混合、炼蜜、合坨、制丸、内包装工序工艺卫生执行D级洁净区工艺卫生规程。从一般生产区将物料运输到D级洁净区，取药工作人员脱去物料外包装，将物料表面用洁净布擦拭干净后，传入工作室[2]。

邢济东工程师着重讲解制剂车间的生产管理，在产品批号的指定与管理方面，产品批号是由生产部指定专人统一给定，编制由6位数组成，每一给定的批号都要记录在批号登记专用本，其他任何人不得更改。批号登记记录本也要保存至产品有效期后1年，无有效期的要保存3年。制剂的生产需建立并严格遵守工艺查证制度，例如生产部的质检员需每天检查粉碎过筛岗位、配料岗位等岗位操作者执行情况及生产记录，并填写查证记录；生产部负责人需经常检查质检员对工艺查证的情况，发现问题及时整改。

为了确保产品的质量，对生产过程的质量进行监控是必不可少的。邢济东工程师仍以六味地黄丸的生产为例给同学们进行了细致的讲解：药材必须依据生产指令、配料单、按照生产处方量来称取；处方的计算、称量及投料必须要经过复核，操作者及复核者均应在记录上签字。粉碎后的六味药材分别过100目筛至规定细度，以防止丸表面粗糙，影响产品质量。在制剂操作过程中，要称取检验合格的蜂蜜，采取减压浓缩的方法进行炼制，并将炼蜜置蜜罐内升温至80℃左右。严格控制干燥温度，打光后的水丸后转入热风循环烘箱中，在温度不高于60℃干燥180–240分钟，至水分小于12%。包装生产线上的产品品名、批号、有效期(或使用期)、标签、装箱单(合格证)、装箱质量、装箱数量等最后也要检查核对，产品批号、生产日期、有效期准确无误、字体清晰、整洁，装盒装箱要求紧密、不松动，不得有破损，与实物相符。

邢济东工程师的讲座中穿插了很多生产实际问题，与同学互动性强，讲座从头至尾始终吸引同学们的关注。期间同学们请教邢济东工程师诸多问题，如果原材料供应渠道发生变化时、或引进了新的工艺办法、设备或仪器该如何处理？邢济东工程师都给了耐心地解答，对原材料的供应渠道发生变化，就要去验证新的供应渠道药材是否符合原制定的质量标准；采用一切新的工艺处方和方法或老工艺改动时，都应该先证明工艺是否符合质量标准；同理，引进新的设备及仪器，启用前也要先验证是否达到了原设计的技术参数[3]。

讲座结束后邢济东工程师与同学们进行了其他方面的互动，解答了同学们在人才招聘、个人发展和团队合作等方面的疑问。邢济东工程师的讲座以其扎实的车间生产管理功底、多元的知识结构、勇于挑战自我的精神、平易近人的风格赢得了同学们热烈的掌声。

图4-14　卓越制药工程师试点班专题讲座

图4-15　卓越制药工程师试点班专题讲座

参考文献

[1] https://wenku.baidu.com/view/c9678021a48da0116c175f0e7cd184254a351b12.
html

[2] 国家药品监督管理局. 药品生产质量管理规范(2010年修订)解读 [M].北京:中国医药科技出版社, 2011.

[3] 周长征.制药工程实训[M].北京：中国医药科技出版社，2015：40.

六、试点班成员药企实习交流汇报（二）

2016年6月6日中午，"卓越制药工程师试点班"成员在实验楼A608制药系办公室召开座谈会。在企业实习的2012级制药工程专业两名试点班成员——在迪沙药业集团有限公司实习的江艳成同学和在华润三九（临清）药业有限公司实习的邢春玲同学受邀分享了他们在制药企业实习的体会。

　　江艳成同学首先对公司发展历程、企业文化和科研实力等基本情况进行了详细介绍。迪沙药业集团有限公司始建于1993年8月，位于山东威海经济开发区，现已发展成为产学研相结合、科工贸一体化的国家重点高新技术企业。现辖下有20多个控股子公司，一个迪沙医院和连锁药堂。集团已建成西药制剂、原料药、中药、海洋生物新材料、海洋生物健康产品和高科技精细化工品六大生产基地，成为集药品科研，生产，销售于一体的国家高新技术企业。企业拳头产品有：格列吡嗪片（迪沙片）、坎地沙坦酯片（迪之雅）、盐酸伊托必利分散片（威太）、洛索洛芬钠片（洛那）和头孢克洛咀嚼片（迪素片）等，产品质量达到国际标准，年销售均过亿元，市场占有率全国领先[1]。迪沙药业产品驰名中国并走向世界。迪沙药业集团以"根植医药健康产业，打造百年制药航母"为发展目标。科研水平和规模达到同行业前列，建成一流的海洋生物研发平台；在生产方面，具有绿色高科技原料药生产基地和数百个车间，成为世界最大的原料药公司；设施先进、安全、环保；原料药产品全面通过或达到欧盟、日本、美国、韩国GMP标准，质量管理达到国际先进水平，达到同类产品中最高质量标准水平；具有较为完善的现代企业薪酬体系及分配和激励机制；国内的原料药营销团队庞大，企业建立的办事处或成立的公司分布在30多个国家[2]。

　　江艳成同学紧接着介绍了企业管理措施和在公司的实习经历。公司在企业文化管理方面，经常开展丰富多彩的文体娱乐活动和观摩学习活动，不断丰富职工的文化生活。积极开展团队建设活动，促进领导与员工之间的交流和沟通，拉近彼此距离。这些活动增强员工的团队及参与意识，激起工作热情，极大地促进了企业的持续健康发展[3]。在制度管理方面，不论是岗前培训还是平时在企业工作和生活中，公司保持一贯的严格的规章制度。为了锻炼员工耐心和调节心态，培训期间采取全封闭措施，培训之后在岗位实习约2.5个月，实习岗位包括最初的外包车间直至洁净车间。公司为每个实习学生配备一名资历较高的师傅，耐心教授各种技术，一对一进行指导，使学生掌握了很多书本上学不到的生产技术和实际操作能力，学生受益颇多。企业提供的工资待遇优越，对实习生来说，具有较为广阔的提升空间。江艳成同学表示通过这段时间的实习，逐步适应了企业的工作与生活环境，无论是身心健康，还是专业能力，都获得了较大的提升。

　　邢春玲同学在华润三九（临清）药业有限公司完成实习。该公司的生产设备优良，制药技术先进，产品质量稳定，在市场上取得了良好的声誉，深受患者的好评。华润三九（临清）药业有限公司位于聊城，成立于2000年6月8日，前身为山东临清中药厂，现在是华润三九医药股份有限公司子公司[4]。在品种方面，主要是生产、加工和销售丸剂（蜜丸、水丸、浓缩丸、水蜜丸）、片剂、散剂、糖浆剂、合剂、口服液、颗粒剂、口服溶液剂[5]，公司核心产品三九胃泰、999感冒灵、皮炎平、正天丸、参附注射液等，这些产品在市场上有较高的占有率和知名度；其中，三九感冒灵、三九胃泰、正天丸、参附注射液单品种年销售额均超过亿元，销售额一直雄居国内同类药物首位[6]。公司文化的象征是太阳花，太阳花代表着光明与热烈，诠释了华润三九为大众健康奉献诚挚的爱，展示了华润三九"关爱大众健康，共创美好生活"的企业使命和"大众医药健康产业引领者"的企业愿景[7]。

随后邢春玲同学给同学们介绍了公司的拳头产品——健脑补肾丸。健脑补肾丸是由鹿茸、红参、肉桂、狗鞭、炒牛蒡子、金牛草等成分组成，具有安神定志、益气健脾、健脑补肾的功效，在临床上常用于治疗腰膝酸软、健忘失眠、头晕目眩和神经衰弱等[8]。鹿茸和红参具有健脑益智、补肾填精的功效；川牛膝、金牛草、杜仲、金樱子、狗鞭具有强筋健骨、温补肾阳的功效；桂枝、肉桂具有温经通脉的功效；白术、茯苓、山药具有益气健脾的功效；酸枣仁具有安神定志的功效；牡蛎、龙骨具有安神定志、涩精止遗的功效；白芍、当归具有滋养阴血的功效；连翘、金银花、蝉蜕、牛蒡子性寒凉，具有清透燥热的功效。现代药理研究证明健脑补肾丸具有较好的抗疲劳、提高记忆力与免疫力机能、镇静、抗衰老等功效[9]。包衣水丸具有体积小、表面致密光滑、便于吞服、不易吸潮，掩盖药物不良气味，生产设备简单等优点，健脑补肾丸即为朱红色包衣水丸，除去包衣后显棕褐色，气微，味微甜。其制备过程主要为：原料药处理（粉碎、灭菌），粘合剂的制备（淀粉糊化），浸膏与淀粉浆混合（加蜜），制丸，干燥（丸粒晾晒），包衣（糖浆黏合剂）、选丸（利用振动筛、滚筒筛和检丸器挑除残丸或连丸）以及成品包装。其中较为关键的一个环节是黏合剂的制备，只有控制好黏合剂的稀稠程度才能保证软材粘性和质量。在此期间，邢春玲同学为学弟学妹重温了淀粉浆制法（煮浆法，冲浆法）等理论知识。煮浆法是加全量淀粉至冷水搅匀，置夹层容器内加热搅拌使糊化制成；冲浆法是取少量淀粉加温水混悬后，冲入一定量沸水(或蒸汽)，糊化而成，基于冲浆法现用现制方法简便且节约成本的优点，这种方法被药厂广泛采用[10]。

最后邢春玲同学简单讲解了公司的薪资待遇等内容。华润三九医药股份有限公司属于国有企业，根据分析统计结果，该公司平均工资为7723元/月，其中36%的工资收入位于区间4000~6000元/月，15%的工资收入位于区间4000元/月以下，年终奖平均16139元，华润三九医药股份有限公司员工给予了较好的评价。公司提供住房以及通讯补贴，五险一金按实际工资基数缴纳，缴纳比例较高。工作氛围相对宽松，相处融洽，部门管理较为人性化，比如举办季度生日会，按时发放节假日福利等[11]。

实践是检验真理的唯一标准。通过在药厂的实习生活，两位同学表示学到了许多课本上学不到的东西，受益颇多。在药企实习时，他们将理论知识付诸于实践，真正地做到了学以致用，动手操作能力获得了显著的提高，开拓了视野，增长了见识。与此同时，他们发现了自己的不足之处——暂时还不能把专业知识灵活地运用到实际生产方面。两位同学认识到只有不断地学习进步，跟上时代发展的脚步，才能在当今竞争激励的社会中拥有一席之地。

两位同学不仅介绍了在制药企业不同生产岗位的实习经历，还以生产过程中的真实案例为切入点进行深入分析，并对试点班的同学提出了真诚的建议——希望师弟和师妹珍惜在学校的学习生活，脚踏实地、努力学习专业知识、多参加社团和社会实践活动、注意综合能力的培养。座谈会气氛轻松愉快，各位同学敞开心扉、畅所欲言，取得了较好的效果。

最后，陈新梅老师对目前在药企实习的学生工作进行了介绍。试点班目前有8位学生在药企实习，实习单位的性质有外企、国企和高校。陈新梅老师对这些同学的前期实习进行了总结和肯定，并希望这些同学抓紧时间完成毕业论文，为本科学习生涯画上完满的句号。

表4-1　在药企实习的2012级制药工程学生情况

序号	姓名	实习地点	学习内容
1	杨丽敏	烟台鲁银药业有限公司	1.企业文化 2.检验仪器（UV、HPLC、天平） 3.QA和QC 4.车间管理 5.洁净区卫生要求 6.车间管理 7.仪器（马弗炉、红外、烘箱）8.注射剂生产9.固体制剂生产 10.检验仪器（酸度计、卡尔费休水分测定仪）
2	孙 琪	山东明仁福瑞达制药股份有限公司	1.企业文化 2.相对密度测定法 3.紫外-可见分光光度法 4.熔点测定法 5.HPLC仪器的使用 6.颈痛颗粒的含量测定 7.崩解度的测定 8.测定胶囊的粒度和脆碎度 9.盆炎净含量测定 10.HPLC操作注意事项
3	邢春玲	华润三九（临清）药业	1.企业文化 2.企业拳头产品 3.5S管理理念 4.安全生产 5.药厂岗位安排 6.生产设备简介 7.液体制剂的灌装 8.包装线 9.质检和HPLC 10.药厂实习总结
4	江艳成	迪沙药业集团	1.企业概况及企业文化 2.清洁 3.外包装 4.铝塑包装 5.企业产品 6.企业拳头产品 7.药品生产相关法律法规及企业规章制度 8.质量管理9.GMP认证 10.机械设备管理与机械维修 11.车间布局
5	王 锐	西王药业	1.公司概况 2.水解与液化 3.糖化 4.预涂层式真空转鼓过滤 5.活性炭脱色过滤 6.离子交换 7.蒸发浓缩 8..结晶 9.离心分离 10.干燥
6	庞倩倩	山东明仁福瑞达制药股份有限公司	1.企业介绍 2.质量检验工作内容 3.试剂试液介绍 4.实验仪器介绍 5.化验室日常操作安全 6.公司福利 7.业余生活 8.药品检验9.化验室布局 10.实习心得体会
7	辛晓倩	中国药科大学	1.土壤放线菌的分离鉴定 2.土壤放线菌的活性筛选 3.土壤放线菌的次级代谢物研究 4.基本实验操作 5.大学经历 6.保研资格 7.保研导师选择 8.联系导师及简历 9.南药实习收获 10.南药介绍
8	邓文贺	辉瑞药业济南办事处	1.医药代表职业介绍 2.PIM科室会议 3.实习生培训 4.拜访-准备及开场 5.拜访-探询及倾听 6.拜访-缔结及态度回应 7.MICS分析与计划高效亚行为 8.MICS拜访管理中高效亚行为 9.产品上量 10.实习总结

图4-16　卓越制药工程师试点班学生交流

图4-17　卓越制药工程师试点班学生交流

参考文献

[1] http://www.disha.com.cn/list-9-1.html

[2] http://www.disha.com.cn/

[3] 玉茗,刘晓林.文化提高企业核心竞争力——访迪沙药业集团有限公司董事长王德军[J].现代企业文化(上旬),2015(8):82-83.

[4] https://www.qlrc.com/personal/cp8C97E4F365.html

[5] https://www.liepin.com/company/gs18432783/

[6] https://baike.so.com/doc/5193897-5425464.html

[7] 麦毅.太阳花绽放[J].国企管理,2020(5):62-63.

[8] Miller MD. Multiple Ligament Knee Injuries:Expert Insight[J].Clin Sports Med,2019,38(2):xiii.

[9] 罗伦,苏文渊,袁茵,等.健脑补肾丸联合认知康复训练治疗脑卒中后认知功能障碍疗效及对血液流变学指标影响[J].临床军医杂志,2019,47(11): 1197-1199,1203.

[10] 刘玉斌.中药机制水丸工艺探讨[J].中医药学报,2004(1):19.

[11] https://www.job592.com/pay/comxc15844896.html

七、GMP模拟车间实训——山楂丸的制备

2016年6月10日上午，"卓越制药工程师"试点班成员在我校实验楼B区一楼GMP模拟车间进行实训，实训内容为六味地黄丸的制备，指导老师为药学院制药系制药工程教研室的周长征老师。

周长征老师在讲解六味地黄丸知识以及实操步骤前，先系统讲解了丸剂的制备与操作的基本知识。丸剂的制备与操作包括六个部分：一是炼蜜岗位操作，二是蜜丸合坨岗位操作，三是制丸岗位操作，四是热风循环烘箱干燥操作，五是小蜜丸选丸压平岗位操作，六是水丸包衣岗位操作。

炼蜜岗位操作需要首先开启真空泵，将适量蜂蜜从贮存罐滤过抽入减压炼蜜罐，

再打开蒸汽，控制温度在60℃左右，控制真空度-0.7至-0.8MPa。在此过程中，若炼蜜罐内蜂蜜泡沫变黄，需关闭蒸汽，打开通气阀，停止真空泵运行，用波美比重计测量，使之达到规定要求，蜂蜜炼好后挂标志牌，检查重量，测收率，打扫卫生，清洁仪器与设备[1]。

蜜丸合坨岗位操作（以槽型混合机为例），需将炼蜜打入温蜜罐，开启蒸汽阀门，使温度达到80℃左右，将药粉倒入槽型混合机，并趁热倒入炼蜜，启动混合机。然后取出药坨，生产完成后，再将废物清理，按规定清洁仪器与设备[1]。

制丸岗位操作包括塑制法蜜丸操作、泛丸操作、机制丸操作。塑制法蜜丸操作首先需配制润滑剂，称取适当比例麻油、蜂蜡，倒入加热罐内加热至融化后滤过，存放于特定容器。蜜丸制备需开启制丸机，机器运转无异常后，将小块晾坨从加料口加入，调节药条粗细。丸重按指令要求进行控制，不合格品需要重新放入加料口。生产过程中需经常涂适量润滑剂，及时清理粘附药物，将合格药丸接于药盘中，晾丸、选丸、称重。结束后，清理尾料，打扫卫生，清洁仪器。泛丸操作首先需要根据公式 X=0.625D/C（D：药粉；0.625：标准模100粒的重量；C：成品药丸100粒的干重）计算起模用粉量。将泛丸球润湿，撒少量药粉，转动泛丸球，刷下附着粉末，再喷水、撒粉，配合揉、撞等动作，颗粒逐渐增大，至0.5-1 mm较均匀圆球形颗粒，筛去过大和过小粉粒，得丸模。泛丸成形需将丸模置泛丸锅内，启动机器，喷入适量润湿剂或黏合剂，湿润表面，撒入药粉，不断翻动，使药粉均匀附着于丸面。盖面需将合格丸粒置泛丸球内，喷入少量水等润湿剂，均匀地湿润于丸粒表面，迅速取出，装于烘盘中，立即转至干燥间，结束后，清理尾料，打扫卫生、清洁仪器。机制丸操作需开启制丸机，将软材或药坨从加料口加入，调节推料和切丸速度。开始及每 15-30分钟检查丸重差异一次，将合格药丸接于药盘中，完成后打扫卫生、清洁仪器和设备[1]。

热风循环烘箱干燥操作装盘时将物料均匀地平铺于盘内，每盘厚度水丸≤2cm，小蜜丸≤3cm。上料时应依次自上而下排放于烘车上，防止异物掉于药料内。干燥过程中及时排风，经常翻动，随时检查并控制温度，使物料干燥均匀，色泽一致，干燥后将物料倒入洁净容器中。生产完成后，将废弃物清出本工序，打扫卫生、清洁仪器和设备[1]。

小蜜丸选丸压平岗位操作需要将干燥好的小蜜丸过筛，倒在选丸台上晾干过筛。过筛后的小蜜丸倒入洁净的包衣球内，按照包衣球标准操作规程操作，至小蜜丸圆整、光滑，甩上少量蜡油。将压平后的小蜜丸继续干燥约0.5-1小时，干燥温度不高于85℃。结束后将生产过程中产生的不合格品称量，移至中间品库。清理场地内的污粉、杂物及上次所用标签，装入弃物桶，送出生产区。打扫卫生、清洁仪器和设备[1]。

水丸包衣岗位操作需将干丸置包衣锅内加适量黏合剂（常用糖浆），分次将规定的衣粉均匀地逐次上于丸粒外层。最后一层衣粉上毕，在保持一定湿度情况下加入适量川蜡细粉，打光至符合要求，将包衣后的水丸于包衣锅中用热风干燥，干燥后水丸装于洁净容器中。场地内的污粉、杂物及上次所用标签，装入弃物桶，送出生产区。

打扫卫生、清洁仪器和设备[1]。

随后，周长征老师讲解了六味地黄丸相关知识以及操作流程和注意事项。六味地黄丸[2]由熟地黄、酒萸肉、山药、牡丹皮、茯苓、泽泻组成，处方用量分别为160g、80g、80g、60g、60g、60g，具有滋阴补肾的功效，用于肾阴亏损，头晕耳鸣，腰膝酸软，骨蒸潮热，盗汗遗精，消渴。此六味中，熟地黄具有明显的免疫抑瘤活性，还具有显著的强心、利尿、保肝、降血糖、抗增生、抗渗出、抗炎、抗真菌、抗放射等作用；山萸肉具有强心、促进免疫、抗炎、抗菌、抗应激、抗氧化、降血脂等药理作用；牡丹皮具有抗炎、抑制血小板、镇静、降温、解热、镇痛、解痉等中枢抑制作用及抗动脉粥样硬化、利尿、抗溃疡等作用；山药具有补脾养胃，生津益肺，补肾涩精，用于脾虚食少、久泻不止、肺虚喘咳、肾虚遗精、带下、尿频、虚热消渴；茯苓主治小便不利，水肿胀满，痰饮咳逆，呕吐，脾虚食少，泄泻，心悸不安，失眠健忘，遗精白浊；泽泻具有有利尿、解痉、保肝、抗炎、免疫调节、降血糖等作用[1]。周长征老师讲完六味地黄丸的相关知识及处方分析后，又讲授了制备流程。六味地黄丸的制法为将以上六味粉碎成细粉，过筛，混匀。用乙醇泛丸、干燥制成水丸，或每100g粉末加炼蜜35-50g与适量的水，泛丸，干燥，制成水蜜丸；或加炼蜜80-110g制成小蜜丸或大蜜丸，即得。

周长征老师系统性讲解了六味地黄丸的作用及制备流程后，开始讲解制备六味地黄丸的生产工艺。制备的工艺关键技术有两点：其一，粉碎时细度应达到要求，以防止丸表面粗糙，影响产品质量。由于熟地黄和酒萸肉两药含糖类等黏性成分较多，故应采用串料粉碎或低温粉碎。其二，炼蜜与药粉比例控制好，混合均匀，使药坨软硬适中，均匀一致。然后周长征老师开始详细讲述六味地黄丸的制备流程：先进行中药材前处理，熟地黄需去净杂质，山茱萸酒蒸成酒萸肉，牡丹皮去除杂质并洗净，山药去除杂质并洗净干燥，茯苓筛去灰屑，泽泻去除杂质并洗净干燥。中药材的前加工和质量控制点有配料、灭菌、粉碎、过筛、定额包装、混合。制剂操作过程和质量控制点有炼蜜、真空压力（-0.089MPa）、蒸汽压力（0.1-0.15MPa）、波美度（39-42）、温蜜、制黏合剂、合坨、制丸、配蜜水、盖面、干燥、温度、选丸、打光、内包装、外包装。工艺卫生要求净制、炮制、外包装工序工艺卫生执行一般生产区工艺卫生规程，环境卫生执行一般生产区环境卫生规程。灭菌、粉碎、过筛、混合、炼蜜、合坨、制丸、内包装工序工艺卫生执行D级洁净区工艺卫生规程，环境卫生执行D级洁净区环境卫生规程。质量标准包括原料、辅料、包装材料、成品的质量标准。中间品、成品的质量控制有药粉需进行细度检查、水分、均匀度检查、微生物限度检查，药坨应进行外观检查，不得有异物，待包装品应外观检查，查看其显微特征，进行溶散时限检查，成品进行外观检查、装量差异、水分、微生物限度、含量测定。除此之外，周长征老师还介绍了包装、标签、说明书的要求，经济技术指标和物料平衡，技术安全及劳动保护[1]。

试点班的同学们听完周长征老师详细的讲解后，开始进行实训，一步一步按照规定进行操作，从开始的选材、中药前处理，到灭菌、粉碎、过筛、混合，再到温蜜、制丸、盖面、干燥、选丸、打光，直到包装，认真操作，在实践中更加充分的理解了课本中的内容，熟悉并掌握了六味地黄丸的制备工艺流程。

图4-18　卓越制药工程师试点班学生GMP车间实训

图4-19　卓越制药工程师试点班学生GMP车间实训

参考文献

[1] 中国医药科技出版社全国高等医药教育教材工作专家委员会. 制药工程实训[M].北京：中国医药科技出版社，2015.

[2] 国家药典委员会.中华人民共和国药典（一部）[M].北京：中国医药科技出版社，2020,742.

八、有关考研与保研的头脑风暴

2016年6月14日下午，卓越制药工程师试点班成员在实验楼A608制药系办公室召开座谈会。在中国药科大学实习的2012级制药工程专业试点班成员辛晓倩同学应邀与试点班成员进行座谈。

辛晓倩同学是我校药学院2012级制药工程专业学生，以总分第一名的成绩被保送到中国药科大学中药化学专业。2016年3月到6月期间，辛晓倩同学在中国药科大学中药学院天然药物化学教研室完成本科专题实习，毕业论文题目为《土壤放线菌的分离鉴定、活性筛选和次级代谢产物研究》。在座谈中，辛晓倩同学介绍了自己的保研经历，并向试点班成员详细介绍了国内各高校的夏令营活动，鼓励试点班成员积极申请。随后辛晓倩同学针对试点班成员提出的考研相关问题进行了详细的回答，并重点对如何获取考研信息、合理规划时间、调整心态等方面给出建议。

最后，试点班负责人陈新梅老师介绍了与药学相关研究生专业与学制、国家政策、报考和录取流程，并结合《2016就业蓝皮书》中的相关数据，分析了近几年的就业和考研形式、考研招生人数和录取比例。本次座谈会通过具体事例和数据让试点班成员了解了当前国内的就业和考研形式，有助于同学们端正心态、把握方向、增强信心、勇敢追逐梦想、理性规划未来。

基于麦可思公司2016年度的大学毕业生跟踪数据而撰写的《2016年中国大学生就业报告》指出，根据2011-2015届大学生就业率的变化趋势，反映出：本科学科门类中的工学、农学、理学半年后就业率持续上升，高职高专专业大类中的生化与药品大类、交通运输大类、文化教育大类、艺术设计传媒大类半年后就业率持续上升等情况[1]。同时分析了2015届大学生自主创业的比例，该比例从2013届的2.3%上升到2015届的3.0%，本科毕业生考研和高职高专毕业生读本的比例从2013届的8.0%上升到2015届的10.1%，说明了2015届大学生毕业半年后就业基本稳定，其原因是大学毕业生的创业和深造比例上升，降低了就业的基数。2015届大学生未就业人群中，52%的人处于求职状态，31%准备国内外考研、考公务员、准备创业和参加职业培训，17%不求职也无其他计划[2]。由上述数据可知，一方面，就业的压力让考研成为大势所趋，考研人数近十年来一直稳定在120万左右，到2016年激增至177万，2017年更是首次突破了200万大关。另一方面，广大毕业生为了跟上时代的脚步、提高就业竞争力，也间接催生了考研热，为了在竞争越来越激烈的就业市场上寻找到更好的位置或为提升毕业后薪水而考研的考生也成为考研大军中的主力军[3]。

考研作为人生的一个选择，达成目标以后，开启的是完全不一样的人生，会接触更加广阔的天地，迈向一个更高的平台，获得新知和提升自我价值。对于大部分普通大学生来说，考研就是再给自己一次机会，一次可以最大程度弥补高考遗憾的机会，或者说是一次真诚面对自己未来而进行思考的机会。在这个快速发展的时代，知识的作用越发重要，知识是改变世界的力量，毕业后越来越多的大学生选择继续深造，学习新知识和进行科学研究，逐渐成为一种发展趋势。考研学子在考研中所经历的辛酸、努力、忍耐、坚持和与困难挣扎战斗的每一个过程，都将成为考研者一辈子的记忆深刻精神财富，那些踏踏实实拼搏奋斗的珍贵回忆必将激励着学生们奋力前进，勇往直前，这也正是考研的意义所在。

辛晓倩同学讲述完考研的重要性之后，又阐述了研究生推免政策并分享了自己保研经历和渠道，为试点班学生提供了许多有效的考研信息和建议。保研是指学生被推荐为免试研究生，许多学者肯定了推免制度作为研究生招考制度的一部分起着积极的作用和影响，具体表现在三个方面，在招生制度改革方面，推免制度在一定程度上能够扩大研究生招生单位招生自主权；完善研究生招生多元录取机制；提高研究生的招生质量。另一方面对于学生来说，有利于全面考察学生能力和人才的选拔；扩大了考生的自由选择权；有利于创新人才的培养和选拔；能够有效地避免了"一考定终生"的片面性，延长了对学生的考查时间，扩大了考察的全面性，是对学生生活、品德等方面进行系统考查，也是发展、变化的动态过程。在院校方面，有利于推动校际交流，在一定程度上可以避免高校近亲繁殖的弊端；对提高招生学校硕士研究生报考生源质量具有重要意义；有利于促进高校本科教学改革，开展学业上的竞争，从而进一步树立优良学风；促进了学校对学生的全面考察和细致管理[4]。从高校目前发展的状况看，保研的种类主要包括直保、科研保、优干保、支教保和外推[5]。直保的主要是学习成绩十分优异并且综合测评较高的学生；科研保针对有较强科研能力的学生，已获省部级以上奖项荣誉或在学校核心期刊发布论文；优干保，即优秀学生干部保留两年学籍的保研；支教保是具有较高个人品德素质并根据学校安排赴指定的贫困或急需教师地区支教的毕业生，支教后回校保研；外推则是向外校推荐优秀毕业生。辛晓倩同学是通过参加了保研夏令营被推免到中国药科大学。"保研夏令营"是指具有硕士研究生培养资格的高校在暑假期间，开办短期免费夏令营，招募部分高校优秀大三学生，为营员提供参观、学术交流、专业介绍等活动，并于结束前进行面试，对其中优秀营员发放拟录取通知书，承诺他们获得保研资格报考本校即予录取的一种招生新形式[6]。

最后，辛晓倩同学分析了关于保研和考研的区别与利弊，并分别提出了考研和保研两个方面的建议。考研和保研，两者区别在于是否需要参加研究生初试考试，考研需要参加初试，保研不需要参加。考研者对所考学校的选择空间更加开阔一些，可以选择考取自己心中理想的学校，并体会挥洒汗水，拼搏奋斗的难忘经历，打好自己在未来研究生阶段的坚实的知识基础，但是有一定落榜的风险，所以要调整好心态，做好脚踏实地拼搏奋斗的准备。保研名额有限，并且对学生的素质能力要求较高，要确保自己取得优异的本科成绩和保研所要求的奖学金及论文发表等，争取名额方面较为困难；可供选择的学校较少，有一定的限制，但是保研学生不必承受与百万考研大军进行竞争的压力，可以争取到公费名额。无论是保研和考研，同学们都要做好充分的准备。为了使同学们更加了解保研，辛晓倩同学提出了以下几点建议：主动多方面地收集相关保研信息，及时关注保研政策的发展变化，积极参加保研系列讲座，详细了解与此相关的知识，对于夏令营的相关信息，学生应做到亲自关注和了解，知晓其中利弊，而非一味只想参加或拒绝，为保研的前期工作打好基础，做好充分的准备[7]。辛晓倩同学给各位同学提出了以下几点建议：大二、大三期间提前做好备考规划；尽早确定合理的目标院校和专业，坚定自己的选择；合理安排好复习进度，为专业课打好扎实基础，训练考研复试的综合能力；调整学习心态和加强考试心理素质，只有战胜自己才能获得真正的胜利[8]。

辛晓倩同学坦言，虽然考取研究生可以在一定程度上提高自己在就业方面的竞争力，但个别学生对读研过程及研究生就业情况缺少必要的了解，在庞大的备考队伍中盲目跟风。因此，在就业与考研之间选择时，每个人应该明确自己所学专业是否有必要继续深造，自身与家庭等条件是否适合考研。理智思索自己未来的道路要走的方向，做出合理的选择。

图4-20　卓越制药工程师试点班学生交流

图4-21　卓越制药工程师试点班学生交流

[知识链接] 就业蓝皮书

《就业蓝皮书：2016年中国本科生就业报告》是2016年6月社会科学文献出版社出版的图书，是麦可思研究院的作品。该书从就业水平，薪资，工作能力，求职等各个方面，分析了2015年大学生就业形势，并提出了相应的政策建议。特别是本书通过核心知识的量化分析，对2012届本科毕业生的三年后再调查分析，如职业和行业转换等状况展现。面对国际经济不景气的现实，在大学生就业成为政府工作重点和社会关注焦点的情况下，该书具有一定的参考和借鉴意义。

该书的作者是王伯庆（男），1954年生于四川成都。麦可思公司创始人、总裁，中国高等教育供需跟踪评估系统(CHEFS)创始人，麦可思《中国大学生就业报告》(就业蓝皮书)作者，西南财经大学特聘教授。在中国获材料工程学士和工业经济管理文科硕士、在美国获统计学理科硕士和经济学博士。曾当过工人、助理工程师、讲师、资深经济学家。1990年赴美国留学，1994年获经济学博士学位。2006年回国创办麦可思公司。

参考文献

[1] http://ex.cssn.cn/dybg/gqdy_sh/201606/t20160623_3081988_1.shtml

[2] http://ex.cssn.cn/dybg/gqdy_sh/201606/t20160623_3081988.shtml

[3] http://gaokao.eol.cn/news/201703/t20170315_1497762.shtml

[4] 曾赛阳.我国研究生推免制度研究[D].南京师范大学,2019.

[5] 高杨.硕士生推免政策对学生行为选择的影响及建议[J].文教资料,2017(5):111-113.

[6] 郭圣莉,唐秀玲.保研夏令营:硕士研究生招生的高校策略行为及扩散研究[J].复旦公共行政评论,2019(1):217-238.

[7] 张莹,仝青.大学生对保研政策的关注和看法研究——以中国矿业大学为例[J].科学中国人,2016(30):224.

[8] 张爱媛.乘风破浪,2020考研形势分析与解读[J].中国大学生就业,2019(11):6-8.

九、参观山东医药技师学院"国家高技能人才培训基地"

为了加强"卓越制药工程师"试点班同学的工程实践能力、增强同学的GMP意识，在药学院曲智勇书记和周萍老师的协调和大力支持下，2016年7月9日，"卓越制药工程师"试点班的同学赴泰安市山东医药技师学院进行参观和学习。同时，我校实验室管理处齐东梅处长、任萌处长及实验中心相关教师一同前往。山东医药技师学院党委书记李启国、院长李松涛、实训中心主任李华斌等领导给予了热情的接待。

首先，山东医药技师学院实训中心主任李华斌老师介绍了山东医药技师学院。山东医药技师学院位于五岳独尊的泰山脚下，经山东省人民政府批准成立，隶属于山东省人力资源和社会保障厅。学院2004年被评为"国家级重点技工学校"，2005年升为山东中医药高级技工学校，2009年改建为山东医药技师学院。学院共有专职教师256人，包含中药学、药学、食品、健康专业博士、硕士等高层次人才，并设有中药、制药工程、生物工程、药品营销、食品科学、健康管理六大系。学院建成了国家级重点技工学校、国家高技能人才培训基地、国家中医药行业特有工种职业技能鉴定站、第45届世界技能大赛（健康与社会照护项目）中国集训基地、山东省高技能人才培训基地、齐鲁技能大师特色工作站、山东医药技师学院泰山食品药品检测中心、山东省医药行业公共实训基地、山东省大学生创业孵化示范基地、山东省四星级科普教育基地、泰安市省级食品药品科普宣传教育基地。荣获了"全国医药教育先进集体""山东省省级文明单位""山东省职业技术培训先进单位""山东省技工学校教学质量优秀单位""山东省技工教育特色名校""全省职业技能鉴定先进单位"等荣誉称号[1]。

接下来，李华斌老师又介绍了山东医药技师学院各系的情况。山东医药技师学院中药系建有一体化教学、实训设施，中药文化博物馆收藏了22000余份中药标本，是省内中药标本最全、内容最丰富的科普教育基地[2]。药品营销系设有药品营销、电子商务（医药）、网络营销、连锁经营与管理、快递运营管理、药品营销（医药物流方向）六个专业，承担了泰安市科技局、泰安市社科联、中国职业技术教育协会、中国医药教育学会课题10余项[3]。制药工程系承担了制药方向各专业教学和学生管理工作，以中药专业群建设为中心进行教学改革，创建以学生为主体的部系体系，以德育为中心的教育理念[4]。生物工程系设有生物制药、发酵技术、化妆品制造与营销3个专业，近年来承担省部级科研项目2项，并多次在全国、省市及学院组织的教科研活动中取得优异成绩[5]。食品科学系设有食品加工与检验、公共营养保健、食品营养与卫生、食品质量与安全四个专业，并建有多个设备先进、功能齐全的校内外实训基地，建有泰山食品药品检测中心，可供学生进行学习实践[6]。健康管理系设有健康服务与管理、保健按摩两个专业，实践教学条件优越，有保健按摩实训基地、健康馆[7]。

随后，李华斌老师介绍了山东医药技师学院的实训车间等实践基地，山东医药技师学院有符合国家药品生产质量管理规范的中药制药、药物制剂、化学制药、中药炮制、生物制药等实训车间，以及模拟中西药房、中药鉴定等实训室和先进的食品药品检测仪器。与国内食品、医药企业建立了120余家实习基地，落实国家大力支持的校企合作培养模式。

最后，在山东医药技师学院李华斌老师的带领下，"卓越制药工程师"试点班的同学们依次参观了GMP中药固体制剂实训车间、中药炮制车间、模拟中西药房、化学合成实训车间、生物发酵实训车间、中药文化博物馆与食品药品检测中心。在参观的过程中，各车间的负责人给同学们进行了详细的介绍。

通过此次参观学习，加深了同学们对GMP的设计理念、厂区布局、车间布局、洁净级别、卫生管理、制药用水、药厂洁净服、空气净化系统、空调系统、照明系统、常用生产设备的使用及维护、安全生产、生产管理、质量保证、中药标本制作等知识点的理解与掌握。

在GMP的设计理念、厂区布局方面，"卓越制药工程师"试点班同学理解并掌握了GMP车间的选址应最大限度避免污染以及交叉污染，最大限度降低物料或遭受污染的风险。厂区应当根据所生产药品的特性、工艺流程及相应洁净度级别要求合理设计、布局和使用，做到人流、物流分开，工艺流畅，不交叉，不互相妨碍；制剂车间应具有生产的各工艺用室，足够面积的生产辅助用室，包括原料暂存室(区)、称量室、备料室，中间品、内包装材料、外包装材料等各自暂存室(区)、洁具室、工具清洗间、工具存放间，工作服的洗涤、整理、保管室，制水间，空调机房，配电房等，高度2.7m左右[8]。

在洁净级别方面，"卓越制药工程师"试点班同学理解并掌握了空气洁净度分为四个等级，即A级、B级、C级、D级。A级指高风险操作区，如灌装区、放置敞口安瓿等区域，要求≥0.5μm静态悬浮粒子数不超过3520/m³，≥5μm静态悬浮粒子数不超过20/m³，≥0.5μm动态悬浮粒子数不超过3520/m³，≥5μm动态悬浮粒子数不超过20/m³。B级指灌装区等高风险A级区所处背景区域，要求≥0.5μm静态悬浮粒子数不超过3520/m³，≥5μm静态悬浮粒子数不超过29/m³，≥0.5μm动态悬浮粒子数不超过352000/m³，≥5μm动态悬浮粒子数不超过2900/m³。C、D级指生产无菌药品过程中重要程度较低的洁净操作区，C级要求≥0.5μm静态悬浮粒子数不超过352000/m³，≥5μm静态悬浮粒子数不超过2900/m³，≥0.5μm动态悬浮粒子数不超过3520000/m³，≥5μm动态悬浮粒子数不超过29000/m³。D级要求≥0.5μm静态悬浮粒子数不超过3520000/m³，≥5μm静态悬浮粒子数不超过29000/m³，≥0.5μm与≥5μm动态悬浮粒子数/m³不做规定[8]。

在卫生管理与设备管理方面，"卓越制药工程师"试点班同学理解并掌握了卫生在GMP中包括环境卫生、工艺卫生和人员卫生，实施GMP的基本目的就是要防止混淆、污染，确保药品质量。制药设备需要定期进行清洗、消毒、灭菌，清洗、消毒、灭菌过程及检查须有记录并保存。无菌设备清洗，直接接触药品的部位必须灭菌，并标明灭菌日期，必要时进行微生物学检验，灭菌的设备应在3天内使用。同一设备连续加工同一无菌产品时，每批之间要清洗灭菌。在管理方面，必须配备专职或兼职设备管理人员，负责设备的基础管理工作，建立相应的设备管理制度[8]。

此次山东医药技师学院之行，在李华斌老师细心与详细的讲解下，"卓越制药工程师"试点班的同学们通过参观模拟企业大生产的车间及其他教学实验室，将课本上的仪器和设备等知识与实际相联系，提高了"卓越制药工程师"试点班同学GMP意识；熟悉了先进的大型设备和仪器，将书本上的理论结合现实中的实践，让同学们可以更加生动、形象、立体的感受学习相关知识。"千里之行，始于足下"，这虽然只是一次参观学习，但已经在试点班同学身上产生了不可低估的作用，为今后的理论学习与实践奠定了坚实的基础。

此次参观学习，对"卓越制药工程师"试点班同学具有极其重要的意义，在参观厂区与收获知识的同时，不仅开阔了同学们的视野，也增强了同学们的专业自豪感和使命感。

图4-22 卓越制药工程师试点班成员参观山东医药技师学院

图4-23　卓越制药工程师试点班成员参观山东医药技师学院

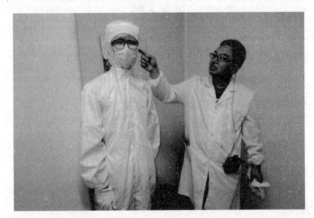

图4-24　卓越制药工程师试点班成员参观山东医药技师学院

图4-25　卓越制药工程师试点班成员参观山东医药技师学院

图4-26　卓越制药工程师试点班成员参观山东医药技师学院

参考文献

[1] http://www.sdyyjsxy.com/pages.asp?id=2

[2] http://www.sdyyjsxy.com/zhongyaoxi/pages.asp?id=220

[3] http://www.sdyyjsxy.com/ypyxx/pages.asp?id=195

[4] http://www.sdyyjsxy.com/zygcx/pages.asp?id=210

[5] http://www.sdyyjsxy.com/swgcx/pages.asp?id=168

[6] http://www.sdyyjsxy.com/spkxx/pages.asp?id=186

[7] http://www.sdyyjsxy.com/jkglx/pages.asp?id=202

[8]　国家药品监督管理局. 药品生产质量管理规范(2010年修订)解读 [M].北京:中国医药科技出版社, 2011.

十、试点班成员参加2016年暑期国内高校夏令营

2016年7月，我院"卓越制药工程师"试点班的崔英贤、马明珠、孟颖等三位同学接受邀请参加了山东大学、沈阳药科大学和苏州大学的暑期夏令营活动。经过前期的报名和审核，三位同学经过层层选拔后脱颖而出，代表我校参加该项活动。在活动期间，同学们参观了各高校的校史馆、标本馆和实验室，认真聆听了本专业学科带头人的前沿学术讲座，走进导师实验室与研究生导师面对面交流，并与来自全国其他兄弟院校的同学相互认识和了解。通过此次活动，不仅开阔了视野，更展示了我校优秀学生的风采。

在"卓越制药工程师"试点班前期培养的过程中，为了开拓"卓越制药工程师"试点班同学的视野，试点班负责人陈新梅老师曾邀请我校2012级制药工程学生辛晓情同学给做专题讲座，介绍中国药科大学夏令营的申请程序和注意事项，并鼓励大家积极参加暑期夏令营，同时为相关同学撰写了专家推荐信。

这三位同学从夏令营返回后，利用暑假时间对夏令营活动进行了认真系统的总结，开学后向试点班全体同学进行汇报心得和收获，以鼓励试点班低年级同学关注和

积极参与该项目。

根据教育部颁布的《教育部办公厅关于进一步完善推荐优秀应届本科毕业生免试攻读研究生工作办法的通知》(2014)规定："推荐高校要充分尊重并维护考生自主选择志愿的权利，不得将报考本校作为遴选推免生的条件，也不得以任何其他形式限制推免生自主报考"，根据此政策，"保研夏令营"这一新型的高校研究生自主招生模式应运而生[1]。"保研夏令营"是近几年国内高校，尤其是985、211高校及科研院所为主的一种研究生自主招生方式，能够多样化选拔优秀生源。随着研究生入学推免政策的变化，学生面对的高校选择数量增加，选择范围亦增大，学生可以自由选择推免到外校就读研究生（保外），或者选择在本校攻读研究生（保内），在一定程度上降低了学生"落榜"的风险。

在"保研夏令营"的日程安排中，学校会利用暑假期间一周左右的时间，以学术交流等形式与学生接触，以全面考查学生是否适合本校。在此期间，绝大部分高校负责学生往返交通费以及在校期间的伙食费，同时高校会举办丰富多彩的活动，包括：开营仪式、参观实验室、介绍导师研究方向、学术交流会、讲座、面谈等形式，并通过多种考试方式（如笔试、面试、实验等）来综合考核学生，选拔优秀的学生，并发放拟录取通知书[2-3]。个别学校可能不会直接告知录取结果，但会给予不同程度的加分，所加的分数可以累计到研究生推免成绩或者考研成绩之中[3-4]，以提高被录取的可能性。

通常情况下，各高校会在每年的5-7月公布夏令营开营通知，发布夏令营招生简章，也有部分院校召开宣讲会。有意参加夏令营的同学，需按照通知中要求进行报名并提交材料，经过主办方审核通过后，方能被录取为参营人员。夏令营需要提交的申请材料的具体内容，虽然各高校略有差异，但基本都涵盖了以下五项：学分成绩及排名、外语水平相关证书或证明、专家推荐信、各类获奖证书、科研成果证明。通常情况下具有下列资质的学生被录取的几率会更高：1.平均学分和专业成绩排名均处于前列；2.英语六级分数达到学校要求甚至通过托福、雅思考试；3.有副教授及以上职称的专业教师的推荐信；4.各类获奖证书；5.在科研方面有突出成绩的学生[3]。

在试点班前期的活动中，辛晓倩同学介绍了她本人参加中国药科大学夏令营的经历并提出了一些建议。首先，在每年的3-7月，各研究生招生单位会陆续通过其官方网站（及其研究生招生信息网站）发布相关招募通知。这一阶段需要同学们注意浏览各学院官网，了解各课题组情况（科研方向与科研实力），初步确定意向导师；关注各官方网站（及其研究生招生信息网站）及官方公众号，第一时间掌握各院校线下宣讲会及夏令营报名系统开放动态。其次，准备申请材料，分门别类准备好自己的成绩证明和各类证书等，选择尽量早的时间（4月份）开始着手准备。建议同学们根据实际情况选择建议投3至5所学校，注意不同学校的申请日期、截止日期以及入营日期，如果出现日期冲突的情况应做好取舍。下一步是录取入营后的准备。大部分招生单位会将入营名单公布在招生单位官网上，或向入营同学发送电子邮件通知，并在邮件中明确夏令营的要求，如准备高数笔试、准备个人简介PPT等。同学们需要提前联系导师，尤其是"卓越制药工程师"试点班的同学，建议提前联系导师，必要性体现在以下两方面：第一，提前联系导师，可以为自己争取到夏令营期间与老师面谈的机会；第二，一些资历较高的老师研究生名额有限，学生可以通过毛遂自荐以赢得先机[5]。

同时辛晓倩同学在准备细节方面又提出以下几点建议。同学们在选择院校时可能会存在一些困惑，可以参照如下的标准：自身条件是否能够满足目标院校公布的要求；能否找到目标院校的导师推荐；了解所在本科院校之前的保研学生去向，结合国家政策选择相应目标院校；是否有较好的科研项目和成果等[6]。同时，有意向保研的同学可以积极参加大学生创新创业项目，丰富自己的见识和锻炼能力素质，及时关注学校的保研政策，熟悉学院保研排名政策以及各种成绩的计算方法。认清自我定位，判断自己保研成功的几率，提前做好计划。

崔英贤同学详细地介绍了沈阳药科大学暑期夏令营具体情况，并分享了自己保研的宝贵经验。经验如下：①关注和了解保研夏令营的相关信息，知晓利弊，做到理性思考，而非盲目跟风。②在大一入学开始就要努力学习专业知识，为保研的前期工作打好坚实的基础，为夏令营或保研做好充足的准备。

参加山东大学暑期夏令营活动的崔英贤和马明珠同学，和参加苏州大学暑期夏令营的孟颖同学也对的相关问题作出介绍。几位同学汇报了参加夏令营的切实感受：在短短的几天时间里，他们感受到整个夏令营的温馨的环境和浓厚的学习氛围，认识并了解夏令营中的每一位优秀的同学，同时在交流的过程中发现了自己的优点和不足。

从上述三位同学的汇报来看，夏令营或者保研并没有旁观者看起来那样简单，只有亲身经历过的人才能真正体会其中的辛酸苦辣。保研夏令营整个过程并不比考研容易。首先，能够获得营员名额的同学背后少不了的是大学前三年不为人知的努力和汗水；其次，从收集信息、准备材料、报名到面试整个过程是一个漫长的过程，而且需要耐心等待，可能在心理上会比考研更加纠结和痛苦。在心理上要承受一定压力，接受多次锤炼[7]。保研和参加夏令营有利有弊，建议学生深思熟虑之后，再下定决心追寻自己想要的人生目标。

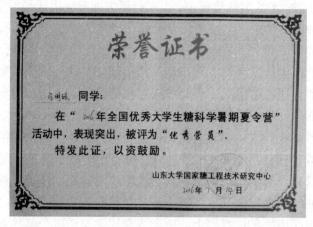

图4-27　卓越制药工程师试点班成员参加2016年暑期国内高校夏令营

图4-28 卓越制药工程师试点班成员参加2016年暑期国内高校夏令营

图4-29 卓越制药工程师试点班成员参加2016年暑期国内高校夏令营

图4-30 卓越制药工程师试点班成员参加2016年暑期国内高校夏令营

图4-31　卓越制药工程师试点班成员参加2016年暑期国内高校夏令营

图4-32　卓越制药工程师试点班成员参加2016年暑期国内高校夏令营

参考文献

[1] 李斌."保研夏令营"自主招生模式探析[J].湖北招生考试,2018(1):39-43.

[2] https://baike.so.com/doc/5537389-5755356.html

[3] 羽丰.推免经验:选择你所爱的,爱你所选择的[J].求学,2020(26):77-78.

[4] 杨绪峰.论保研与论文[J].大学生,2016(19):19-22.

[5] https://www.zhihu.com/question/22708680/answer/1090416755

[6] http://kaoyan.eol.cn/bao_kao/tuimian/201804/t20180427_1597473.shtml

[7] https://wenku.baidu.com/view/fe611da2b9f67c1cfad6195f312b3169a451ea85.html

十一、"制药车间工艺仿真软件"学习与实践

2016年9月28日中午，"卓越制药工程师"试点班的同学在实验楼A416的微机室进行"药品生产虚拟实训仿真软件"的学习，药学院制药系的周长征教授在学习现场予以指导。该软件以制剂工艺流程为主线，借助多媒体技术，仿真药物制剂的生产过程。

周长征老师首先介绍了药品生产虚拟实训仿真软件。这套软件是针对制药工程及相关专业实践教学需求而研发的一款实训仿真软件。该平台的构建以药品生产实践操作为主线，将2010新版药品生产管理规范(GMP)作为知识依据，采用3D技术，结合现代药物制剂生产工艺、药物制剂设备、岗位标准化操作SOP、药品生产过程质量控制以及车间管理等内容而开发的，用来提高学生的工程实践能力，并深化学生对药品实际生产的认识和理解。该软件学习共包括三部分内容，第一部分为临床常用剂型包括片剂、胶囊剂、颗粒剂、丸剂、注射剂、口服液等剂型的车间布局、生产工艺和《药品生产质量管理规范》（GMP）验证要点。第二部分为常用质检仪器和制药设备，包括：常见固体制剂质量评价仪器、粉碎设备、筛分设备、提取设备、干燥设备。第三部分内容为常规制剂生产关键工序的视频及注意事项。

随后，周长征老师利用药品生产虚拟实训仿真软件讲解了生产车间布局以及各个制剂生产线。整个车间包括洁净环廊、换鞋间、更衣室、整衣间、洁衣间、洁具存放间、洁具清洗间、容器存放间、容器清洗干燥间、废弃物存放间、包衣间、晾片间、配浆间、胶囊填充间、胶囊壳暂存间、压片间、制浆间、模具室、软胶囊间、检丸间、晾丸间、化胶间、整粒总混间、中控室、中控间、原辅包材暂存间、称量间、粉碎过筛间、除尘室、流化床制粒间、湿法混合制粒间、沸腾干燥间、挤压制粒间、烘箱干燥间、辅机室、铝塑包装间、塑瓶包装间、颗粒包装间、外包装间等。

片剂生产线以湿法制粒工艺、高速旋转压片机为模型构建的虚拟片剂生产场景，学生可通过不同角色的扮演，反复练习压片机安装等工序的标准操作，以及片剂重量差异限度在线质量控制等内容的模拟训练。

颗粒剂生产线模拟挤压制粒、搅拌切割制粒、一步制粒等三种制粒生产工艺搭建虚拟的生产环境，为学生提供不受限制的软材制备、挤压制粒、搅拌切割制粒、一步制粒等工序的工艺流程及设备标准操作的虚拟实训练习。

硬胶囊剂生产线模拟硬胶囊剂生产流程，在虚拟生产环境中用户以第一人称或第三人称完成全自动胶囊填充机、铝塑包装机等设备标准操作及工艺过程的无限制训练。

小容量注射剂生产线主要以对乙酰氨基酚注射剂生产和质量控制为主线，主要包括浓配稀配岗位、洗瓶烘干岗位、灌封岗位、灯检岗位等一系列岗位操作流程。洗瓶烘干岗位采用了符合GMP的超声波洗瓶机、隧道式灭菌机为模型，详细介绍了安瓿三洗三气洗瓶、干燥和灭菌工艺流程虚拟生产情景，强化了风险管理、参数放行等在线质量控制知识点。灌封岗位以1/2安瓿灌封机为模型，学习者可不受任何限制地虚拟完

成安瓿灌封、装量调节、装量检查、封口质量检测等标准操作训练。浓配稀配岗位以浓配法工艺为模型，描述了配液罐、称重模块、在线清洗、在线消毒等系统，创建虚拟药液浓配生产场景，用于药液配制的虚拟化标准操作训练。灯检岗位自动灯检机采用摄像机拍摄生产线上药液的序列图像，把图像传入计算机。通过三维仿真技术详细介绍了自动灯检机的基本结构，创建虚拟的安瓿灯检生产场景[1]。

周长征老师讲完第一部分后，向同学们提了几个问题，同学们回答基本正确。周长征老师开始讲解第二部分。周长征老师通过药品生产虚拟实训仿真软件，进入胶囊剂生产车间，模拟连接了硬胶囊填充机底部压缩空气管路，打开压缩空气阀门，连接吸尘器管路，开机运行，点击了控制面板，界面包括电动运行、运行开关、油泵开关、真空泵开关、吸尘开关、胶囊开关、电气箱点动、频率调节、加料、设备停机。周长征老师依次进行了讲解，并模拟了胶囊剂生产的全过程。接着，又进入了颗粒剂车间中的流化床制粒车间，开启控制柜，解锁喷雾干燥室，启动压缩空气机，根据系统提示依次安装零部件，演示了流化床制粒的全部过程后，进入了挤压制粒干燥车间，安装摇摆式颗粒机和零部件，运行摇摆式颗粒机，按照提示进行加料，完成挤压制粒干燥的全部过程。

讲解完胶囊剂与颗粒剂之后，周老师向同学们提问上述知识点，检查同学们的掌握程度之后，开始模拟片剂制备。进入压片间，对压片机、吸尘器以及筛片机压片工艺所用设备进行检查之后安装压片机模具，打开压片机操作面板，共有装料、点动、启动、调试、降速、升速、停机七个按钮，随后找到物料，点击相应按钮，演示压片机压片的全过程。完成片剂后，片剂进入入包衣间，查看包衣机状态，包衣机面板包括菜单、返回、薄膜包衣、参数设置、温度设置、负压操作、清洗、排水八个按钮，点击薄膜包衣，设置好条件进行包衣。包衣结束后，进入铝塑包装车间，领取相应物料，将PVC塑片铺到铝塑包装机上，检查热封装置，查看机器的全部构造后，根据提示进行包装。

第二部分讲解完毕后，周长征老师把"药品生产虚拟实训仿真软件"的视频发给了每一位同学。视频内容主要包括11个内容：硬胶囊、流化床制粒、挤压干燥制粒、压片、包衣、铝塑包装、水针领料称量、水针外包装、洗瓶灭菌、灌封、灯检漫游。在各位同学进行操作药品生产虚拟实训仿真软件前，周长征老师对可能出现的一些问题进行了讲解，例如登陆密码修改后，忘记密码可以联系工程师；安装时显示不全可以开控制面板中的"外观和个性化"找到"显示"，选择"较小"，点击应用；仿真运行平台已安装成功，但回到网页依旧显示"本机未安装仿真运行平台"，可以到相应的程序后刷新网页；重新安装运行平台之时，不能打开要写入的文件，可以找到屏幕右下角"小熊猫"，鼠标右键退出，再安装运行平台或者直接点击"忽略"继续安装；安装软件安装包时，显示文件已损坏，可以退出杀毒软件，重新下载仿真软件并安装；点击启动后显示"无法访问授权服务器"，可以耐心等待一会，再点击"启动"，多试几次；点击"启动"后可以注销或重启计算机；平台已安装，软件已安装，点击"启动"显示"正在加载仿真引擎"之后消失，未出现任何界面，或者点击"启动"无反应，可以关闭杀毒软件，重新安装"仿真运行平台"和"软件安装包"；软件第一次打开后"2D界面"或"试卷运行界面"不加载，可以通过控制键盘"Alt +Tab"键切换当前已打开的所有界面，调出"2D界面"或"试卷运行界面"；点击"启动"后，不加载3D画面或者加载过程中报错"项目崩溃"，可以退出杀毒软件，重新安装软件，如果没有解决，右键安装包，选择解压，把文件解压后覆盖安装原软件，即可，如果还没解决，通过鲁大师、驱动精灵等软件检测本机显卡驱动，并更新，如果以上都没解决问题，检查本机显卡配置，建议更换电脑。

"卓越制药工程师"试点班的同学通过对"药品生产虚拟实训仿真软件"的学习，更有利于对制药理论知识的深刻理解和系统消化，该软件通过3D模拟车间，使同学们更加有代入感，仿佛身处真正的企业大生产车间，充分满足了同学们对企业大生产车间的好奇心，并通过3D模式使同学们加深了各种仪器设备的使用以及操作流程，拓宽了同学们的眼界，充分调动了同学们的学习理论知识的积极性和主动性。

图4-33 制药车间工艺仿真软件

图4-34 "制药车间工艺仿真设计软件"的学习与实践

参考文献

[1]https://wenku.baidu.com/view/0551dac22e60ddccda38376baf1ffc4ffe47e2b3.html

十二、卓越制药工程师的国际化视野（加拿大）

2016年9月28日傍晚，"卓越制药工程师"试点班在1号教学楼305教室举办了"卓越制药工程师的国际化视野"的专题讲座。此次讲座由我校留学生Ziblim主讲，卓越制药工程师试点班的全体学生参加了此次讲座。

Ziblim来自加拿大，他简介了加拿大制药发展简史和加拿大的药学教育，孙凯同学进行同声翻译。跟随着Ziblim的讲述，加拿大的制药发展史逐渐清晰明了。加拿大制药业发展迅猛，包括制药产业在内的生物技术产业已成为该国的第二大技术产业。在20世纪80年代时[1]，加拿大对制药行业体制进行提升完善，具体的措施主要有：促进制药行业等生物科技发展，制定有效战略，大力发展投资潜力足、能力高、技术强的生物制药公司。1983–1996年期间，药品产量年均增长4.5%，此时加拿大在全球药品市场约占2%，与意大利、英国等国家相当。虽然加拿大对制药行业加大投资力度，制药企业也日益增长，但大型药企增长速率实际呈现下降趋势，与此相比，小型药企增长幅度较快；在13年的时间里，制药企业资金流向也有所改变。为适应国际形势，大型制药企业关闭部分工厂，加大对研发部门的投资[2]，仅制药研发部门所占投资基金项目达到全国工业投资的10%。加拿大科研体制除国内重视科研团队之外，1995年联邦政府拨款，作为项目申请、奖励基金，为科研提供帮助。1996年，政府继续投资建设加拿大生物技术、农业技术[3]。

2003年，加拿大已有的生物技术产品开发项目已多达17000项，并且药品市场已坐拥200多亿加元，这使得该产业可以在国家各产业中具有一席之地。加拿大的制药行业不仅有国内企业，辉瑞等大型跨国公司在加拿大投资比例也相当高。数据统计显示，加拿大的生物技术产业人员主要集中在安大略省、魁北克省、大西洋区等[4]。生物技术最集中的是安大略省，这里拥有全国一半以上的制药企业，研发技术能力相对雄厚，是发展生物医疗等产业的重心地区。2016年，安大略省为建立生物科技中心投资300万加元，更加奠定其在全球生物科技领域领导者的地位[5]；魁北克省聚集了各大科研中心、组织、科学院，是各大制药公司的研究基地。Ziblim还提到加拿大对专利保护极其重视，每一个制药企业都会有属于自身的律师团队。通过专利申请方式，各个企业抢占专利注册，提前赢得市场。通过Ziblim的介绍，同学们对加拿大制药行业拥有了初步的了解。

目前，加拿大针对促进制药相关产业快速发展实施了一系列战略，首要一项主要集中在监督管理、日常管理方面，如成立技术顾问委员会、技术秘书处科技规管体系等多个管理组织，专门负责完善整个制药行业的管理；除此之外第二项促进战略为设立研究中心，促进加拿大创新科研水平的提高，主要表现在加拿大国家研究委员会生物技术研究中心在制药技术上的大量投资；第三项促进战略为制定计划，加拿大国家研究委员会生物技术研究中心为国家技术研究机构的医药加工、研发疫苗、抗癌等方面提供宏观战略以及调控，使得制药行业发展得到进一步的推动；最后一项是加拿大对制药等科技领域进行风险投资，并鼓励一部分私有股权组织对生物技术的早期开发进行示范性投资。

Ziblim继续介绍了加拿大著名制药企业——加拿大Viva制药有限公司[6]，该公司主要经营范围是健康产品，曾获得加拿大联邦政府卫生部属下部门Natural Health Products Directorate (NHPD) 所签发的首张加拿大天然健康食品生产GMP证书。该公司极其注重新药创新与研发方面，如引进先进的技术设备、聘请行业领域内理论知识以及实践技能经验丰富的专家，参与到新剂型、新配方的药物研发中，促进公司进步与发展。Viva公司拥有多个需要先进设备才可完成的剂型生产线，如根据顾客需求定制专属方便其服用的软胶囊；根据顾客要求，针对同一药物，制作不同颜色、形状、大小、配方的胶囊或片剂；该公司还根据客户需要提供不同的包装和运输功能，实现完全个性化生产。

通过Ziblim的介绍，同学们不由将中国的制药业与加拿大制药业进行对比：在新药研发方面，虽然我国相对落后，但重视程度很高。我们拥有相对完善的宏观调控体系、科技研发部门的投入、有序的市场竞争。今后我国应加强创新的专利保护制度；打击侵权的假药劣药的横行现象；建立自觉的科技创新市场；除重视产品在制作过程中质量疗效问题，可以依据现有技术为顾客提供良好个性化服务，做好对于一个好品牌的形象建立，扩大制药行业市场；引进更多专业设备、技术型人才。

接下来，Ziblim介绍了加拿大的药学教育[7]。在加拿大，开设药学院的大学只能由政府资助，不允许私有股份参与。加拿大药学教育不同于其他国家，该教育模式分为两个阶段：首先是基础知识学习，其次为博士阶段学习。在基础理论学习的内容主要为医药统计学、生物、化学等基础知识学科，期限为一年，最终可获得学士学位，凭借学士学位继续申请博士学位。加拿大临床药学分为四个阶段：首先进入药房配药或调配处方为主要就业形式的，要经过四年左右学习过程，才具有资格获取执业药师；如要进入临床实践，需接受5年基础课程和临床技能培训。与患者接触密切的临床药学，需接受6年制教育，目前多数院校已经开始实行6年制教育模式。我国目前药学专业起步相对较晚，临床药学专业主要学制为5年制，以中国药科大学为例，该专业进行修学分制度，课程分为必修、指导性课程及选修课程。加拿大的阿尔伯塔大学课程分为公共先修课、专业必修课、专业选修课。阿尔伯塔大学药学院与我国国内药学院相比成立较早[8]，该学院成立于20世纪初，距今已有一百多年历史，最初该校仅设置三年制课程，随着全球化发展，国外新型教育改革理念进入，自2015年起实行6年制，与国内药学专业相比，阿尔伯塔大学更偏重于病人护理与实践技能，我国高校更偏重于对公共基础知识的把握，加拿大的这一方面值得我们学习与借鉴；除此之外，中国药科大学与阿尔伯塔大学对于课程设置也有所不同，阿尔伯塔大学对于课程设置是以公共选修课为核心课程，依据学生需要，提供不同课程，该课程与必修课紧密联系，是必修课的进一步细致教学，学生所选课程与今后就业紧密联系，中国药科大学中指导性选修课与公共必修课无必要联系。针对临床药学专业学生[9]，阿尔伯塔大学要求学生能够独立完成工作任务，如调配处方、制定计划方案，除此之外，还要求学生可以针对医疗服务方面有突出工作能力，如专业基本素养、医患之间沟通能力、与医生之间合作能力、管理能力等。对于药学人才的培养，我们应更注重应用型人才的培养，以适应快速全球化发展下的中国对药学人才的社会需求。

讲座之后，Ziblim 与同学们进行了友好的交流和互动，现场气氛轻松愉悦，最后讲座在同学们热烈的掌声中结束。此次讲座不仅使同学们了解了如何构建卓越制药工程师的国际化视野，同时加深了对加拿大的制药发展简史和药学教育状况的了解，更开阔了同学们的视野。

图4-35　卓越制药工程师试点班专题讲座

图4-36　卓越制药工程师试点班专题讲座

图4-37　卓越制药工程师试点班专题讲座

参考文献

[1] 安玉林.从加拿大制药业看我国的行业发展[J].全球科技经济瞭望,2000(2):48-49.

[2] 孙辰北.加拿大的生物技术[J].科学对社会的影响,1997(4):39-41.

[3] 仿寺邦.加拿大生物技术及农业信息技术[J].全球科技经济瞭望,1997(9):36-38.

[4] 付红波,李玉洁,苏月,等.加拿大生物科技及产业发展现状及特点[J].中国生物工程杂志,2010,30(5):149-152.

[5] .加拿大安大略省投资300万加元在萨尼亚市建立生物科技中心[J].上海化工,2016,41(7):23.

[6] https://baike.baidu.com/item/加拿大Viva制药有限公司/9298668?fr=aladdin

[7] 徐晓媛,张凯丽.加拿大药师培养及其对我国的启示[J].医药导报,2015,34(5):701-704.

[8] 张枫,徐晓媛.中国和加拿大临床药学专业课程比较分析[J].药学教育,2017,33(3):30-34.

[9] 洪兰,张含熙,叶桦.部分发达国家药学专业学生实训制度对我国的启示[J].中国药事,2018,32(2):190-194.

十三、GMP模拟车间实训——感冒清热颗粒的制备

2016年10月10日上午,"卓越制药工程师"试点班成员在我校实验楼B区一楼GMP模拟车间进行实训,实训内容为感冒清热颗粒的制备。

首先,周长征老师在讲解感冒清热颗粒的知识以及实操步骤前,系统的讲解颗粒剂的制备与操作。颗粒剂剂的制备与操作包括六个部分:一为制粒岗位检查,二为沸腾制粒岗位操作,三为沸腾干燥岗位操作,四为高速混合制粒岗位操作,五为整粒总混岗位操作,六为DXDK40Ⅱ型自动颗粒包装机的操作和清洁消毒。

制粒岗位检查时,需检查设备是否按工艺要求做好清洁卫生,是否挂有规定的状态标志,设备是否正常运行,是否按消毒程序对设备及所需工具进行消毒,是否根

据产品的工艺要求选用适当的筛布，并检查装机的筛布是否平整、松紧适宜，是否损坏。制完颗粒后，是否清洗颗粒机和筛布上的余料，是否按清洁卫生搞好清洁卫生，是否及时认真填写好制粒原始记录[1]。

沸腾制粒岗位操作时，需将清膏或淀粉浆放入贮液罐，药粉倒入料斗中，接通压缩气源，将料斗车推入箱体，推入充气开关，启动引风，对物料进行预混，然后开启蒸汽阀门预热。出风温度到设定温度时，喷清膏或淀粉浆，进行制粒。喷完后关闭蒸汽，颗粒冷却，装入不锈钢桶内。最后扫除场地内的污粉、废弃物及废弃标签，装入弃物桶，送出生产区，进行设备、容器、用具清洁及生产区环境、清洁工具的清洁[1]。

沸腾干燥岗位操作时，需接通电源和压缩气源，设定进风温度，将制好的湿颗粒投入料斗，将料斗车推入箱体。推入充气开关，进入压缩空气，开启加热气进出手动截止阀，启动引风机，风机启动结束后，开始干燥。干燥结束后，拉出冷风门开关。随后停止风机，推拉捕集袋升降气缸数次，使袋上的积料抖下。水分符合要求后，颗粒称重。清理场地内的污物、杂物及上次所用标签，装入弃物桶，送出生产区，进行设备、容器、用具清洁及生产区环境、清洁工具的清洁[1]。

高速混合制粒岗位操作时，需接通电源，开启压缩机。将原铺料投入混合制粒机，设定搅拌混合时间。先启动混合电机，后启动粉碎电机进行原辅料的干混。关闭混合电机及粉碎电机，待机器完全停止后打开容器盖。加入规定量黏合剂，开机混合制粒。待达到时间时，开启卸料阀放出颗粒，用接斗车接颗粒。清理场地内的污粉、杂物及上次所用标签，送出生产区。进行设备、容器、用具的清洁及生产区环境、清洁工具的清洁[1]。

整粒总混岗位的操作包括整粒操作与混合操作。整粒操作即根据操作要求，安装规定筛目的筛网，并检查筛网是否完好。按整粒机标准操作规程试运行设备，正常后开始生产。混合操作即整后的颗粒进行重量复核，把颗粒加入到混合机中，若需兑加细料或滑料，按照要求一并加入。按照规定转速、规定时间进行混合[1]。

DXDK40Ⅱ型自动颗粒包装机的操作分为开机前的准备、开机运行、停机和注意事项。开机前需检查设备是否完好，并在相应部分注油。开机需接通电源，纵封与横封辊加热器通电，调整横封偏心链轮、薄膜、光电面板等关键点，进行生产，最后依次切断转盘离合器、裁刀离合器、电机开关、总电源开关，清洁消毒按照清洁操作要求进行清洁[1]。

随后，周长征老师讲解了感冒清热颗粒相关知识以及操作流程和注意事项。感冒清热颗粒[2]由荆芥穗、薄荷、防风、柴胡、紫苏叶、葛根、桔梗、苦杏仁、白芷、苦地丁、芦根组成，处方用量分别为200g、60g、100g、100g、60g、100g、60g、80g、60g、200g、160g。该颗粒具有疏风散寒、解表散热的功效，用于风寒感冒、头痛发热、恶寒身痛、鼻流清涕、咳嗽咽干。此11味药中，荆芥穗有解表散风的功效，用于感冒、头痛、麻疹、疮疡初起等症状；薄荷油宣散风热、清头目、透疹的功效，用于流行性感冒、目赤、身热、牙床肿痛、皮疹和湿疹等；防风有解表祛风、胜湿止痉的功效，用于感冒头痛、风湿痹痛、风疹瘙痒、破伤风等；柴胡有解表散寒，行气和胃的功效，用于风寒感冒、咳嗽呕恶、妊娠呕吐、鱼蟹中毒；葛根有解肌退热，生津、透疹、升阳止泻的功效，用于外感发热头痛、高血压颈项强痛、消渴、麻疹不透、热痢、泄泻；桔梗有宣肺、和咽、祛痰和排脓等功效，用于咳嗽痰多、咽喉肿痛、肺痈吐脓、胸满胁痛、痢疾腹痛、小便癃闭；苦杏仁有降气止咳平喘的功效，用于降气止咳平喘，润肠通便，咳嗽气喘，胸满痰多，血虚津枯等；白芷有散风除湿、通窍、止痛、消肿排脓功效，用于头痛、牙痛、鼻渊、肠风痔漏、赤白带下、痈疽疮疡、皮肤瘙痒；苦地丁用于流行性感冒，上呼吸道感染，扁桃体炎，痢疾，肾炎，腮腺炎，结膜炎，急性阑尾炎；芦根有清热生津、除烦、止呕、利尿的功效，用于热病烦渴、胃热呕吐、肺热咳嗽、肺痈吐脓、热淋涩痛。

周长征老师讲完感冒清热颗粒的相关知识后，又讲解了制备的流程。感冒清热颗粒的制法为以上十一味，取荆芥穗、薄荷、紫苏叶提取挥发油，蒸馏后的水溶液用另外的容器收集；药渣与其余防风等八味加水煎煮二次，合并煎液，滤过，滤液与上述水溶液合并。合并液浓缩成相对密度为1.32-1.35的清膏，加蔗糖、糊精及乙醇适量，制成颗粒，干燥，加入挥发油，混匀，制成1600g；或将合并液浓缩成相对密度为1.32-1.35的清膏，加入辅料适量，混匀，制成无糖颗粒，干燥，加入挥发油，混匀，制成800g；或将合并液减压浓缩至相对密度为1.08-1.10的药液，喷雾干燥，制成干膏粉，取干膏粉，加乳糖适量，混合，加入上述挥发油，混匀，制成颗粒400g，即得[1]。

周长征老师特别强调了制备感冒清热颗粒的生产工艺的注意事项：①中药材的前加工和质量控制点有配料、粉碎、过筛、定额包装。②提取操作过程和质量控制点有提取挥发油、煎煮、浓缩。③制剂操作过程和质量控制点有制颗粒（蔗糖粉：糊精，3：1），整粒，加入挥发油、总混，分装，外包装。④工艺卫生要求净制、提取、浓缩、外包装执行一般生产区工艺卫生规程，粉碎执行洁净管理区工艺卫生规程，制粒、整粒、分装执行D级洁净区工艺卫生规程。⑤质量标准包括原料药、辅料、包装材料、成品的质量标准。⑥进行中药材前处理，荆芥穗去净杂质并抢水洗净。薄荷除去老茎及杂质，略喷清水，稍润，切短段，及时低温干燥。防风除去残茎，用水浸泡，捞出，润透切厚片，低温干燥。柴胡除去杂质及残茎，洗净，润透，切厚片，干燥。紫苏叶除去杂质及老梗，或喷淋清水、切碎，干燥。葛根、桔梗除去杂质，洗净，润透，切厚片，干燥。苦杏仁除去杂质，洗净，干燥。白芷除去杂质，分开大小个，略浸，润透，切厚片，干燥。苦地丁除去杂质，洗净，切段，干燥。芦根除去杂质，洗净，切段或切后干燥。⑦紫苏叶，薄荷，荆芥穗均含挥发油，且为其有效成分，如与其他药物同煎煮则损失极大，必须采用双提法。将挥发油用β-环糊精包合后再混合制粒，可有效地减少挥发油的损失。本制剂在制颗粒时，清膏与蔗糖、糊精混合后，如果软材的黏性较大，达不到手握成团、轻压即散的要求，会发生粘网，影响制粒，可以加入一定浓度的乙醇降低其黏度。蔗糖与糊精的比例定为3：1，若蔗糖过多则甜度过大，若糊精过多则黏度过大，辅料与药物的比例，现在一般以出药的总量作为标准控制加入辅料的量，更适合车间批量生产。除此之外，周长征老师还介绍了中间品、成品的质量控制，包装、标签、说明书的要求，经济技术指标和物料平衡，技术安全和劳动保护[1]。

"卓越制药工程师"试点班的同学们听完周长征老师耐心、细致的讲解后，小组分工合作开始操作，从中药材前处理、到粉碎、过筛，再到制粒、总混、分装，最后得到了成品感冒清热颗粒。同学们看到手中的感冒清热颗粒，外包装与市售包装并无很大差异，获得了满满的成就感。这次实训，加强了同学们的动手能力，感受到了大生产的魅力，加深了对颗粒剂知识点的理解。

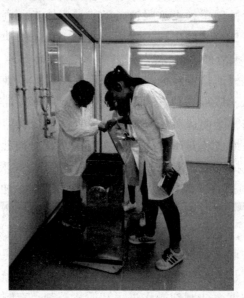

图4-38 卓越制药工程师试点班学生GMP车间实训

参考文献

[1] 中国医药科技出版社全国高等医药教育教材工作专家委员会. 制药工程实训[M].北京：中国医药科技出版社，2015.

[2] 国家药典委员会.中华人民共和国药典（一部）[M].北京：中国医药科技出版社，2020,1796.

十四、卓越制药工程师的国际化视野（美国）

2016年10月17日中午，卓越制药工程师试点班在1号教学楼112教室举办了"美国医药教育"的专题讲座。此次讲座由济南睿尔教育咨询有限公司的Robert Neumann先生主讲，皮文涛老师做现场翻译，卓越制药工程师试点班的全体同学参加了此次讲座。

Robert Neumann先生来自美国，他详细介绍了美国的执业药师和执业医师考试，并以此为切入点阐明职业规划的重要性。美国承认的两种药学专业学位分别为哲学博士（PHD）和药学博士（Pharm D），二者区别在于，Pharm D属于专业培训计划，需要自费学习，无奖学金，留学生学费更加昂贵；除此之外，申请Pharm D并不容易，在美国需得到药学教育评审委员会(ACPE)认可的学院才可申请Pharm D，在美国得到认可的药学院并不多，对国外留学生开放Pharm D学位的更是少之甚少[1]。国外申请考取美国执业药师，需要通过外国药剂毕业学历审核委员会（FPGEC），再通过托福考试、英语口语考试等语言类基础考试后，进行外国药剂毕业同等学历考试（FPGEE)，通过考试后需要申请1-2年的药剂专业学习，最终通过北美执业药师考试以及州级药理学考试，获得执业药师资格[2]。Robert Neumann先生又继续讲述了执业医师考试，执业医师需要通过医师资格考试（USMLE），该考试分为三步，国外申请的学生，需要到达美国在全球制定的考点（中国为北京、上海、广州），在本国进行基础知识测试；第二步是进行临床类型知识考试，该考试分为两部分，首先在本国进行临床基础知识测试，其次是需要进入美国所在的五个考点进行临床技能考试，五大考点分别位于芝加哥、休斯顿、费城、洛杉矶、亚特兰大。最后在美国本土考点进行为期两天的医生能力测试，考试通过后得到医师资格[3]。与国内医师资格考试不同，美国的基础医学理论考试侧重以临床为背景的实际分析测试，积分系统复杂，考试分为七部分，且题量较大。住院医师的申请难度也相对较高，并且面试机会依照简历中介绍的多个细节评定[4]。

Robert Neumann先生接着针对药师的监管、就业进行了系统阐述，美国药事管理法主要有两部，第一部为标准州药房法，主要内容包括：药房理事会的任命、药师资格注册、违法处罚等相关细节法律。第二部为规范药房、实习药师的相关法律法规[5]。在美国，药剂师的职务是负责与患者、医生起交流作用以及提供药物知识、从事新药研发。他们通常也会依据病人的特殊情况，结合医嘱，为病人提供最佳治疗所用的药物、剂量、剂型。2016年，美国劳工统计局（BLS）数据显示，药剂师人均年薪为12万美元左右，最高年薪可达16万美元。社会对药剂师的需求逐年增加，部分原因是由于人口老龄化为全球问题，寿命延长更加对药剂师的需求起到刺激作用。在药剂师需求岗位方面，据BLS预测，随着科技发展，传统线下销售药品方式所需的药剂师岗位会逐年减少，药品销售逐渐走向线上销售渠道[6]。

同时Robert Neumann先生以美国MCAT考试（Medical College Admission Test）为例说明语言学习的重要性。很多国际学生因为语言问题难以达到合格标准。MCAT是申请攻读北美临床医学院的学生所必备的一项机考（CBT）标准化考试。在MCAT考试中，科目分为《生物系统的化学和物理基础》《生命系统的生物和生物化学基础》《批判性分析和推理技能》《行为的心理、社会和生物学基础》。以阅读理解的形式考察应试者解决问题的能力、批判性思维能力和分析、研究设计、图形化分析、数据解析以及在可视数据中得出结论和推断，以及考察应试者对学科原理和知识的掌握程度[7]。

Robert Neumann先生介绍了近年来新型药师教育模式，即药师继续执业发展（CPD）模式，与传统教育模式不同，该模式偏重个性化自主学习，该模式通过学习CPE的课程内容、自主参加的学术活动、日常实践技能训练、工作单位内部学习、医院和社区服务活动等提升自身知识储备，来提升药师的专业技能。CPD模式有优势也有其自身局限性，优势在于该模式可以药师为中心，根据药师自身条件实现个性化自主学习，激发学习的自我引导与积极性；维持药师本身专业技能，并且增加更有优势的实践学习内容；通过制定计划目标，提高药师技能；记录药师学习的过程，方便药师温故知新，时刻督促其不断学习。虽然CPD中记录学习进展这一方法可以方便药师学习，但学习记录管理成为该模式一大局限性，学习记录的管理需要较为长久的时间，记录保存成为该培养模式的局限性，如何摆脱学习记录成为负担这一局限性，是CPD模式正在面临的挑战[9]。我国执业药师继续教育由国家、省两级管理体系进行管理，并以学分制进行管理，以及所学学时授予学分，注册执业药师后三年内不得低于45分。三年后需到原注册机构申请再次注册。我国执业药师的问题在于，对学历要求较低；无统一认证机构，差异较大；实践经验的培训远少于基础知识的培训。通过对美国继续教育模式的学习，同学们认识到应督促执业药师完善个人学习计划，加强职业药师个人能力素养，提高互联网等智能医疗体系，提高医药产业链的不断升级[10]。

讲座之后，Robert Neumann先生与同学们进行了友好的交流和互动，同学们就感兴趣的问题用英文与Robert Neumann先生进行沟通，互动的内容涉及到政治、经济、文化、历史、教育、旅游、医患关系等多个方面。Robert Neumann先生的热情、睿智和幽默给同学们留下了深刻的印象，讲座现场气氛轻松友好，最后讲座在同学们经久不息的掌声中结束。此次讲座不仅使同学们了解了美国的医药教育，同时也使同学们深刻地感受到了语言学习的重要性，更拓宽了同学们的国际化视野。

图4-39　卓越制药工程师试点班专题讲座

图4-40 卓越制药工程师试点班专题讲座

参考文献

[1]https://zhidao.baidu.com/question/559872742126496404.html

[2]http://www.eduwo.com/usaapplyfor/68018.htm

[3]https://www.zhihu.com/question/21248524

[4]https://zhidao.baidu.com/question/2080408249449832028.html

[5]喻小勇,田侃.美、英、日三国药师法律制度及其对我国的启示[J].中国医院管理,2017,37(1):77-80.

[6]https://www.sohu.com/a/225694430_353097

[7]https://baike.baidu.com/item/MCAT/187141?fr=aladdin

[8]https://wenku.baidu.com/view/e83afa7811a6f524ccbff121dd36a32d7275c760.html

[9]桑晓冬,李佳朋,陈敬,等.美国药师继续职业发展模式介绍及对我国的启示[J].中国药房,2017,28(3):424-428.

[10]卢雅丽,严明.借鉴美国经验浅谈我国药师处方行为干预[J].中国药学杂志,2018,53(24):2132-2136.

十五、药品专利知识讲座

2016年10月22日中午,卓越制药工程师试点班在1号教学楼106教室举办了"药品知识申请"的专题讲座。此次讲座由济南泉城专利商标事务所的专利代理人王翠翠老师主讲,卓越制药工程师试点班的全体同学以及部分2016级制药工程专业新生参加了此次讲座。王翠翠老师分别对药品专利申请的重要性、药品专利的分类、专利申请需要提交的主要文件、撰写注意事项、专利审查流程、专利检索方法等内容进行了详细的介绍。

王翠翠老师首先介绍了专利在知识产权中有三重含义,第一,专利权,指专利权人享有的专利权,国家依法在一定时期内授予专利权人或者其权利继受者独占使用其发明创造的权利，这里强调的是权利。专利权是一种专有权，这种权利具有独占的排他性。非专利权人要想使用他人的专利技术，必须依法征得专利权人的授权或许可。第二，指受到专利法保护的发明创造，即专利技术，是受国家认可并在公开的基础上进行法律保护的专有技术。"专利"在这里具体指的是受国家法律保护的技术或者方案。所谓专有技术，是享有专有权的技术，这是更大的概念，包括专利技术和技术秘密。专利是受法律规范保护的发明创造，是指一项发明创造向国家审批机关提出专利申请，经依法审查合格后向专利申请人授予的该国内规定的时间内对该项发明创造享有的专有权，并需要定时缴纳年费来维持这种国家的保护状态。第三，指专利局颁发的确认申请人对其发明创造享有的专利权的专利证书或指记载发明创造内容的专利文献，指的是具体的物质文件。专利种类主要包括外观设计、实用新型和发明。外观设计的保护客体主要为形状、图案（+色彩），审查制度为初步审查，保护期限10年，创造性要求较低，费用较低；实用新型的保护客体主要为产品的形状、构造，审查制度为初步审查，保护期限10年，创造性要求较低，费用较高；发明的保护客体主要为产品、方法，审查制度为实质审查，保护期限20年，创造性要求高，费用高[1]。

其次，王翠翠老师从学生、个人、企业三个层次讲解了发布专利的益处。大学生拥有专利，可以在非热门的专业攻读过程中，向大学提出转专业申请，转到热门的专业读；大学生拥有专利，可以获取创新学分，弥补自身的不足；大学生在校内参与发明创造，有助于养成良好的习惯，更好地获得能力的培养，毕业时能更好地找工作，受到企业重用；拥有专利在读研选取更好的专业具有优势，作为创新部分，可以获得导师的青睐，也是动手能力强、具有创新能力的重要衡量标准；在出国深造方面，如果获得了专利，也有助于获得Offer，进入更好的国外大学深造。拥有专利证书的员工、技术员容易被提拔重用，更容易获得高薪和晋升；在评职称时可以获得加分。专利作为一种无形资产，具有巨大的商业价值，是提升企业竞争力的重要手段；企业将科研成果申请专利，是企业实施专利战略的基础；专利的质量与数量是企业创新能力和核心竞争能力的体现，是企业在该行业身份及地位的象征；企业拥有专利是申报高新技术企业、创新基金等各类科技计划、项目的必要前提条件[2]。

王翠翠老师讲解完专利的意义后，又继续讲解了发明专利的申请审批流程。主要流程为专利申请—受理—初审—公布—实质审查请求—实质审查—授权。

申请发明专利需要提交的文件有请求书，包括发明专利的名称、发明人或设计人的姓名、申请人的姓名和名称、地址等。说明书包括发明专利的名称、所属技术领域、背景技术、发明内容、附图说明和具体实施方式。权利要求书包括说明发明的技术特征，清楚、简要地表述请求保护的内容。说明书附图包括发明专利常有附图，如果仅用文字就足以清楚、完整地描述技术方案的，可以没有附图。

实用新型专利申请审批流程为专利申请—受理—初审—授权；申请实用新型专利需要提交的文件有请求书，包括实用新型专利的名称、发明人或设计人的姓名、申请人的姓名和名称、地址等；说明书包括实用新型专利的名称、所属技术领域、背景技术、发明内容、附图说明和具体实施方式，说明书内容的撰写应当详尽，所述的技术内容应以所属技术领域的普通技术人员阅读后能予以实现为准；权利要求书包括说明实用新型的技术特征，清楚、简要地表述请求保护的内容；说明书附图，实用新型专利一定要有附图说明；说明书摘要能清楚地反映发明要解决的技术问题，解决该问题的技术方案的要点以及主要用途。

外观专利的申请流程为专利申请—受理—初步审查—授权；外观专利需要提交的文件有请求书，包括外观专利的名称、设计人的姓名、申请人的姓名、名称、地址等；外观设计图片或照片，至少两套图片或照片（前视图、后视图、俯视图、仰视图、左视图、右视图，如果必要还是提供立体图）；外观设计简要说明，必要时应提交外观设计简要说明。

最后，王翠翠老师着重讲解了专利撰写的注意事项。发明内容应包括实用新型所要解决的技术问题，解决其技术问题所采用的技术方案及其有益效果；要解决的技术问题指要解决的现有技术中存在的问题，应当针对现有技术的缺陷或不足，用简明、准确的语言写明实用新型所解决的技术问题，也可以进一步说明其技术效果，但是不得采用广告式宣传用语；技术方案是申请人对其要解决的问题所采取的技术措施的集合，技术措施通常是由技术特征来体现的，技术方案应当清楚、完整地说明实用新型的形状、构造特征、说明技术方案是如何解决技术问题的，必要时应说明技术方案所依据的科学原理；有益效果是实用新型和现有技术相比所具有的优点及积极效果，它是由技术特征直接带来的，或者是有技术特征产生；具体实施方式是实用新型优选的具体实施例，具体实施方式应当对照附图对实用新型的形状、构造进行说明、实施方式应与技术方案一致，并且应当对权利要求的技术特征给予详细说明，以支持权利要求，附图中的标号应写在相应的零部件名称之后，使所属技术领域的技术人员能够理解和实现，必要时说明其动作过程或者操作步骤。如果有多个实施例，每个实施例都必须与本实用新型所要解决的技术问题及其有益效果相一致；说明书附图每图应当用阿拉伯数字顺序编号，附图中不应含有中文注释，应使用制图工具按照制图规范绘制，图形线条为黑色，图上不得着色；一项实用新型应当只有一个独立权利要求，独立权利要求应从整体上反应实用新型的技术方案，记载解决问题的必要技术特征，独立权利要求应包括前序部分和特征部分。前序部分，写明要求保护的实用新型技术方案的名称及与其最接近的现有技术共有的必要技术特征。特征部分使用"其特征是"用于写明实用新型区别于最接近的现有技术的技术特征，即实用新型为解决技术问题所不可缺少的技术特征；从属权利要求包括引用部分和限定部分，引用部分应写明所引用的权利要求编号和主题名称，该主题名称应与独立权利要求主题名称一致[3]。

王翠翠老师生动形象的讲解受到同学们阵阵掌声。讲座之后，王翠翠老师与同学们进行了热烈的交流和互动，王老师又针对同学们提出的专利价值、专利转让、专利侵权、国际专利的申请等问题予以解答。通过本次讲座，卓越制药工程师试点班的同学们受益颇深，全面了解了专利相关知识，同时王翠翠老师的沉稳、耐心和一丝不苟给同学们留下了深刻的印象。

图4-41　卓越制药工程师试点班专题讲座

图4-42　卓越制药工程师试点班专题讲座

参考文献

[1] https://baike.baidu.com/item/专利/927670?fr=aladdin

[2] https://wenku.baidu.com/view/332f4dd3e418964bcf84b9d528ea81c759f52e3a.htm

[3] https://www.unjs.com/zuixinxiaoxi/ziliao/20170730000008_1410080.html

十六、卓越制药工程师试点班阶段性总结

2016年10月22日中午，卓越制药工程师试点班在1号教学楼106教室举办了卓越制药工程师培养阶段性总结，对近期的实践和学习进行总结。

随着我国医药、商业等方面不断对外开放和扩大，文化、医药、军事、科技、商业的发展都离不开国际化交流，开阔眼界，培养国际化视野是培养国际人才必不可少的方面[1]。熊乐文同学就如何拓宽卓越制药工程师的国际化视野提出建议，他建议同学们积极参加学校组织的国外专家的学术讲座。作为新一代制药工程师的主力军以及未来的核心竞争力，同学们更应该学习优秀文化，将自己学校中所学的理论知识与实践技能相结合，并且通过参加国外专家的讲座，将国内优秀的经验与国外实践经验相结合。随着科技发展，拓宽国际化视野成为新一代制药人竞争力不可缺少的一项能力。拓宽国际化视野，同学们将具备强烈的创新意识、熟悉本专业相关国际化法律法规、拥有较强的文化沟通能力、能应对多样化信息并具备独立解决困难的能力。"卓越制药工程师"培养教育计划始终积极践行提高学生的国际化视野。试点班负责人邀请曾在日本学习的刘玉红老师，讲述日本制药行业发展史以及日本药学教育；邀请Ziblim主讲加拿大药学教育、法制法规、生物科技发展历史；邀请济南睿尔教育咨询有限公司的Robert Neumann先生，讲授美国的执业药师、执业医师的考试以及美国的制药行业发展；上述活动让同学们更加了解，在全球化快速发展的今天，我们应扩大国际化视野，不断汲取国外优秀政策与经验。

创新能力是科研工作者必备的能力，也是培养高校人才的重点。创新能力的提升对学生的成长、国家的发展具有深刻意义，在全球化高速发展的今天，创新能力强，是一所学校、企业、甚至一个国家富有生命力的源泉，拥有了创新思维能力就是拥有了核心竞争力。孙笑蕾同学就如何提高卓越制药工程师的创新能力提出建议，她建议低年级同学积极申报SRT项目。SRT项目，即大学生研究训练计划，是针对在校本科生开展的科学研究训练项目，是在本科教育阶段实施实践教学改革的一项措施。该训练计划的前身，是麻省理工大学的Undergraduate Research opportunities Program（UROP），清华大学借鉴UROP从1996年开始创建并实施SRT计划，现阶段已有多所国家实施SRT计划[2]。SRT计划的形式是在教师指导下，以学生为主体开展课外科学研究活动。参加对象主要为本科生。SRT计划实行导师和同学双向选择，学生可以根据自己的情况选择项目。与课堂教学相比，SRT计划项目中涉及的知识领域更广泛。在这个过程中能培养学生的独立科研工作能力和能动性，培养学生独立思考和敢于质疑的批判精神。学生可通过查阅文献、分析论证、制定方案、设计或实验、分析总结等活动提高自身能力，导师发挥指导作用。完成SRT计划的学生可以获得相应的学分和成绩，其中达到一定水平的还可以取代其相关的课程设计乃至毕业设计。SRT作为科研入门的训练，对于大部分学生都有所帮助：学生可以通查阅课题相关文献，掌握阅读文献的能力；实验前撰写实验计划，从中了解科研基本流程；自己动手做实验，学习实验中更加细致的注意事项；掌握理论知识以外的实践技能操作知识；完成SRT后的同学可以在日后保研、就业中增加履历。卓越制药工程师培养计划中的科研项目同样重视学生的科技创新意识，试点班负责人带领学生参观知名药厂，在锻炼学生实践技能的同时，更加为创新科研思路打下基础，提高同学们的发散性思维，帮助同学们在创新方面快速成长。

制药工程专业人才培养创新精神，有利于进行新制剂、新药品的研究开发与大生产[3]。马明珠同学就如何拓宽科研思路提出建议，她建议同学们平时注重总结和思考。她指出，平时学习的总结与思考，看似是小任务，但对小任务进行日积月累的归纳总结，可在不知不觉中提升自身的科研能力。学会积累，温故而知新，是拓宽科研思路的重要一步，也是今后创新理念形成的基础。

专业实践能力的提高，可以为大学生的科研、就业提高帮助，我国大学生在专业知识掌握较好，但在实践方面依然相对薄弱，因此，对于药学人才教育，我们应更注重应用型人才的培养，以适应快速全球化发展下的中国对药学人才的社会需求[4]。崔英贤同学就如何提高卓越制药工程师的专业实践能力提出建议，她详细介绍并演示了"制药工程三维立体仿真软件"。例如片剂的包衣，在进入软件的操作界面后，可以通过键盘与鼠标操作代表自己的操作人员，检查清场合格证和设备洁净度以及清洁标示牌、检查片剂和用具的外观质量和清洁程度。检查完毕后，崔英贤同学配制包衣液，进行包衣操作，包衣操作完成后，关闭蠕动泵电源和喷枪，使片剂充分干燥。包衣操作中的灯检，即保持灯监视的环境，按直、横、倒三步法认真、细心观察，若有疑问则加倍时间检查。合格品放入输送带，不合格品应分类存放。挤压制粒干燥运用的是摇摆式制粒机，在制粒前检查好有无异常现象对制粒机内外消毒，药材装入制粒机中进行制粒，而后将制好的湿颗粒送入烘箱干燥，最后清场消毒。在她的演示下，试点班学生可以清楚地了解并采用仿真软件，同学们可以在虚拟环境中进行真实的药厂操作，在软件中以漫游的形式参与到制备工艺流程中，动手操作工艺物料，关键设备等。具体设备原理以流动线辅以文字介绍以及配音的形式体现。试点班对所有成员开设了仿真模拟训练，学生通过三维立体仿真软件的学习包衣、铝塑包装等制药技能操作，学习其主要目的，操作细节、设备原理等[5]。

窗外虽然是细雨蒙蒙，但教室内却是暖意融融。在进行阶段性总结时，同学们踊跃走上讲台积极发言，并将自己的想法做成PPT进行展示。经过近一年的培养，卓越制药工程师试点班的同学在"实践、创新、国际化视野"等方面的知识和能力显著提高，同学们认真撰写的《培养手册》和《专业实践报告》，记录了他们成长的点点滴滴。至此，卓越试点班专题讲座内容全部完成，后期的培养工作将重点提升学生的专业实践能力。

最后，试点班负责人周萍老师和陈新梅老师对卓越制药工程师试点班2012级同学在制药企业的实习工作进行了安排。

图4-43　卓越制药工程师试点班学生进行汇报

图4-44　卓越制药工程师试点班学生进行汇报

图4-45　卓越制药工程师试点班学生进行汇报

图4-46   卓越制药工程师试点班学生进行汇报

参考文献

[1] 白毅. 医药创新和国际化要有大视野[N]. 中国医药报,2016.

[2] https://www.sohu.com/a/343063986_120347450

[3] 肖华,宋洪涛.医院药学科研究的重要性及科研思路的开拓[J].海峡药学,2006(4):250-252.

[4] 姜新杰,张莉,石磊,等.产学研结合人才培养模式对提高大学生实践能力的探索——以食品科学与工程专业为例[J].农产品加工,2019(23):104-105,109.

[5] https://www.sohu.com/a/243624461_731014

十七、制药企业GMP认证专题讲座

为进一步加深同学们对制药企业GMP认证重要性的认识,2016年12月10日,卓越制药工程师试点班邀请山东鲁信药业的胡乃合副总经理进行了《制药企业GMP认证》的专业讲座。胡乃合副总经理向同学们深入分析和解读了GMP的基本知识、制药企业生产现场管理、物料管理和控制知识、卫生管理知识、环境清洁知识等内容。

药品生产质量管理规范（Good Manufactery Practice,GMP）是指从负责药品质量控制、生产操作人员的素质到药品生产厂房、设施、设备、生产管理、工艺卫生、物料管理、质量控制、成品贮藏和销售的一套保证药品质量的科学管理体系。2010版GMP重点在于细化软件要求,加强了药品生产质量管理体系建设,对企业质量管理软件方面的要求更加严格[1]。2010版GMP对构建实用、有效质量管理体系有更详细明确的规定,强化国内企业相关环节的控制和管理,以促进企业质量管理水平的提高。二是全面提升了从业人员的素质要求。增加了对从事药品生产质量管理人员素质要求的条款和内容,进一步明确职责。

GMP认证推动了我国药品生产企业国际化、标准化的进程[2],GMP认证是制药企业获得承认的关键步骤,也是保障顾客安全用药的体现,有利于企业树立威信,赢得人民的信任支持,在同行竞争中占据优势,是企业发展的必由之路。胡乃合副总经理

结合着鲁信药业GMP认证的经历向同学们介绍GMP认证流程。认证检查期间，检查官首先听取鲁信药业质量管理体系的详细介绍，随后从文件和现场两方面分别对鲁信药业的物料管理体系、厂房与设备设施管理体系、生产管理体系、实验室控制体系、质量管理体系和包装与贴签管理体系进行了详细的检查。最后检查组综合评定鲁信制药生产现场管理规范，同时对鲁信制药完善的质量管理体系和文件系统给予了肯定，通过GMP认证现场检查。

　　"GMP认证涉及到企业生产管理的方方面面，满足GMP认证的要求需要前期认真的准备"，胡乃合副总经理补充道。认真做好申请前的准备工作，是企业顺利通过GMP认证的基础。企业申请GMP认证，需要报送《药品生产许可证》和《营业执照》复印件、药品生产管理和质量管理自查情况（包括企业概况、GMP实施情况及培训情况）。申报资料内容把握住GMP的重点——降低人为差错防治交叉污染和混杂及质量体系的有效运作，能体现出企业具有药品生产的质量控制措施和质量保证能力。组织机构图清晰简洁，明确各部门的组织关系和工作分工及职责，人员配置合理。药品生产企业的总平面布置要遵守国家有关企业总体设计原则，符合整洁的生产环境原则。GMP认证的文件、记录完整。陪同国家药品监督管理局认证中心检查员认证的企业人员素质也很重要，需清楚企业内部情况，且应熟悉文件编号、内容及文件实施过程中的记录凭证，配合好现场检查人员[3]。

　　讲座之后，胡乃合老师与同学们进行了座谈，并现场互动答疑，有同学提出在什么情况下需要重新申请药品GMP认证的问题，胡乃合副总经理就同学们提出的问题给予了细致的讲解和回答，一是已取得《药品GMP证书》的药品生产企业但证书有效期届满前6个月，另一种情形是现有通过药品GMP认证的厂房、车间进行改建、扩建、迁建，药品生产企业应重新申请药品GMP认证[4]。

　　本次的《制药企业GMP认证》专题讲座，进一步加深了卓越制药工程师试点班的学生对GMP的理解和认识，有利于提升制药工程专业学生的培养效果，为制药工程专业的高等教育和制药企业发展架起了桥梁。

图4-47　卓越制药工程师试点班专题讲座

图4-48　卓越制药工程师试点班专题讲座

参考文献

[1] https://wenku.baidu.com/view/b6bbfa7de65c3b3567ec102de2bd960591c6d95a.html

[2]杨明,钟凌云,薛晓,等.中药传统炮制技术传承与创新[J].中国中药杂志,2016,41(03):357-361.

[3]https://wenku.baidu.com/view/166a321fa06925c52cc58bd63186bceb18e8ed69.html?fr=search-1_income9

[4]梁毅.GMP教程[M].北京：中国医药科技出版社,2015:314.

十八、参观山东鲁信药业

2017年1月5日，卓越制药工程师试点班同学前往鲁信药业进行参观，鲁信药业的胡乃合副总经理和技术主管曲丽君等给予现场指导。

山东鲁信药业有限公司由山东省高新技术投资公司、山东中医药大学及山东省国际信托投资有限公司于1985年共同出资组建的有限责任公司，是省管重要骨干企业之一，全国科普教育基地（2012-2014年）。该公司是山东中医药大学的教学、科研和新药研发基地，集科研、生产、贸易为一体，其主要产品有：前列金丹片、感冒清热颗粒、百令片、百令颗粒、柴黄片等[1]。卓越制药工程师试点班同学在鲁信药业副总经理胡乃合和和技术主管曲丽君的指导下，参观了鲁信药业的培训室、展览厅、制药生产车间等。

首先，试点班的同学们通过专业人员的带领有序地进入会议室，观看了鲁信药业有限公司宣传片。从视频中了解到了公司起源、发展历程、产品质量及近年来所获荣誉。鲁信药业有限公司的前身是山东中医药大学制药厂，因鲁信人开拓创新、永不放弃的进取精神和公司所秉承的艰苦创业、诚信为本、改革创新的指导思想，使其由一个小药厂成为了如今的国际化医药公司。公司以保证产品质量，振兴民族医药为宗旨，秉承"高标准、高质量、高技术、高效益"的四高原则，以研究开发应用新技术、新工艺、新产品为目的，保证现有产品质量，努力开发新药品种[2]。通过宣传片，试点班的学生了解到了鲁信药业的创业发展历程，切实感受到公司所拥有的"聚资兴鲁"的使命，"精诚致信"的精神和"创新发展"的执著。之后，胡副总经理对在药企实践学习相关的内容进行了介绍，使试点班同学们对自己所学专业有一个清晰的认识。

随后，技术主管曲丽君老师带同学们参观了展览厅。通过展厅了解公司的发展历程、企业理念、产品介绍、工艺流程等内容。在参观的过程中，浓厚的企业文化和高科技气息扑面而来，让人在极短的时间内受到强烈的震撼，同学们被富含高科技的新产品而折服。公司生产的药物品种很多，有各种片剂（普通压制片、包衣片、糖衣片、薄膜衣片、肠溶衣片、泡腾片、咀嚼片、多层片、分散片、舌下片、口含片、植入片、溶液片、缓释片）以及颗粒剂（可溶性颗粒剂、混悬型颗粒剂和泡腾性颗粒剂）等。技术主管在同学参观期间耐心详细地讲解了多种药物的主要功效，公司代表性产品前列金丹片（糖衣）和感冒清热颗粒等，并且细致独到的解答了同学的问题和疑惑，加深了对药品生产过程的理解和认识。前列金丹片是由丹参、金银花、赤芍、泽兰、泽泻、王不留行、败酱草等十二味药材组成，主要是以丹参、红花、桃红等活血化瘀药物为先导，改善机体的整体循环和前列腺的局部微循环；以金银花、败酱草等清热解毒药物，在短时间内杀灭病原体，消除炎症；以泽兰、泽泻、王不留行等利尿通淋之药，启癃开门，通调水道，加速代谢产物的排泄，诸药合用，达到活血化瘀、清热解毒、利尿通淋、软坚散结之功效[3]，可以用于湿热淤阻型的慢性前列腺炎及前列腺增生（肥大），可改善排尿困难、夜尿频数及尿急、尿痛等症状。紧接着曲丽君老师介绍了感冒清热颗粒，其主要成份为薄荷、防风、柴胡、桔梗，白芷等十一味药，其主要功效为疏风散寒，解表清热[4]，在风寒感冒及头痛发热等方面具有较好的治疗效果，获得患者良好的反馈。

接着在车间技术人员的带领下，同学们换上隔离服进入了药物生产车间进行参观。无菌的环境、精密的仪器设备、严格的管理、有条不紊的生产流程带给了同学们直观的视觉感受。听着工作人员耐心的讲解，同学们为第一次近距离观察并详细了解这些产品生产而叹服。首先进入片剂生产车间，中药片剂是药材细粉或药材提取物加药材细粉或辅料压制而成的片状或异形片状的制剂。生产片剂需要用到的设备主要有磨粉机、混合机、压片机、制粒机、包衣机（悬浮包衣机、高效包衣机和锅包衣机）、包装机（塑袋包装机、双铝箔包装机和塑料泡罩包装机）、装瓶机和筛分机等。经过对清洁室、称配室、制备室、压片室及包装室整整一轮的参观，充分了解了片剂的制作工艺：原料+辅料→粉碎过筛→混合→制软材→制湿粒→干燥→整粒→混合→压片。同时，试点班同学初步解了一般颗粒剂的制备工艺流程，即原辅料混合→制软材→制湿颗粒→干燥→整粒与分级→装袋。

之后，同学们紧接着参观了药品包装生产线。通过参观和专业人员的详细介绍，同学们对公司的了解地更加透彻了，山东鲁信的子公司——鲁信天一印务有限公司多年来专注医药彩盒包装，致力于打造中国最专、最精、最强的医药彩盒供应商，拥有目前世界上最先进的纸盒及说明书生产线7条，年生产能力40.6亿只标准彩盒，产品在全国处于行业领先水平[5]。同时同学们巩固了药品包装的注意事项和包装特性等理论知识。包装能保护药品在贮存、使用过程中不受环境的影响，保持药品原有属性；包装物自身在贮存、使用过程中应保持惰性；包装物在包装药品时不能污染药品生产环境；包装物不得带有在使用过程中，产生不能消除的其它物质；包装与药品应不能发生化学、生物意义上的反应[6]。

在参观生产线时，同学们会时不时地看到生产区宣传标语，每条标语都令人印象深刻，如"诚信经营，开拓创新，绿色安全，合作共赢"；"精于业、诚于人、致于果、信于诺"；"专心工作为首要，质量安全皆顾到"；"药在其质，人在其德"等。从参观走廊往车间里看，工人有条不紊地认真工作，没有一丝懈怠。在参观的过程中，发现更衣室有存放手机的手机袋，是为了防止员工在工作期间分心和疏忽而专门准备的措施，其目的是为了确保药品生产质量以及车间安全。车间按GMP标准进行生产经营管理，实现了流程化、规范化、标准化管理，整个生产过程贯穿并运行严格的质量管理体系，从产品研发试验，原料采购、检验到精细生产，从产品精烘包到检测放行，实现了稳定可靠的质量管控和全程可追溯的质量保证体系。使人感受到条条都是治理违章的重的目的不是整治人，而是为了保障每位员工生命财产的安全[7]。

本次参观实习带给同学们的不仅是知识的储备，技能的学习，更多的是对未来计划的充实和完善，激发了同学们对日后工作的期待与热忱。

图4-49 卓越制药工程师试点班成员参观山东鲁信药业

图4-50 卓越制药工程师试点班成员参观山东鲁信药业

参考文献

[1] https://baike.sogou.com/v17581132.htm?fromTitle=山东鲁信药业有限公司

[2] https://www.jianke.com/yaoqi/jieshao/701053

[3] 刘敬松,宋伟,李烨,等.前列金丹片治疗前列腺增生148例[J].山东中医杂志,2005(2):94.

[4] https://baike.so.com/doc/4853662-5070890.html

[5] https://www.luxin.cn/

[6] 沈沁.药品包装及标准简介[J].上海包装,2005(2):52-53.

[7] https://www.51test.net/show/9706255.html

十九、假期专业实习和实践

假期实践是大学生除在校学习理论知识外另一重要方面,也是培养自身实践技能的一个重要方式。因此对于大学生来说,假期除了学习、旅游外,还有更多的选择,例如进入药厂、医院药房等与自己专业更加贴近的地方进行实习和实践,给自己一个认识社会、了解社会、提高专业能力的重要机会。因此卓越制药工程师试点班要求学生在假期内参加专业实践。

我们对卓越制药工程师试点班学生2016年暑假专业实践、2017年寒假专业实践进行了系统的调研和总结,以期对后续学生的培养提供借鉴。

1.暑假专业实践情况

表4-2 2016年暑期专业实践情况

序号	姓名	实践地点	实践时间	实践内容
1	刘英男	禹城医药有限责任公司	2016年,7.15—7.25	药品销售
2	秦乐	新泰市人民医院	2016年,7.25—8.7	药剂科
3	邢佰颖	临沭县中医医院	2016年,7.27—8.10	药剂科
4	李文莉	枣庄市天天好药店	2016年,8.2—8.12	药品销售
5	郭登荣	阳新县洋湖乡中心卫生院	2016年,7.10—7.30	药剂科
6	高小鹏	烟台光明大药房	2016年,7.20—7.30	药品销售

（续表）

7	杨丽莹	临沭县青云镇卫生院	2016年，7.20—7.30	药剂科
8	孙笑蕾	烟台亿丰大药房	2016年，7.20—8.1	药品销售
9	蒲俊杰	平度市第五人民医院	2016年，8.4—8.20	药剂科
10	吴锦	金乡县金乡镇西环卫生院	2016年，7.15—7.30	药剂科
11	熊乐文	纯化镇卫生院	2016年，7.20—7.28	药剂科
12	马明珠	山东中医药大学实验中心	2016年，7.15—8.10	科学研究
13	林娜	天津庶民医药公司	2016年，7.15—7.30	药品销售
14	刘奇	烟台鑫福泰大药房	2016年，7.20—8.20	药品销售
15	郭梦	美而得医疗器械有限公司	2016年，7.30—8.5	生产车间
16	胡超群	程楼卫生室	2016年，7.20—7.27	药品调剂
17	崔英贤	协和大学药物研究所	2016年，7.30—8.12	科学研究
18	宋传举	高唐县中医院	2016年，8.1—8.15	药剂科

暑期实习一般于七月底至八月初之间。宋传举同学实习的地点与工作都在高唐中医院药房。据宋传举同学介绍，该药房的工作分两类岗位：一类岗位职责为，在药房按照医师缩写处方，对处方中的内容进行复核，确认无误后对处方中药物进行调剂和包装；对药物出入库或新增药品进行维护管理，确认药房中药物在经过盘点后无出入错误；每周针对药房工作制定周计划，目的是确保所有的工作有条不紊进行；除与药房相关工作外，药房人员会完成部门安排的其他工作，如节假日活动计划、排练等。药房中二类岗位职责与一类岗位相比，与患者关系更加贴近，其主要职责为日常门诊接待，根据患者病情与医师诊治，核对处方，叮嘱患者合理用药；参与部门的防病宣传、为病人普及各种疾病的相关知识；药房公共用品摆放、消毒、更换；对已作废药物如超出生产日期药物进行及时清理与检查，确保患者用药安全[1]。

经过暑期实践，宋传举同学已对药房的工作有了基本的认识，该同学就工作期间的实践进行了系统总结，他认为：药房工作属于药学服务方面，在工作期间，通常会出现以下方面的问题：第一，药房管理与程序，工作人员会在药品摆放方面出现错误，或者对于医师做开处方把关不严，未能及时检测出相关错误，忽略工作中的"四查十对"流程，这种错误将直接导致医疗事故的发生，所以在管理上，工作人员应不能松懈，在工作中保持适度紧张状态，维持应有的药学服务质量；第二，科学的进步，使得现代药房管理网络化，虽省去一些人工带来的麻烦，提高了效率外，网络化管理质量与保护依然有待提高，应有计划的对患者病情进行检查与记录、在药品盘点时防止药品积压、流失，保证药物收费的准确性。医院对于药学服务有着严格监督，通常对于药房中常见问题进行讨论，以避免医疗服务问题，提醒医院药房人员对医师所开医嘱加强监督，对患者进行药学教育，为日后治疗提供便利。医院同时督促药房人员不断探索新型药学服务模式，用熟练的知识、实践技能服务于患者。医院药房是医疗服务的重要组成部分，也是贴近相关药学专业的工作实践点，随着医疗体系不断改革，医院中药学服务系统得到进一步完善，药房工作人员能力的提高，会为患者带来更多医疗保障。

邓文贺同学进入葛兰素史克中国投资有限公司，从事医药代表相关工作，根据邓文贺同学的介绍，医药代表的工作主要与药品、销售有关，工作人员按照公司拟定的计划，完成规定时期内的销售工作。进入工作前，工作人员应根据相关情况对工作对象进行充分了解，选择合适产品，并对产品市场进行勘测；主动参与专业技能及知识的学习，并达到公司要求，同时能有效地运用上述技能及知识与日常学术推广活动中；及时了解并收集客户疾病诊疗及品牌使用信息，按要求准时递交相关报表；参与公司业务会议及团队建设，与团队共享专业经验、心得及市场，协助主管实现团队目标；按要求及时录入各个项目相关信息（会议、客户拜访、覆盖率等）；协助经理确保每个差别品的学术研讨活动与市场发展策略紧密相连；制定计划，对自己所在辖区制定推销活动；拓宽渠道寻找潜在客户，并及时维持原有客户的销售关系；除掌握自身所管理的产品市场外，更应该了解竞争对手的市场动态；根据药品类型以及渠道的不同，相关医药代表会将医院、药店、基层进行划分。除相关销售工作，医药代表会定期进行学术会议，会议将组织各科室人员对产品的优点、适应症、不良反应进行介绍，该会议通常在夏季暑期居多[2]。

邓文贺同学又指出，以下是医药代表行业现状存在部分问题：国内企业医药代表多毕业于医学类院校，但不乏有部分医药代表在从事该行业前从事其他行业工作，对该行业了解并不透彻，导致专业知识相对较低，起步较晚；第二大问题，医药代表行业岗位变更率较高，薪资取决于其销售业绩、国家投入资金较少、存在不合理激励制度、法律法规不完善等因素，导致医药代表行业流失率高[3]。针对出现的问题，邓文贺同学依照假期实践经验，结合实际情况认为：医药代表应进行专业化培训，并且加大监管力度，提高医药行业门槛，强化医药代表自身能力[4]。短暂的医药销售工作的锻炼，使得邓文贺同学在实践中体验到学习知识的快乐，能力得到提升，同时对于未来就业压力有了一定的心理准备，假期实习为学生提供了良好的学习平台与机会，让学生从中得到了历练。

图4-51 假期专业实践

图4-52 假期专业实践

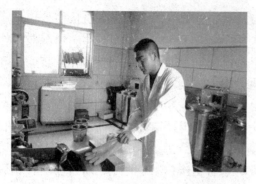

图4-53　假期专业实践

图4-54　假期专业实践

图4-55　假期专业实践

图4-56　假期专业实践

2.寒假专业实践

表4-3　2017年寒假专业实践情况

序号	姓名	实践地点	实践时间	实践内容
1	刘英男	禹城安康连锁药店	2017年，2.3—2.13	药品销售
2	邢佰颖	临沭县道成经方大药房	2017年，2.2—2.13	药品销售
3	秦 乐	百姓药店	2017年，2.6—2.18	药品销售
4	郭登荣	滨州市天天平价大药房	2017年，2.8—2.18	药品销售
5	岳志敏	平原县胜利卫生室	2017年，2.6—2.19	药品调剂
6	李文莉	国药大药房	2017年，1.18—1.125	药品销售
7	宋传举	鲁信药业	2017年，1.15—1.22	药品生产

　　寒假实践时间主要为一月至二月，宋传举在鲁信药业完成假期专业实践。宋传举同学的实习部门是生产部，主要任务为完成药品制作过程、车间的GMP要求和生产前准备及检查、批量生产指令、相关生产的记录等工作。

　　塑瓶包装的过程在宋传举同学的印象中较为深刻，塑瓶流水线的包装，自动理瓶机的运转流程，在塑瓶包装开车前需要按包装产品的要求换模具、批号码，检查机器各部件的固定螺丝是否松动而后再进行自动理药机的运行。除此之外，在压片技术中还学习了压片机的相关理论知识，如压片机的种类：压片机分为单冲压片机和多冲压片机。单冲压片机是间歇式生产，生产效率低，适用于实验室和大尺寸片剂的生产。多冲旋转式压片机含有多付冲模，多付冲模呈圆周状排列在工作盘上，各上下冲的尾部有固定不动的升降导轨控制，此类压片机的工艺过程是连续的，能连续加料和出片。

在生产药品前后，对室内装修和洁净度均有严格要求。室内装修要求包括墙壁和顶棚表面应光洁、平整、不起灰、不落尘、耐腐蚀、易清洗，应减少凹凸面。墙与地面相接处宜做成半径≥50nm的圆角；地面应平整、不开裂、无缝隙、耐磨、耐腐蚀、耐冲击、不积聚静电、易除尘清洗。在洁净度方面，制药过程中洁净区不仅要达到一定的空气洁净度级别，而且洁净区内尘粒最大允许个数、微生物最大允许数也要达到相应标准。

通过对压片机、塑瓶包装的生产、洁净度检查等项目的实践训练，学生可以培养对知识与技术的结合与二次升华，这正是应用型人才所具备的能力，也是"卓越制药工程师培养计划"的目的之一。假期实习实践，让学生在企业、药房真实环境中了解该岗位的职责，锻炼学生独立完成任务的能力，有助于培养高素质制药工程专业技术人才。

图4-57　假期专业实践

图4-58　假期专业实践

图4-59　假期专业实践

图4-60　假期专业实践

图4-61　假期专业实践报告

图4-62　假期专业实践报告

图4-63　假期专业实践证明

图4-64　假期专业实践证明

参考文献

[1] https://baike.baidu.com/item/药房

[2] 梁嘉琳. 与其打击医药代表 不如让行业阳光化[N]. 经济观察报,2020.

[3] https://baike.baidu.com/item/医药代表/5070310?fr=aladdin

[4] 陈虹,甘雅玲.我国医药代表职业现状及对策探讨[J].辽宁经济,2020(6):70-71.

卓越制药工程师试点班实习生实习时间质量跟踪调查问卷

尊敬的实习单位：

为进一步了解实习单位对试点班实习生的总体评价，我院对实习生开展质量跟踪调查。特致函贵单位，请根据所附《调查问卷》协助我院对在贵单位实习的学生进行综合评价，并对学院人才培养提出宝贵意见和建议。感谢贵单位对我们工作的支持和配合！

贵单位全称：＿＿＿＿＿＿＿＿＿＿＿　填表日期：＿＿＿＿＿＿＿＿＿＿＿

填　表　人：＿＿＿＿＿＿　填表人联系方式＿＿＿＿＿＿＿＿＿＿＿＿

1. 贵单位性质属于

A.党政机关　B.国有企业　C.事业单位　D.三资企业　E.民营企业

F.股份制企业　G.学校　　H.科研单位　I.其他

2. 贵单位接收我院实习生信息来源渠道是

A.学校发布的信息　B.药学院的推荐　C.本单位职工的推荐

D.学生自我推荐　E.其他渠道

3. 贵单位接收我院实习生共（　　）人。专业、人数、性别、岗位分布情况

专　业	总人数	男生数	女生数	实习岗位
制药工程				
中药学				
药学				
栽培与鉴定				
市场营销				

4. 我院实习生在贵单位的总体表现为

A.非常优秀　B.比较优秀　C.表现一般　D.表现较差　E.非常差

5. 贵单位认为我院实习生的专业与贵单位需求的对口程度为

A.非常对口　B.比较对口　C.基本对口　D.不对口　E.严重不对口

6. 通过对我院实习生的接收，贵单位认为今后学院应加强学生哪些方面加强建设？（可多选）

A.专业理论知识　B.实践动手能力　C.英语水平　D.计算机水平

E.团队意识合作精神　G.思想觉悟　H.人际交往　I.职业道德　J.综合能力

7. 贵单位对我院实习生的"管理工作"有哪些建议和意见？

＿＿＿＿＿＿＿＿＿＿＿＿＿＿＿＿＿＿＿＿＿＿＿＿＿＿＿＿＿＿＿＿＿＿＿

8. 贵单位接收实习生，主要考虑哪些因素？（划√即可，可多选）

考虑的因素	非常重要	比较重要	一般	不太重要	根本不重要
1.专业是否对口					
2.学历层次（本、专）					
3.学习成绩					
4.学生党员、干部					
5.在校期间获奖情况					
6.性格因素、交往能力					
7.性别因素					
8.家庭背景					

9. 贵单位对我院实习生能力的评价（划√即可）

评价项目	非常满意	比较满意	基本满意	不满意	很不满意
1. 思想觉悟					
2. 专业业务知识					
3. 敬业精神					
4. 工作态度					
5. 适应能力					
6. 吃苦耐劳精神					
7. 人际交往能力					
8. 创新能力					
9. 团队意识及合作精神					
10. 诚信意识					
11. 身心素质					
12. 科研能力					
13. 心理素质					
14. 工作成绩					
综合评价					

山东中医药大学药学院实习生毕业实习调查表

亲爱的同学，你好！

首先祝贺你圆满完成本次实习任务。为了进一步完善实习工作，提高实习效果，请认真填写《实习调查表》，你的建议将是我们对实习工作做出合理改进的重要依据。请在所选答案后打"√"，谢谢合作！

学生姓名		性别		专业		班级	
实习单位		实习岗位					

1.你对所在实习单位的整体印象是(只选一项)

A.非常好　　　B.比较好　　　C.一般　　　D.比较差　　　E.非常差

2.你对本次实习各方面进行评价

岗位满意度	□非常满意 □比较满意 □一般 □不太满意 □不满意
企业饮食条件	□非常满意 □比较满意 □一般 □不太满意 □不满意
企业住宿条件	□非常满意 □比较满意 □一般 □不太满意 □不满意
企业的工作环境	□非常满意 □比较满意 □一般 □不太满意 □不满意
企业的管理模式	□非常满意 □比较满意 □一般 □不太满意 □不满意
实习期间的薪酬	□非常满意 □比较满意 □一般 □不太满意 □不满意
专业的相关度与对口	□非常满意 □比较满意 □一般 □不太满意 □不满意
实习的组织模式	□非常满意 □比较满意 □一般 □不太满意 □不满意
实习单位的带教老师	□非常满意 □比较满意 □一般 □不太满意 □不满意

3.通过实习，你觉得自己专业技能实际操作熟练程度是(只选一项)

A. 熟练　　　B.一般　　　C.不熟练

4.通过实习，你感觉自己最缺失的能力是什么?(可选择多个答案)

A.专业理论知识　B.实践动手能力　C.外语能力　D.计算机能力　E.心理素质

F.吃苦耐劳精神　G.人际交往与沟通　H.抗压性　I.团队合作　　J.综合能力

其他：

5.你认为在实习中比较重要的专业技能是什么？（请填3项以上）

6.此次实习，你最大的收获或感受是什么？

7.对于参加此次实习，遇到的主要困难有哪些？

8.此次实习对你今后择业和就业有何影响？

9通过此次实习，你对实习单位的建议和意见是什么？

10通过此次实习，你对药学院的建议和意见是什么？

二十、卓越制药工程师试点班成员毕业答辩

2017年6月9日，卓越制药工程师试点班进行了毕业论文答辩。答辩的学生有宋传举、孙笑蕾、林娜、崔应贤、孟颖、樊闪闪、马明珠、胡超群等8位同学。上述同学的毕业论文均在制药企业完成。

表4-4　试点班学生毕业论文完成情况

序号	姓名	毕业论文题目	毕业论文完成制药企业
1	宋传举	原辅料对感冒清热颗粒质量的影响	山东鲁信药业
2	孙笑蕾	制药企业的三废治理	山东鲁信药业
3	林　娜	管理培训生日常培养模式研究	齐鲁制药
4	崔英贤	辛伐他汀片生产质控要点及工艺分析	山东鲁信药业
5	孟　颖	制药企业新药研发技术革新	山东鲁信药业
6	樊闪闪	药品质量控制的关键环节	山东明仁福瑞达制药
7	马明珠	前列金丹片生产中的质量问题及解决方法	山东鲁信药业
8	胡超群	感冒清热颗粒制备的关键工艺	齐鲁制药

宋传举同学的毕业论文《原辅料对感冒清热颗粒质量的影响》在山东鲁信药业完成。感冒颗粒剂处方共包含十味药，具体处方组成为：荆芥穗20 g，薄荷6 g，防风10g，紫苏叶6 g，柴胡10 g，葛根10 g，苦杏仁8g，白芷6 g，苦地丁2 g。宋传举同学先分析了处方，处方包含原料药和辅料，药品中的原料药是药剂中的活性成份或有效成，而辅料是生产药品和调配处方时使用的赋形剂和附加剂，如蔗糖和糊精。课题实施的过程中，宋传举同学尝试了不同的辅料及配比，深刻体会到了辅料的种类和用量对颗粒的成型、流动性、吸湿性、溶化性等指标产生一定的影响作用。

孙笑蕾同学的毕业论文《制药企业的三废治理》在山东鲁信药业完成。"三废"是指废液、废气、废渣。制药工业生产工序繁多，原材料利用率有待提高，生产过程中所产生的三废量多且成分复杂，致使制药工业一直存在污染和能耗等问题[1]。三废治理是制药工业面临的难题，研究处理三废的措施及方案对制药企业的持续发展具有重要意义，对环境保护具有实际意义。该课题体现了《卓越制药工程师试点班的培养方案》重视培养学生解决实际问题的能力。

林娜同学的毕业论文《管理培训生日常培养模式研究》在齐鲁制药完成。管理培训生制度适应了大学生就业形势的需要。在调查中发现制药企业培养管理培训生周

期一般为一年，主要培养方式为轮岗学习，主要在生产车间、重点生产工序、工程设备、质量控制、研发等岗位进行轮岗学习。此课题提升了林娜的资料调查能力、调研能力、交流和沟通能力。

崔英贤同学的毕业论文《辛伐他汀片生产质控制要点及工艺分析》在山东鲁信药业完成。与中药片剂不同，辛伐他丁片剂的质量控制要点主要在于制剂操作过程，不涉及中药材的前加工和提取操作过程。辛伐他丁片剂在制颗粒、整粒、总混、压片、内包装、外包装都有严格的质量要求。考虑到辛伐他丁的水不溶性、热不稳定性，崔英贤对崩解剂用量及抗氧剂用量进行了考察。通过此课题，崔英贤同学掌握了了片剂的制备工艺与操作，熟悉了相关制药设备如旋转式压片机、高效包衣机等设备的使用，提升管了崔英贤同学的综合能力。

孟颖同学的毕业论文《制药企业新药研发技术革新》在山东鲁信药业完成。新药研发是提高医药企业国际产业竞争力的主要途径，是一个高投入、高风险、高回报的行业，因此技术难度大是医药企业新药研发最主要的特点之一[2]。此课题具有一定的现实意义，孟颖同学通过查询相关资料，咨询制药行业的专家，了解到人工智能技术（AI）为新药研发领域注入新的活力。目前，制药企业纷纷布局AI领域助力新药研发。AI主要应用于海量文献信息分析整合、化合物高通量筛选、发掘药物靶点、预测药物分子动力学指标、病理生物学研究、发掘药物新适应症[3]。通过此课题，锻炼了孟颖同学的文献检索和阅读能力、综合分析能力，有助于孟颖同学了解新药研发的现状和发展动向。

樊闪闪同学的毕业论文《药品质量控制的关键环节》在山东明仁福瑞达制药完成。药品质量的优劣对患者治疗效果会产生直接的影响。药品质量控制包括：研发阶段质量控制、生产过程的质量控制、流通过程的质量控制、患者使用时的质量控制、贮存期间质量控制。通过该课题，樊闪闪同学深刻地感受到药品的质量控制研究贯穿于药品全周期。

马明珠同学的毕业论文《前列金丹片生产中的质量问题及解决方法》在山东鲁信药业完成。前列金丹片为糖衣片剂，药物成分有丹参、赤芍、泽兰、桃仁、红花、延胡索、王不留行、金银花、败酱草、茯苓、泽泻、大枣。糖衣片在生产和存放过程中容易出现裂片、粘片等问题，马明珠同学通过查阅文献、请教员工并结合实验，学会如何处理在生产前列金丹片中包糖衣的常见问题。通过此课题，增强了马明珠同学发现问题、分析问题和解决问题的能力。

胡超群同学的毕业论文《感冒清热颗粒制备的关键工艺》在山东鲁信药业完成。感冒清热颗粒是山东鲁信药业的拳头产品，供不应求。胡超群同学与宋传举同学密切合作。在课题实施的过程中，两位同学适应了车间工作环境，掌握了颗粒剂的制备工艺流程、制备的关键工艺、质量控制点、生产区域洁净要求及其他相关基础知识。

上述8位同学的毕业论文符合卓越制药工程师的专业培养目标，能将所学专业知识运用到课题实践中，将理论联系到实际。其次，课题都具有一定的现实意义，选题时都考虑到了制药工程专业的前沿和热点、制药行业的关注重点及发展趋势，体现了卓越制药工程师试点班注重实践能力、创新能力培养的办学特色。

图4-65　毕业答辩

图4-66　毕业答辩

参考文献

[1] https://wenku.baidu.com/view/7b56ad2a590216fc700abb68a98271fe910eafb9.html

[2]陈小芳.关于医药企业新药研发项目管理的优化探究[J].中国市场,2017(33):168-169.

[3] 孙雅婧,李春漾,曾筱茜.人工智能在新药研发领域中的应用[J].中国医药导报,2019,16(33):162-166.

第五章 卓越制药工程师试点班师资队伍

一、师资队伍

卓越制药工程师试点班的教师由教学管理人员、校内教师、企业导师、外聘导师等组成。师资队伍中所有成员均为管理和教学经验丰富的一线人员，均具备一定的工程教育教学能力、崇高的敬业精神和职业道德，注重理论联系实际，在人才培养、专业建设和课程建设中发挥了积极的作用。

1. 校内导师

卓越制药工程师试点班的校内导师，来自我校各学院相关专业的教师。

表5-1 卓越制药工程师试点班校内教师

姓名	性别	职称	职务	单位部门	承担任务
周 萍	女	副教授	副院长	药学院	制定培养方案
陈新梅	女	副教授	教研室主任	药学院	试点班负责人
王诗源	女	教授	副院长	中医学院	实习基地建设
曲智勇	男	教授	书 记	药学院	校企合作保障
林桂涛	男	教授	系主任	药学院	校内导师
赵 元	女	讲师	教学秘书	实验中心	学生创新指导
周长征	男	教 授	教研室主任	药学院	校内导师
马 山	男	副教授	副院长	康复学院	校内导师
战 旗	女	高级实验师	实验室主任	实验中心	GMP模拟车间

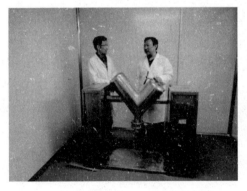 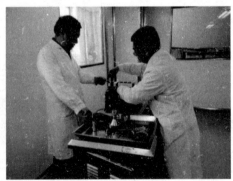

图5-1 校内导师　　　　图5-2 校内导师

2.企业导师

试点班的企业导师，均来自制药企业。

表5-2 卓越制药工程师试点班企业导师

姓名	性别	职称	职务	单位部门	承担任务
胡乃合	男	副主任药师	副总经理	山东鲁信药业	中药制药工程
吴世德	男	高级工程师	副总经理	山东明仁福瑞达药业	生物制药工程
刘 健	女	主任药师	副主任	山中医二附院药剂科	制剂质量控制

3.外聘导师

为了开阔学生眼界、提高培养质量，我们从山东省内的相关企业中聘请了两位"外聘教师"，张庆宣和邢济东工程师，负责试点班学生的部分培养工作。

图5-3 外聘导师聘书　　　　　图5-4 外聘导师聘书

二、师资队伍特点分析

1.校内导师队伍中部分导师具有制药企业工作经历

在校内导师队伍中，部分导师具有制药企业工作经历。

表5-3 具有制药企业工作经历的校内教师

姓名	曾工作过的制药企业	工作岗位
陈新梅	新疆特丰药业股份有限公司	口服液车间、质检科
周长征	山东鲁信药业	中药制剂生产车间

2.校内导师队伍中有海外经历的教师

在校内导师队伍中，部分导师具有海外经历。

表5-4 具有海外经历的校内教师

姓名	访问海外高校	海外经历性质
陈新梅	美国哈佛大学	访问学者
马 山	爱尔兰国立高威大学	访问学者

三、师资队伍建设

近年来，卓越制药工程师试点班的师资队伍中，不断引入新鲜血液——万新焕和高丽娜两位年轻教师。万新焕2011年7月毕业于山东中医药大学，获得工学学士学位；2014年6月于沈阳药科大学毕业获得药剂学硕士学位；2014年7月至2017年7月于山东百诺医药股份有限公司从事液体制剂研究工作；2017年9月，被聘为山东中医药大学药学院助教。近年来，万新焕以第一作者（含共同一作）或通讯作者（含共同通讯）发表论文8篇，其中被SCI收录3篇，ESCI收录2篇，中文核心论文2篇，中文科技核心论文1篇。万新焕作为课题负责人主持山东中医药大学青年科学基金1项。高丽娜2010年7月毕业于山东轻工业学院，获得工学学士学位。2010-2013年间，高丽娜在济南大学完成硕士学位论文《盐酸万乃洛韦合成工艺改进》，并顺利通过硕士毕业答辩，获得济南大学工程硕士学位。2013年8月至2015年6月于山东新时代药业有限公司从事药物分析工作；2015年6月至2017年1月于济南康和医药科技有限公司从事药物分析工作；2019年8月，高丽娜被聘为山东中医药大学药学院助教。高丽娜的硕士论文对盐酸万乃洛韦合成工艺改进，综合温度、pH、压力等反应条件，确定其工业化条件。优化后的合成工艺，反应条件温和。重现性好，产品质量稳定，收率大幅提高，更适合工业化生产。

同时卓越制药工程师试点班项目组也不断加强专业内涵建设，由周长征老师和万新焕老师参与的教学改革项目"基于虚拟仿真技术（VR）实验项目在中药颗粒剂制备中的应用"，该项目于2018年获得第二届医药院校药学中药学实验教学改革大赛二等奖。

四、试点班主要导师简介

周萍（1976—），女，中共党员，副研究馆员，现任山东中医药大学药学院副院长、山东中医药大学工会（妇委会）副主席。

周萍在2011至2014年间，以第一作者身份撰写论文《〈大宅门〉里的宏济堂》、《高校档案是对大学生励志教育的最好素材》、《民国史上的中医存废之争》等发表于《山东档案》；2016年，论文《老年护理内容融入本科护理核心课程的框架构建》发表于《全科护理》杂志；2017年，论文《老年人中医养生保健-信-行的研究现状》发表于《中国医药导报》杂志。

2014-2017间年，周萍完成硕士学位论文《济南高校离退休老年人中医养生保健素养与健康状况调查研究》，并顺利通过山东中医药大学硕士论文毕业答辩，获得护理学硕士学位。该硕士论文通过对济南市两类高校离退休老年人的中医养生保健素养与健康状况进行调查，揭示了高校离退休老年人中医养生保健素养水平及其影响因素，分析中医养生保健素养与健康状况之间的相关性，并最终探讨影响济南地区高校离退休老年人健康状况的因素。该研究对促进济南地区离退休老年人的健康有重要的参考价值和指导意义。

2018年，周萍作为指导老师，指导山东中医药大学大学生创新训练计划项目（SRT）"社会药房慢病管理服务水平评价研究——以济南市长清区为例"（课题编号：2018074）。周萍以通讯作者身份，指导学生撰写的研究论文《济南市长清区社会药房慢病管理服务水平的评价及初步研究》发表在《山东化工》杂志。2019年，周萍与哈佛大学访问学者共同探讨基于哈佛模式下新进教师的培训策略与卓越工程师培养过程中的问题，合作的论文《国际化视野下高校新进教师培训策略——基于哈佛模式分析》发表于《医学教育管理》，同时该论文获得2020年"山东省医学会医学教育分会优秀论文一等奖"。

周萍院长致力于发展中医药教育事业，鼓励山东中医药大学的优秀学生"学以致用"，在理论学习传统中医药专业的同时，更多投入社会实践活动中去。

陈新梅（1973—），女，中共党员，副教授，硕士研究生导师。2006年毕业于中国药科大学，获得博士学位。2019-2020年美国哈佛大学访问学者（Harvard University, Visiting Scholar）。现为山东中医药大学药学院制药系药剂教研室教师，药剂教研室主任。

陈新梅同时兼任中华中医药学会制剂分会委员；中华中医药学会中成药分会委员；中华中医药学会治未病分会委员；中华医学会教育技术分会教学应用与管理学组委员；世中联中医药抗病毒分会理事；世中联中药天然药物发酵分会理事；中国民族医药学会教育分会理事；新疆医科大学学报审稿专家；Member of New England Complex Fluid Group in Boston USA。

陈新梅讲授硕士研究生的物理药剂学、药剂学、药学进展；讲授本专科生的药剂学、中药药剂学、物理药剂学、生物药剂学与药代动力学、生物制药工艺学、化学制药工艺学、药物制剂专业导学、制药工程专业导学、药剂学实验、中药药剂学实验等课程。

陈新梅的科研研究方向为"中药新制剂与制剂新技术"研究。参与国家自然科学基金面上项目2项；主持山东省高等学校科技计划项目1项、主持山东省中医药科技发展计划项目2项、主持山东省高校中医药抗病毒协同创新中心课题1项、主持山东省本科高校教学改革研究项目1项；主持山东省《2012中药炮制规范》无名异课题1项、主持校级科研和教学课题多项。

陈新梅的教育研究方向为"药学高等人才的培养"。承担我校"卓越制药工程师试点班"负责人；我校"中药创新实验班"本科生导师。毕业硕士研究生5人、在研3名。获2013年校教学成果二等奖1项（首位）、2017年校教学成果三等奖1项（首位）、中华医学会医学教育分会2015年优秀论文二等奖1项、中华医学会医学教育分会2017年优秀论文二等奖1项。获山东省教育厅/山东广播电视台"我的好老师"短视频一等奖；山东省中医药系统感悟"大医精诚"演讲比赛优秀奖；校级先进工作者、校级优秀共产党员、理论教学单项奖、实验教学单项奖、研究生教学单项奖、实习教学优秀教师、板书设计大赛三等奖。

胡乃合（1963—），男，中共党员，副主任药师，主要从事中药新药研究。执业药师前命题组专家、众和教育研究院药学研究中心副主任。曾任山东中大药业有限公司董事、济南大舜医药科技有限公司股东、法定代表人兼监事。目前在山东中医药大学制药系任教。主要讲授《中药药剂学》《中药药剂学实验》等课程。在校期间开展举办GMP知识讲座。

胡乃合作为山东中医药大学中药学专业专家，曾参与国家科技支撑计划、山东省优秀中青年科学家科研奖励基金、山东省中医药科技项目等项目。作为众和教育执业中药师讲师，胡乃合是该行业领军人物，从业三十多年，多次参加国家执业药师命题组。讲授药事管理与法规、中药学综合知识与技能。

胡乃合在中药制剂的质量评价、体内过程研究、中药制剂安全性等方面进行了深入研究，撰写多篇研究论文。《更年安片质量标准提高的研究》采用薄层色谱法鉴别制剂中的茯苓、泽泻、牡丹皮、钩藤；采用高效液相色谱法测定五味子中五味子醇甲的含量，对更年安片剂的质量进行控制，该论文发表在《山东中医药大学学报》杂志。胡乃合研究了蟾毒灵在大鼠胃、肠以及各肠段吸收动力学特征及吸收机制，以第一作者身份撰写论文《蟾毒灵胃肠道吸收动力学研究》，发表在《山东中医药大学学报》；为建立小儿宣肺化痰颗粒的质量控制方法及标准，胡乃合对该颗粒进行质量标准研究，以第一作者身份撰写论文《小儿宣肺化痰颗粒质量标准研究》，发表在《山东中医杂志》杂志。胡乃合在2019年与山东省食品药品审评认证中心合作，对21种药品中的黄曲霉毒素含量进行测定，并且作为通讯作者撰写《HPLC法同时测定21种中药饮片中4种黄曲霉毒素的含量》，该文章发表在《山东中医杂志》杂志。

胡乃合曾给我校"卓越制药工程师试点班"进行科技讲座——《新版GMP解读》。同时胡乃合负责试点班内宋传举、孙笑蕾、崔英贤、孟颖、马明珠、胡超群等多名同学在其负责的制药企业实习。胡乃合对这些同学毕业论文的选题、撰写、答辩等关键环节给予指导。

周长征（1963—），男，教授，中共党员，硕士研究生导师，研究方向为药物新剂型与新制剂研究。现为山东中医药大学药学院制药工程教研室主任，同时兼任世界中联中医药抗病毒研究专业委员会委员、国家执业药师工作专家库专家、山东省药学会药剂专业委员会委员山东省新药评审专家等社会职务。

周长征主编吉林人民出版社的《制药工程制图》，北京大学医学出版社的《制药工程原理与机械》，中国医药科技出版社的《制药工程实训》《制药工程原理与设备》《制药工程原理与设备（第二版）》等"十二五""十三五"国家级规划教材。

周长征课题组在国际和国家级刊物上发表学术论文80余篇，在中医药抗病毒方面研究深入。周长征指导学生撰写的论文《薄荷抗呼吸道合胞病毒活性及机制研究》在发表在《国际中医中药杂志》；《蒲公英水提液抗病毒有效部位筛选及体外抗病毒作用观察》发表在《山东医药》杂志；《鬼箭羽体外抗病毒有效部位研究》发表在《中华中医药杂志》；《垂盆草化学成分及药理作用研究进展》发表在《中国中药杂志》；《紫叶李果实抗病毒活性及长期毒性研究（英文）》发表在《暨南大学学报(自然科学与医学版) 》杂志。

周长征作为世界中联中医药抗病毒研究专业委员会委员，在抗病毒方面申请并授权了多项国家发明专利，包括：一种薄荷中可抗呼吸道合胞病毒的有效成分及制备方法、一种蛴螬中可抗呼吸道合胞病毒的有效部位及制备方法、一种白头翁与蛴螬有效部位配伍后抗RSV病毒的制备方法、一种藿香与蛴螬有效部位配伍后抗EV–71病毒的制备方法、一种蛴螬中可抗肠道EV–71病毒的有效成分及制备方法、一种佩兰中可抗肠道EV–71病毒的有效部位及制备方法、一种鼠妇有效部位抗肿瘤的制备方法、一种玫瑰花有效部位抗EV–71病毒的制备方法、一种青苔有效部位抗EV–71病毒的制备方法、菊芋中抗HSV–1、RSV、EV–71成分及制备、鬼箭羽抗RSV病毒的有效部位和制备方法、一种蒲公英中抗肠道EV–71病毒的有效成分及制备方法、一种桑黄中抗RSV病毒的有效成分及制备方法、一种一年蓬中抗肠道EV–71的有效部位及制备方法等。

赵元（1978—），女，硕士，讲师。2003-2006年，在山东大学完成硕士论文《地榆多糖的分离纯化及其对α–葡萄糖苷酶活性的抑制作用》，并顺利通过山东大学硕士论文答辩，获得硕士学位。2006年6月进入山东中医药大学工作。目前承担本科生、留学生等学生《药理学》《中药药理学》等课程教学任务。

赵元目前发表科研论文9篇。曾于2019年4月以第一作者身份在《山东化工》发表题为《新疆昆仑雪菊总黄酮紫外分光光度法含量测定的适应性研究》；硕士期间以第一作者身份在《中国生物化学杂志》发表题为《1种新的天然α–葡萄糖苷酶抑制剂的分离纯化及其活性测定》；2020年1月在《山东中医药大学学报》合作发表《氧化苦参碱磷脂复合物对CCl_4致大鼠慢性肝损伤的影响》；2019年10月在《现代中药研究与实践》合作发表《Box-Behnken响应面法优化昆仑雪菊总黄酮提取工艺及抗氧化研究》；于2019年4月在《中国现代应用药学》合作发表《外翻肠囊法研究氧化苦参碱磷脂复合物的肠吸收特性》；2016年10月在《中国药理与临床》合作发表《薯蓣皂苷元对甲状腺功能亢进大鼠肝功能和氧化应激状态的影响》；于2016年9月在《中国药师》合作发表《高压脉冲电场对微生物的灭活作用研究进展》；于2016年2月在《化工时刊》合作发表《小鼠口服无名异生品的生物相容性研究》；于2015年7月在《药学研究》合作发表《微囊栓制剂降低尼美舒利豚鼠肝毒性的实验研究》。

赵元目前发表教学论文3篇。曾于2019年7月以第一作者身份在《教育教学论坛》发表题为《机能学实验室生物安全评价体系构建的探索》；于2019年1月在《山东化工》合作发表《一流学科背景下本科毕业论文质量的提升——以山东中医药大学药学院2017届毕业生为例》，同时本论文被山东省医学会、山东省高等医学教育研究中心评为"优秀论文二等奖"；于2017年7月在《中国培训》合作发表《开放医学机能学实验室管理机制探讨》。

赵元目前主持山东中医药大学科学基金1项（编号：2018yq08）；参与2019-2020年度山东省中医药科技发展计划项目1项（编号：2019-0022）。

第六章　卓越制药工程师试点班学生取得的成绩

"卓越制药工程师"试点班的学生在培养的过程中取得了一定的成绩，主要表现在如下几个方面：①学生申请SRT项目并获经费资助；②以第一作者身份在国内期刊公开发表论文；③参加国内高校暑期夏令营等。

一、试点班学生SRT项目申请情况

表6-1　试点班学生SRT项目申报情况

序号	姓名	位次	项目名称	课题类别	指导老师	课题状态
1	孙笑蕾	主持(1/4)	小儿洗手液药效学初步研究	实验类	陈新梅	获立项已结题
2	崔英贤	参与(2/4)	氧化苦参碱对四氯化致大鼠慢性肾损伤保护作用的初步研究	实验类	陈新梅	获立项已结题
3	杨丽莹	主持(1/3)	雪菊水提物对小鼠肝肾功能的影响	实验类	陈新梅	获立项已结题
4	高小鹏	主持(1/4)	大学生睡眠质量状况调查	调查类	尚娜娜	申报
5	杨丽莹	参与(3/4)	大学生睡眠质量状况调查	调查类	尚娜娜	申报
6	岳志敏	参与(4/4)	大学生睡眠质量状况调查	调查类	尚娜娜	申报

二、试点班学生以第一作者身份公开发表论文情况（截至2021年4月27日）

[1]崔英贤,陈新梅,郭辉,段章好.氧化苦参碱对四氯化致大鼠慢性肾损伤保护作用的初步研究[J].化工时刊,2016,30(3):21-23.　　　　　　　　　　　　被引：8

[2]崔英贤,陈新梅,曲智勇,李颖,史磊.制药工程专业新生对专业认知及职业规划的调查与分析[J].化工时刊,2016,30(5):50-52.　　　　　　　　　　　　被引：2

[3]崔英贤,陈新梅,林桂涛,等.GMP模拟车间在制药工程专业人才培养中的应用研究[J].药学研究,2016,35(9):553-555.　　　　　　　　　　　　　被引：13

[4]秦乐,陈新梅,邢佰颖,岳志敏,段章好,郭辉.正交试验优选菊花总黄酮的提取工艺[J].化工时刊,2016,30(11):18-19,35.　　　　　　　　　　　　被引：5

[5]秦乐,陈新梅,邢佰颖,岳志敏.雪菊总黄酮对小鼠体重及记忆再现障碍的影响[J].化工时刊,2017,31(2):10-12.　　　　　　　　　　　　被引：4

[6]秦乐,陈新梅,邢佰颖,岳志敏.昆仑雪菊总黄酮对小鼠胸腺指数及脾脏指数的影响[J].山东化工,2017,46(15):41-42.　　　　　　　　　　　　被引：12

[7]秦乐,邢柏颖.昆仑雪菊化学成分及药理作用研究进展[J].化工时刊,2017,31(4):36-38,43.　　　　　　　　　　　　被引：3

[8]邢佰颖,陈新梅,秦乐,等.两种显色法测定昆仑雪菊总黄酮含量的比较研究[J].化

工时刊,2016,30(12):23—25. 被引：9

[9]邢佰颖,陈新梅,秦乐,岳志敏;郭辉;段章好.昆仑雪菊总黄酮对小鼠负重游泳的影响[J].化工时刊,2017,31(1):9—11. 被引：3

[10]孙笑蕾,陈新梅,王宇,刘彩云,杜月.小儿洗手液抑菌效果和刺激性的初步研究[J].化工时刊,2016,30(8):13—14,40. 被引：0

[11]穆庆迪,陈新梅,杜月,岳志敏,徐溢明.氧化苦参碱磷脂复合物对四氯化碳致小鼠慢性肾损伤的保护作用[J].化工时刊,2017,31(2):13—15. 被引：3

[12]岳志敏,陈新梅,夏梦瑶,李艳苹.雪菊水提物对东莨菪碱和亚硝酸钠所致小鼠记忆障碍的影响[J].化工时刊,2017,31(8):5—6,55. 被引：1

[13]杨丽莹,陈新梅,王梦影.大学生就业创业实现途径探讨——以山东中医药大学为例[J].化工时刊,2017,31(7):47—49. 被引：0

[14]杨丽莹,陈新梅,杜月,岳志敏,李艳苹,夏梦瑶.雪菊水提物对小鼠肝及肾功能的影响[J].华西药学杂志,2018,33(4):373—375. 被引：0

三、试点班学生参加国内暑期夏令营情况

国内高校暑期夏令营是近几年来国内高校,特别是著名高校,吸引优质生源的一种方式。夏令营会利用暑假期间约一周左右的时间,与学生较长时间接触,通过参观实验室、介绍导师研究方向、学术交流会等形式,并通过多种选拔方式,例如笔试、面试、实验测试等方法来考核学生,以确定是否发放拟录取通知书。

国内高校暑期夏令营作为全国大学生交流的平台,不仅可以开拓视野、增长见识,还对今后的保研及考研有帮助。主要有如下优势：①在夏令营期间若获得优秀营员,保研时可以免复试,直接录取；②在夏令营期间获得优秀营员,某些学校还会奖励优秀营员一等奖学金；③通过参加夏令营能更全面、立体地了解学校的相关信息；④方便联系导师及近距离了解各导师的科研情况。⑤了解考研最新动态；⑥开拓视野。

表6-2　试点班学生参加国内暑期高校夏令营情况

序号	姓 名	发邀请函的高校（单位）	夏令营时间	结果
1	崔英贤	山东大学	2016, 0711—0713	优秀营员
		沈阳药科大学	2016, 0715—0719	
2	孟 颖	苏州大学	2016, 0713—0717	
3	马明珠	山东大学	2016, 0711—0713	
4	王 宇	浙江中医药大学	2016, 0712—0715	
5	秦 乐	浙江大学	2017, 0714—0719	
6	邢佰颖	江南大学	2017, 0710—0714	
		中国药科大学	2017, 0714—0717	优秀营员
		中科院烟台海岸带研究所	2017, 0714—0717	

图6-1　夏令营结业证书（王宇）

发证学校：浙江中医药大学

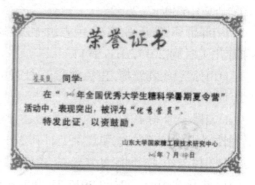

图6-2　夏令营结业证书（崔英贤）

发证学校：山东大学

图6-3　夏令营结业证书（秦乐）

发证学校：浙江大学

图6-4　夏令营结业证书（邢佰颖）

发证学校：中国科学院大学

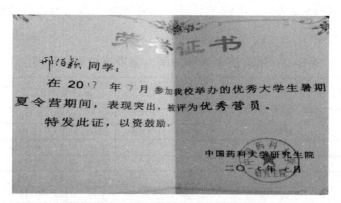

图6-5　夏令营结业证书（邢佰颖）

发证学校：中国药科大学

图6-6 夏令营结业证书（崔英贤）

发证学校：中国药科大学

图6-7 夏令营结业证书（孟颖）

发证学校：苏州大学

同济大学暑期学校专家推荐书

被推荐考生姓名： 孟颖

被推荐人现学习或工作单位： 山东中医药大学

专家简介： 陈新梅副教授，是"卓越制药工程师"的指导老师和负责人。作为"卓越制药工程师"试点班的一份子，在和陈老师接触时，陈老师严谨的工作态度和爱岗敬业的责任心使我深深敬畏。

专家推荐信

尊敬的研究生部老师：

本人陈新梅，是山东中医药大学药学院教师，副教授、硕士研究生导师。应本校2013级制药工程专业孟颖同学的请求，愿意推荐该生参加同济大学的夏令营进行参观学习。

该生作为"卓越制药工程师"试点班成员，本人和该生有很多交流，无论是在平时讲座的互动中，还是参观学习中，该生都积极参与，并在活动后认真反思总结，不仅提高了自身能力又丰富了自身见识。所以我对该生有着深刻的印象。该生有很好的学习习惯，专业成绩优秀，获得"国家奖学金"和"国家励志奖学金"以及各荣誉称号，在试点班遴选时，表现突出，有很好的人际交往能力和优秀的临场发挥能力。生活中谦虚好学、做事认真一丝不苟，敢于挑战自己，勇于创新。

该生综合能力较强，并对从事科研工作有着强烈的愿望，并对自己的人生有着切实的规划。作为孟颖同学的老师，本人很荣幸推荐孟颖同学参加贵校的暑期学术夏令营，希望借此机会能让她能够充分展示自己，各方面得到更大提升，故予以推荐，诚望审核通过。

推荐人签名： 推荐人工作单位：

联系电话： 推荐日期： 年 月 日

第七章　学生对卓越制药工程师试点班的评价

试点班的学生在"卓越制药工程师试点班"内进行阶段性学习之后，在实践能力、创新能力、国际化视野等方面都有长足的进步，他们将其所感所想总结成文章，发表于我校的《山东中医药大学报》。

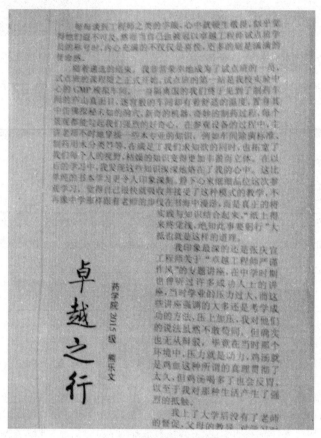

图7-1　熊乐文《卓越之行》

山东中医药大学报，2016年5月6日

图7-2　秦乐《我的卓越制药工程师》

山东中医药大学报，2016年5月13日

图7-3　崔英贤《明天你好——致敬"卓越制药工程师试点班"》

山东中医药大学报，2016年12月30日

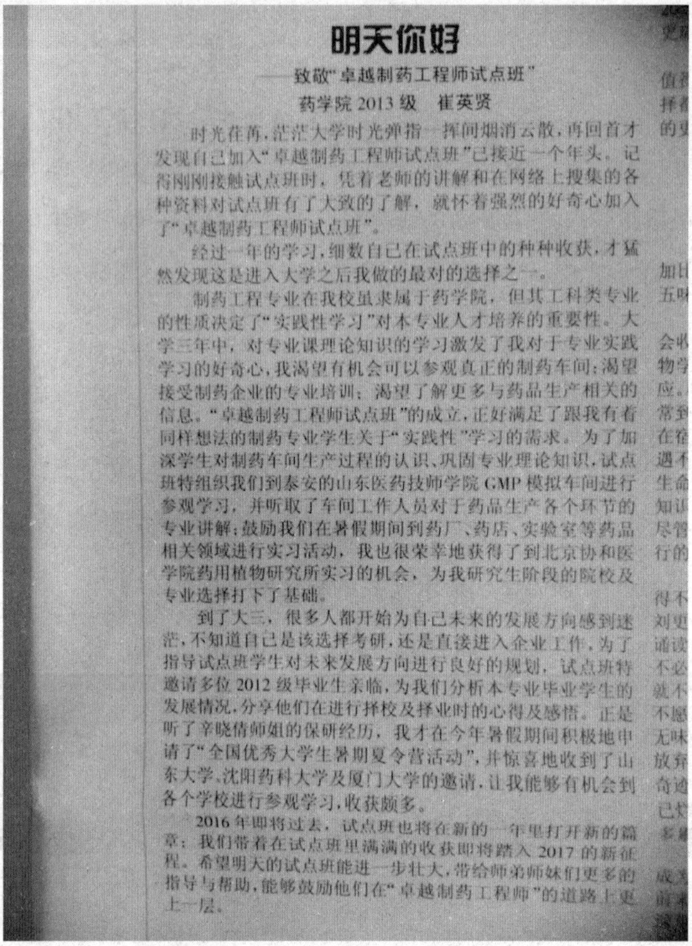

明天你好

——致敬"卓越制药工程师试点班"

药学院 2013 级　崔英贤

时光荏苒，茫茫大学时光弹指一挥间烟消云散，再回首才发现自己加入"卓越制药工程师试点班"已接近一个年头。记得刚刚接触试点班时，凭着老师的讲解和在网络上搜集的各种资料对试点班有了大致的了解，就怀着强烈的好奇心加入了"卓越制药工程师试点班"。

经过一年的学习，细数自己在试点班中的种种收获，才猛然发现这是进入大学之后我做的最对的选择之一。

制药工程专业在我校虽隶属于药学院，但其工科类专业的性质决定了"实践性学习"对本专业人才培养的重要性。大学三年中，对专业课理论知识的学习激发了我对于专业实践学习的好奇心，我渴望有机会可以参观真正的制药车间；渴望接受制药企业的专业培训；渴望了解更多与药品生产相关的信息。"卓越制药工程师试点班"的成立，正好满足了跟我有着同样想法的制药专业学生关于"实践性"学习的需求。为了加深学生对制药车间生产过程的认识、巩固专业理论知识，试点班特组织我们到泰安的山东医药技师学院 GMP 模拟车间进行参观学习，并听取了车间工作人员对于药品生产各个环节的专业讲解；鼓励我们在暑假期间到药厂、药店、实验室等药品相关领域进行实习活动，我也很荣幸地获得了到北京协和医学院药用植物研究所实习的机会，为我研究生阶段的院校及专业选择打下了基础。

到了大三，很多人都开始为自己未来的发展方向感到迷茫，不知道自己是该选择考研，还是直接进入企业工作，为了指导试点班学生对未来发展方向进行良好的规划，试点班特邀请多位 2012 级毕业生亲临，为我们分析本专业毕业学生的发展情况，分享他们在进行择校及择业时的心得及感悟。正是听了辛晓倩师姐的保研经历，我才在今年暑假期间积极地申请了"全国优秀大学生暑期夏令营活动"，并惊喜地收到了山东大学、沈阳药科大学及厦门大学的邀请，让我能够有机会到各个学校进行参观学习，收获颇多。

2016 年即将过去，试点班也将在新的一年里打开新的篇章；我们带着在试点班里满满的收获即将踏入 2017 的新征程。希望明天的试点班能进一步壮大，带给师弟师妹们更多的指导与帮助，能够鼓励他们在"卓越制药工程师"的道路上更上一层。

图7–4　崔英贤《明天你好——致敬“卓越制药工程师试点班”》

山东中医药大学报，2016年12月30日

卓越制药工程师试点班的创新之旅

孙笑蕾

“卓越制药工程师教育培养计划”是我国工程教育新的人才培养模式的改革尝试，它准确定位卓越工程师人才培养目标，以工程意识、工程素质培养为基础，以实践能力和创新能力培养为主线，构建满足卓越制药工程师知识、能力和素质要求的实践教学体系。我有幸通过遴选进入卓越制药工程师试点班。

进入卓越制药工程师试点班之后，在陈新梅老师的指导下开始SRT项目研究，研究课题是“将尼美舒利做成微囊能否降低豚鼠的肝毒性”。在实验的最初阶段，我只是遵循导师的指示按部就班去进行实验。后来随着我对实验的兴趣越来越浓厚，我开始主动查阅资料。随着实验的深入，我发现剂型太奇妙了——不需要改变药物，仅仅

只是改变药物的剂型，就能降低其肝脏毒性。这时我才开始真正体会到创新是多么重要，同样正是因为有了创新，才让原本枯燥的学习之路变得更有意义。在明白了实验原理之后，我很快的理解了实验每一步操作的意义。于是，我协助师姐一起申请SRT项目，中间历经了撰写、讨论、申请、公示，直至立项，到最后在省级的学术期刊上发表研究论文。通过参与SRT项目，我深刻体会到创新需要辛苦付出、积极思考和及时总结。

今年，我以项目负责人的身份提交了一份SRT申请书，此次的研究内容对我来说是一个没有接触过的全新领域，需要自己主动去查阅大量的文献资料、去理解实验的原理，然后明确要创新的方向，并付诸行动，每一步都需要自己的主动探索。只有自己独立的解决困难，才能把积累的一点点感悟变成成果。

今年导师带领我一起申请发明专利，主要研究抗微生物的中药制剂。在项目确定之初，我想是否可以用不同的药物配比使之更高效的抑制微生物的生长？带着这种设想，我开始查阅各种相关文献和专利，结果发现我的想法具有一定的新颖性。接下来，我们便开始用各种微生物生长所需的物质按不同比例组合，尝试自己培养微生物，虽然期间经历了多次失败，但我最终掌握了有关微生物的多种知识，这些知识是我以前没有接触到的。整个实验过程，从选题到申请立项撰写项目申请书、再到查阅相关参考文献、确定实验原理、实施方案与寻找创新点，并制定详细的研究方案和步骤，最后在老师的指导下，开始实施实验操作。这些看似简单实则细致繁琐的操作，都锻炼了我的创新性、自主性、探索性、实践性和协作性等各种能力。

通过在"卓越制药工程师试点班"的学习，我深刻体会到在创新方面，首先要确定创新的方向和目标。方向和目标是贯穿整个实验的核心，只有明确方向，围绕这个方向努力下去，才能取得最终的胜利。同时创新点可以从很多方面确定，不一定非要很高深、很前沿的东西，例如我们的专利，创意只是源于超市中的一件小商品。因此，创新就是不照搬别人的思路方法，而是通过自己的实践，思考去创新。概括地说，就是继承前人，又不因循守旧；借鉴别人，又有所独创。努力做到多观察，多思考，体现时代性，富于创造性。因此可见，创新是明灯，可照亮前方的道路。只有创新才能推进社会的发展！

鲁班懂得创新，在被野草划伤之后，发明了锯；齐白石懂得创新，在自己中老年之时，不断改变自己画风，水平也在画风改变之后突飞猛进；牛顿懂得创新，因一个苹果，证明了地心引力。同时，实践又是创新的基础，创新应从一切实际出发。创新和实践的同时又应该不断地积累自己的知识。人，想要进步，需要有一股不断推动其向上的动力，使人们能够产生强烈的求知欲和创造力，由此推动人们自强不息，努力奋斗。这个动力的形成，正是基于勤奋学习和知识积累，所以，不断地学习积累，更能有所创造。

在卓越制药工程师试点班里的系列讲座中，试点班负责人陈新梅老师和邀请的多位专家老师多次教育我们要不断发现、不断实践、不断创新。因此，我们在以后的生活和学习中，我会认真学习专业知识，提高自己的专业素养；多与老师和同学们交流，交流思想、放飞思维；多实践、多思考，在实践和思考中一步一个脚印，于实践中创新！

创新，是一个人、一个民族、乃至一个国家所必需的一种精神。让创新之花开满我们的求学之路吧！

我眼中的"卓越制药工程师试点班"

郭梦

在陈新梅老师的引领下，我加入了卓越制药工程师试点班，在试点班里，我认识了和蔼耐心的老师，热心的师哥师姐以及很多优秀的小伙伴。这个试点班就是我的第二个班集体，在这段难忘的学习的时间里，在老师的关心和小伙伴们的帮助下，我感触颇深，收获颇多。

我第一次听闻这个试点班是在陈老师的调查问卷上，当时刚入大学不久，对自己的专业还很懵懂，陈老师的问卷让我想了许多不曾想过的问题：我是来干嘛的？我以后要干什么？我应该怎么度过自己的大学生活……后来我查阅了相关资料，明白了卓越制药工程师和普通制药工程师的区别，我便毫不犹豫地加入了这个试点班。果然，陈老师带领的试点班并没有让人失望，我获得了许多平时没有听过的消息，增长了见识，开阔了视野。

在这个阶段的时间内，陈老师安排了多次活动，从参观到讲座及师哥师姐们的经验分享，每一次都能让我对制药工程有更深刻的了解。

4月15日中午，在三名指导老师的带领下，我们参观了学校的GMP模拟车间（GMP，中文含义是"生产质量管理规范"或"良好作业规范""优良制造标准"）。对于我这种没有进过车间的人来说，这无疑是十分新鲜的。一想到这可能是我以后工作的场景，我便按捺不住兴奋，并且为自己先别人一步看到这些场景感到窃喜。当我惊讶于洁净的厂房，规范的布局以及各种高大上的设备时，老师开始为我们讲解了车间的卫生要求，温度、湿度对车间的影响及进入车间的注意事项等问题。这些都是我从没有听到过得知识，老师讲的耐心，我们听的细心，有不懂地方师哥师姐们便帮忙解答，让我深切体会到他们的热情友爱。接下来老师介绍了那些高端的制药仪器和设备，从他们的外形构造、使用方法以及功能和注意事项问题进行了全面讲解，让我不禁感叹，日常见到的那一粒粒小小的药丸竟然会由那么复杂的过程制成，对制药工程师的钦佩之情油然而生，同时也为我以后可能从事这样的工作感到自豪。

我们在平时做实验时，都知道要有严谨的态度，但并不是每个人都能做到严谨的对待问题。4月28日中午，陈老师邀请了济南昕佰科学有限公司的张庆宣工程师为我们讲座。张老师从自身经历为起点，以实验仪器为切入点，通过对清华大学爆炸的分析，让我们明白即使一点小小的失误也会造成不可挽回的后果。告诫我们培养严谨作风的重要性。张老师通过对企业5s理念［5S就是整理（SEIRI）、整顿（SEITON）、清扫（SEISO）、清洁（SEIKETSU）、素养（SHITSUKE）五个项目］的讲解，让我们了解到要培养严谨的作风需要按照一套方法坚持走下来。同时张老师还讲了关于坚持的重要性，例如屠呦呦老师在做青蒿素实验时失败了几百次，但是她依旧没有放弃。一遍遍的重复着近乎相同的过程，仔细区分那细微的差别，在严谨的作风下，在坚持不懈的努力下，她终于取得了成功。如若不是她的严谨、没有她的坚持，我们将会失去一种治疗疟疾的良药，将会有更多的人丧生在疟疾之下。

通过这两次的学习，我看到了平时看不到的仪器设备，开阔了视野，对以后的工作也有了初步了解。同时，我也明白了作为一个工程师严谨作风的重要性，尤其是我们制药工程师，我们的任何一个小小的失误的代价就可能是一条鲜活的生命，一个幸福的家庭。严谨的作风是我们每个制药工程师必备的素养，从日常生活中的小事做起，这不仅是对事情负责，也是对我们的生命安全负责。因此，我们要认真对待生活中的每一件小事，有意识的培养严谨的作风，和差不多理论说再见。

在每次活动后，我们都会写写心得体会，将老师讲的知识整理出来，同时有不明白的地方查阅资料或询问老师，保证能够充分理解所讲内容。而对于我们的每一份心得体会，陈老师都会很认真的批注，如果有不懂的问题，老师也会耐心地给我们解决，并且也会给我们一些实用建议，让我们能够更及时的记下老师所讲的内容。加入这个试点班，不仅让我学到了平时没有了解的知识，提高了自己的实践能力，同时还让我感受到老师和同学之间的温暖，试点班是我增长见识的地方，是我为未来铺砌道路的地方，我相信在这个班级里我能走得更远。

卓越制药工程师的国际化视野

宋传举

我有幸通过遴选进入了我校药学院的"卓越制药工程师试点班"，在这个团队里，我收获了很多课堂之外受用终身的东西。2016年5月27日，在聆听"卓越制药工程师国际化视野的构建"讲座之前，通过上网查询，我了解到培养国际化创新人才是社会发展的要求，也是知识经济发展和抓住历史机遇的要求。卓越制药工程师国际化视野的构建是为适应新时代社会经济发展对制药科学高层次人才的需求，也是培养具有全球视野的高素质复合型制药工程人才的重要手段。

在此次的专题讲座中，主讲老师刘玉红副教授以其自身在日本德岛文理大学药学部进行博士后科研工作的经历为切入点，结合自身科研过程中的感悟，为我们讲解了构建国际化视野的重要性及构建方式方法。通过此次讲座，我深刻认识到只将视野放在理论层面是远远不够的。在当前社会大背景下，为了适应社会的快速发展，不断学习、不断开拓自己的视野是成功迈向国际的第一步。我认为卓越制药工程师国际化视野构建的第一步即为培养卓越工程师的严谨踏实风气。仰望星空是前进的动力，但是脚踏实地是前行的基础。

5月28日，韩国青年代表团来我校参观访问，我有幸参与其中的接待工作。在陪伴他们参观的过程中，我能深刻体会到这些韩国年轻人对中国传统中医药文化的崇拜和敬仰。在此时刻，我为我们的源远流长的传统文化充满了骄傲和自豪之情。虽然韩国在制药工程方面存在先进之处，但是我国的中医中药文化同样博大精深。因此在卓越制药工程师国际化视野的构建中，我认为我们除了与国际接轨之外，也应该大力弘扬发展中医中药文化，将我国优秀的传统文化发扬光大。

"卓越制药工程师试点班"安排了很多与本专业密切相关有益的专题讲座，虽然讲座多在别的同学休息的时候进行，但是我愿意用汗水来书写这一历程。自从每一位同学步入山东中医药大学的校门，大部分同学的这一生，都将中医中药与生命联系在一起，或许每个同学都将成为人间的天使，为了人民的健康，为了这世界的美好，每位同学都应该认真学习、培养严谨作风。我们有责任将专业学好，用科学文化知识来充实自己，做真正意义上的"卓越制药工程师"。

卓越之路，我在前行

岳志敏

时光过隙，去岁恍隔夜，又是一年，又值岁末，不禁回想这一年来的种种。

2016，这一年，是我觉得过得最快的一年，各种各样的课程、活动充满了我的生活，这一年忙碌又充实。

2016，这一年，参加了各种各样的课外活动，收获最大的当属卓越制药工程师试点班的培训。每次讲座都是老师精心准备的内容，听过之后加以整理，收益良多。从制药实训车间的理论讲解，到考研保研的常识，每次不一样的讲座内容都给我不一样的体验和收获。从学校的实验楼B区的制药模拟车间，到泰安之行参观更为全面化的制药模拟车间的各种仪器、国家认证的实验室，更是大开眼界。还有一些成功人士和师哥师姐的经验分享，也让我了解和掌握了许多的知识和捷径。试点班带给我了太多太多，让我长了知识，开了眼界，更明确了自己的目标和方向。在这一年真的收获颇多。

2016，这一年，也迎来了我们16级的小鲜肉们，和他们在一起相处一起常规训练，更是有意想不到的收获，感觉自己仿佛还在大一还有着那般朝气的心态。

2016，这一年正能量满满只可惜时光太快，这一年我更加坚强独立，这一年成长与感动比以往来的更加猛烈，这一年，真的收获了太多。

2017，又是崭新的开始，又是新的起点，这一年我会依然坚持，依然努力，不忘初心。希望我的卓越之路越来越不平凡，也希望可以在卓越制药工程师试点班可以收获到更多。

2017，我会更加确定好自己的目标，并且为着自己的梦想不断迈步前行，也会不断提醒自己，每天朝着梦想的方向给自己一个微笑，昂头挺胸，但也要留意沿途的风景，或许会有不一样的收获。

第八章　毕业生回访

为了全面掌握卓越制药工程师试点班的培养质量，我们对卓越制药工程师试点班的毕业生进行2次问卷调查回访，2018年6月进行了第1次调查回访，2020年9月进行了第2次调查回访。调查回访的目的在于为今后卓越制药工程师试点班的培养模式、培养方案和质量保证体系的改革提供科学依据。

一、2018年6月第1次调查回访

1.调查对象与方法

自制"卓越制药工程师试点班毕业生回访表"，问卷调查的内容包括：毕业生个人基本情况、工作单位性质、福利待遇、专业对口状况、深造意愿、跳槽意愿、下一步计划、在卓越班的收获等20项内容。调查对象为我校卓越制药工程师试点班2016、2017、2018届毕业生，共计20人，其中2016届8人、2017届7人、2018届5人。本次调查采用记名问卷调查方式，调查问卷由电子邮件的形式发送给毕业生，并电话逐一通知到毕业生本人。本次共发放调查问卷20份，回收问卷15份，有效问卷为15份，总回收率为75%。

2.调查结果与分析

（1）调查对象的基本情况。在本次回收到的15份有效调查问卷中，2016届毕业生5人、2017届的毕业生5人、2018届的毕业生5人。在15名毕业生中，女生占60%（9名），男生占40%（6名）。调查问卷的回收率分别为：2016届的回收率为62.5%、2017届的回收率为71%、2018届的回收率为100%，由此可见毕业生在试点班培养的时间越长，问卷的回收率越高。本次调查的问卷总回收率为75%，此数据属于正常数据，远远高于国内学者王梅[1]的55%和王志祥[2]的60%的同类研究数据。

（2）毕业生的工作性质。在被调查的毕业生中，攻读硕士研究生的占48%（7名），在国内药企工作的占27%（4名），外企医药代表占13%（2名），在政府工作的占6%（1名），复习考研的占6%（1名），如图1所示。由图1可知，毕业生去向最多的是继续攻读硕士学位，这部分学生占54%（48%+6%），在药企工作的学生的比例为27%。

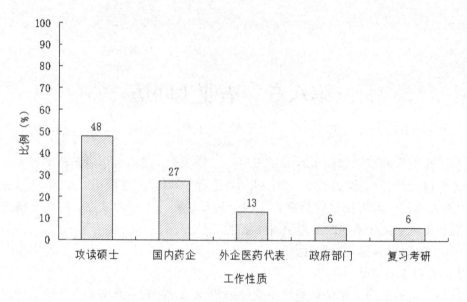

图8-1　毕业生的工作性质

（3）专业对口状况。专业完全对口的占53%（8名），专业基本对口的占33%（5名），专业不对口的占14%（2名）。近年来，高校毕业生专业不对口的现象较为普遍，但在本次调查中，毕业生的专业对口率较高，为86%（53%+33%）。制药工程专业是专业性较强的专业，本次调查结果表明学生现工作与在校所学专业吻合度较高，表明我校制药工程专业的培养方案科学合理。

（4）适应能力。适应能力很强的占6%（1名），适应能力较强的占94%（14名）。该数据表明，卓越试点班的学生适应能力较强，参加工作后能迅速投入到工作中，并不同程度地获得各种奖励。

（5）工作满意度。对目前工作或学习满意的占6%（1名），基本满意的占48%（7名），不满意的占46%（7名）。此项数据表明有近一半的毕业生对目前工作不满意。这提示我们今后要着重加强对学生的择业观教育和加强毕业前教育。

（6）继续深造意愿。有继续深造意愿的占87%（13名），无深造意愿的占13%（2名）。结果表明，当毕业生走向工作岗位后，由于工作环境的要求，毕业生必须继续学习，以获得晋升机会或增加收入。本次调查结果表明毕业生想继续深造的方式包括继续考取博士研究生、考取执业药师资格证、注册安全工程师等。

（7）是否想跳槽。有跳槽意愿的占80%（12名），无跳槽意愿的占20%（3名）。大学毕业生跳槽是一种普遍的社会现象，引发此现象的原因是多方面的，如发展空间小、晋升速度慢、待遇低等。但在本次调查中，虽然有80%的学生有跳槽的意愿，但截止到目前工作单位尚未发生变动。跳槽虽然是为了更好的发展，但就业后短期内离职对工作经验积累和专业技能提高不利，这提示我们在今后的工作中，要培养学生正确的择业观。

（8）在卓越班最大的收获。开阔眼界并提高各项能力的占73%（11名），学会踏实做人、认真做事的占27%（4名）。本项结果表明，卓越制药工程师试点班各个培养环节都能对毕业生有指导和帮助作用。

3.从卓越班毕业生回访结果探讨今后的工作重点

（1）提高学生的德育水平。用人单位不仅注重毕业生的专业技能，更注重员工的道德品质和职业素养，因此在今后的工作中，要继续加强对试点班学生德育的培养，以"诚信、敬业、责任"为重点搞好道德教育。

（2）培养学生正确的就业观。首先，督促学生尽快掌握用人单位所需要的专业技能，尤其需要着重提高实践技能。其次，督促学生尽快与用人单位融合。最后，学生在校期间可选修心理课程，并不断提高自身的调节能力和抗压性。

（3）建立毕业生回访长效机制。对试点班学生毕业后的就业和创业进行不定期地回访，建立健全对毕业生跟踪回访长效机制。

4.结语

通过本次对卓越制药工程师试点班三届毕业生的回访调查表明，卓越制药工程师试点班的毕业生在专业知识、实践技能、适应能力、继续深造等各方便均较强，表明这些学生在毕业时已经掌握了一定的专业技术知识及具备了一定的能力。今后卓越班的工作重点提高学生的德育水平、培养学生正确的就业观，同时建立毕业生的回访长效机制。

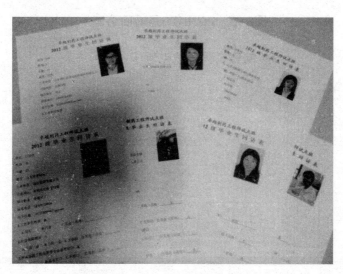

图8-2　2018年6月《回访表》

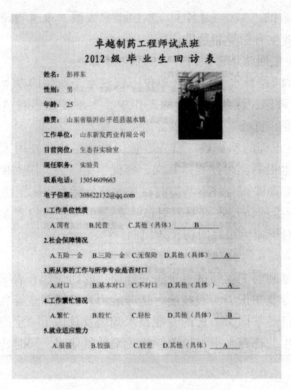

图8-3 2018年6月《回访表》

卓越制药工程师试点班毕业生回访表

2018年6月第1次《回访表》

姓名

性别

年龄

籍贯

工作单位

目前岗位

现任职务

联系电话

电子信箱

1.工作单位性质

A.国有　　B.民营　　C.其他（具体）

2.社会保障情况

A.五险一金　B.三险一金　C.无保险　D.其他（具体）

3.所从事的工作与所学专业是否对口

A.对口　　B.基本对口　C.不对口　D.其他（具体）

4.工作繁忙情况

A.繁忙　　B.较忙　　C.轻松　　D.其他（具体）

5.就业适应能力

A.很强　　B.较强　　　C.较差　　D.其他（具体）

6.对目前的工作是否满意

A.满意　　B.比较满意　　C.基本满意　　D.不满意

7.对目前的收入是否满意

A.满意　　B.比较满意　　C.基本满意　　D.不满意　　E.其他

8.目前有无继续深造的意愿及原因

9.目前有无跳槽的意愿及原因

10.在工作中取得的成绩及下一步的打算

二、2020年9月第2次调查回访

1.调查对象与方法

调查对象为山东中医药大学"卓越工程师试点班"所有毕业生。问卷调查的内容包括：毕业生个人基本信息、工作单位性质、工作变更情况、升学情况等内容。本次调查采用记名问卷调查方式，调查问卷由电子邮件的形式发送给毕业生，并且通过班级QQ群内发群消息和个人消息，保证逐一通知到毕业生本人。本次共发放调查问卷32份，回收问卷25份，有效问卷为25份，总回收率为78%。

2.调查结果与分析

（1）试点班学生毕业去向总体情况良好

表8-1　试点班学生就业去向

序号	姓名	专业班级	去向	单位及部门	备注
1	张姗姗	制药2012级1班	就业	山东新发药业有限公司质检检测部	
2	江艳成	制药2012级1班	就业	烟台东城药业集团股份有限公司助理科研员	跳槽1次
3	辛晓倩	制药2012级1班	升学后就业	齐都药业有限公司药物研发	硕士毕业就业
4	彭祥东	制药2012级1班	就业	山东新发药业有限公司生产车间	
5	宋传举	制药2012级2班	就业	高唐县琉璃寺镇人民政府镇长助理/党政办公室主任	
6	邓文贺	制药2012级3班	就业	拜耳公司医药代表	跳槽1次
7	胡超群	制药2013级1班	暂时待业	山东中医药大学	硕士毕业
8	樊闪闪	制药2013级1班	就业	郓城清华园初中化学教师	跳槽1次
9	孙笑蕾	制药2013级2班	就业	烟台盛悦医疗科技有限公司医疗器械销售	跳槽1次
10	马明珠	制药2013级4班	升学后就业	浙江省海洋开发研究所科研员	硕士毕业

11	林娜	制药2013级4班	就业	普蕊斯上海医药科技开发股份有限公司，临床协调员	跳槽1次
12	崔英贤	制药2013级4班	升学	北京大学，博士在读生物大分子核磁共振波谱学	硕士毕业读博
13	刘英男	制药2014级1班	升学	山东中医药大学，硕士在读药剂学	
14	秦乐	制药2014级2班	升学	浙江大学，硕士在读海洋药物学	
15	邢佰颖	制药2014级2班	升学	北京大学，硕士在读生药学	
16	蒲俊杰	制药2014级3班	升学	山东中医药大学，硕士在读药物分析	
17	郭登荣	制药2014级4班	就业	葛兰素史克中国投资有限公司医药代表	
18	刘奇	制药2015级1班	就业	辉瑞投资有限公司医药代表	
19	李文莉	制药2015级2班	就业	新疆生产建设兵团党政办	
20	高小鹏	制药2015级2班	就业	牟平中医院，药剂科	
21	吴锦	制药2015级3班	就业	江苏恒瑞医药医药代表	
22	杨丽莹	制药2015级4班	升学	沈阳药科大学，硕士在读药学专业	
23	郭梦	制药2015级4班	升学	中国海洋大学，硕士在读药理学	
24	熊乐文	制药2015级4班	升学	山东中医药大学，硕士在读中药学	
25	岳志敏	中药2015级4班	就业	山东省平原一中高中语文代课老师	

（2）就业方向与所学专业高度相关

试点班就业的学生多数进入本专业，从事中成药研发、生产与销售的高新技术企业，并且从事工作岗位与所学专业对口。

（3）继续深造的同学多去往国内知名高校

选择升学的毕业生中，升学单位主要有北京大学、北京协和医学院、浙江大学、中国药科大学、沈阳药科大学等国内知名高校，更高更好的平台更有利于学生的发展。

参考文献

[1]王梅,张建荣,李岩. 新疆医科大学药学院毕业生培养质量跟踪调查[J].药学教育,2018,34(1):75-79.

[2]王志祥.中国药科大学制药工程专业国标落实及专业认证工作交流[C].药学类专业教学质量国家标准解读会,2018.5.南京,中国药科大学

2020年9月第2次《回访表》

"卓越工程师"试点班毕业去向调查表

姓　名：	就业单位：
年　龄：	QQ号：
专　业：	微信号：
邮　箱：	电　话：

毕业去向

1.升学/就业：
2.升学（硕士）单位：
3.就业单位：
4.就业部门及职务：
5.工作单位性质：

工作变更

工作变更次数	就业单位	就业时间	所在职务
1			
2			
3			

现就业是否与专业相关：

该培养模式对就业是否有帮助：

升学情况

硕士研究方向：

是否考博：

博士学习单位：

博士研究方向：

所学是否与专业相关：

该模式培养对今后学习是否有帮助：

图8-4　2020年9月《回访表》

第九章 课题组取得的成绩

一、发表的教学论文

在课题实施的过程中，我们总结并整理了一些培养经验，形成教学论文并公开发表，以期对今后卓越制药工程师的培养提供参考和借鉴。具体的教学论文及被引情况如下（截至2021年4月27日）。

[1]陈新梅,周萍,王诗源.制药工程专业卓越工程师试点班课程体系设置研究[J].化工时刊,2013,27(10):56-58.　　　　　　　　　　　　　　　　　　被引：4

[2]陈新梅,周萍,王诗源,徐溢明.基于CDIO理念的"卓越制药工程师"企业培养方案研究[J].中国高等医学教育,2014(12):17-18.　　　　　　　　　　被引：6

[3]陈新梅,周萍,王诗源."卓越制药工程师培养教育计划"质量保证体系的构建[J].中国民族民间医药,2014,23(10):85,87.　　　　　　　　　　　　被引：2

[4]陈新梅,周萍,王诗源."卓越制药工程师"培养模式初探[J].药学研究,2014,33(4):239-240.　　　　　　　　　　　　　　　　　　　　　被引：4

[5]陈新梅,周萍,王诗源.制药工程专业"卓越工程师"试点班学生遴选与管理机制初探[J].中国民族民间医药,2014,23(3):85.　　　　　　　　　　　被引：4

[6]陈新梅,曲智勇,周萍.高校专业教师培育和践行社会主义核心价值观的途径初探[J].教育教学论坛,2016(41):36-37.　　　　　　　　　　　　　被引：1

[7]陈新梅,周萍,李颖.卓越制药工程师试点班毕业实习双向调查与分析[J].中医药导报,2017,23(19):126-128.　　　　　　　　　　　　　　　　被引：1

[8]毕建云,陈新梅,战旗,张宏萌,王桂美.对分课堂及PBL联合教学法在制药工程实训教学中的应用探索[J].山东化工,2017,46(2):83-84,87.　　　　　被引：2

[9]陈新梅,周萍,李颖,黄琼琼,王峻清.我校制药工程专业应届毕业生考研情况调查与分析[J].卫生职业教育,2017,35(3):105-106.　　　　　　　　被引：1

[10]陈新梅,周萍,徐溢明.制药工程专业学生毕业实习的调查与分析[J].山东化工2017,46(8):148-149.　　　　　　　　　　　　　　　　　　被引：1

[11]陈新梅,周萍,徐溢明.基于实践能力达成的评价方法在制药工程专业《药剂学实验》中的应用与评价[J].山东化工,2017,46(9):135-136.　　　　被引：2

[12]陈新梅,周萍,胡乃合,曲智勇,曲丽君,徐溢明."3+1"应用型卓越制药工程师培养过程中的问题及对策——以山东中医药大学制药工程专业为例[J].中医药导报,2018,24(4):128-131.　　　　　　　　　　　　　　　　　被引：4

二、获得的荣誉证书

在课题实施的过程中，我们把总结整理的经验形成成果并报奖，以期对今后卓越制药工程师的培养提供参考和借鉴。获得的荣誉情况如下所示。

[1]陈新梅,周萍,王诗源."卓越计划"视角下的制药工程专业建设实践与思考. 2015年校优秀教学论文一等奖–20150612.

[2]陈新梅,周萍,王诗源,徐溢明.基于CDIO理念的"卓越工程师"企业培养方案研究. 2015年山东省优秀论文一等奖证书–20150901.

[3]陈新梅,周萍,曲智勇.卓越制药工程师虚拟试点班动态分层管理的探索与实践. 2016校级优秀教研论文一等奖证书–20161101.

[4]陈新梅,周萍,曲智勇,林桂涛,田景振,容蓉,李颖,周长征,战旗,马山."卓越制药工程师"培养阶段性回顾及展望. 2016校级优秀教研论文二等奖证书–20161101.

[5]陈新梅,周萍,胡乃合,曲智勇,林桂涛,刘健,周长征,田景振,容蓉,李颖.基于CDIO理念的卓越制药工程师培养模式的研究与实践. 2017年校级教学成果三等奖–20170501.

[6]郭辉,陈新梅,周萍,段章好,赵元.浅谈提高本科生毕业论文质量的对策与方法. 齐齐哈尔教学会议论文二等奖–20170722.

[7]陈新梅.制药工程专业学生毕业实习的调查与分析. 2017年《山东化工》优秀论文–1–20171218.

[8]陈新梅.基于实践能力达成的评价方法在制药工程专业《药剂学实验》中的应用于评价. 2017年《山东化工》优秀论文–2–20171218.

[9]陈新梅.卓越制药工程师试点班毕业生回访结果分析与思考. 2018年校优秀论文优秀奖–20180615.

[10]陈新梅,周萍,曲智勇,林桂涛,田景振,容蓉,李颖,周长征,战旗."卓越制药工程师"培养阶段性回顾及展望. 2019山东省医学会优秀教学论文2等奖–20190701.

[11]陈新梅,周萍,胡乃合,曲智勇,曲丽君,徐溢明."3+1"应用型卓越制药工程师培养过程中的问题与对策——以山东中医药大学制药工程专业为例. 2019山东省医学会优秀教学论文3等奖–20190701.

[12]陈新梅,丁志远,徐爱萍,高雅,曲缘章,陈娜,刘欣欣,王婷婷,王雯雯,赵沐晨.山东中医药大学药学院制药系卓越教师团队.山东省"我的好老师"一等奖–20190624.

图9-1　获奖证书

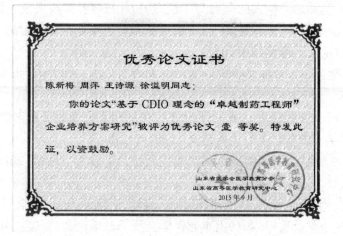

图9-2　获奖证书

图9-3　获奖证书

图9-4 获奖证书

图9-5 获奖证书

图9-6　获奖证书

图9-7　获奖证书

图9-8　获奖证书

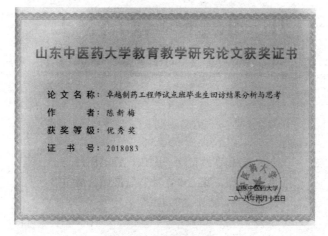

图9-9　获奖证书

图9-10　获奖证书

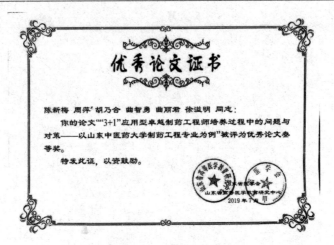

优秀论文证书

陈新梅 周萍' 胡乃合 曲智勇 曲丽君 徐溢明 同志：

你的论文““3+1”应用型卓越制药工程师培养过程中的问题与对策——以山东中医药大学制药工程专业为例”被评为优秀论文叁等奖。

特发此证，以资鼓励。

山东省医学会
山东省高等医学教育研究中心
2019 年 7 月

图9-11 获奖证书

山东省教育厅
山东广播电视台

鲁教师函〔2019〕10 号

山东省教育厅 山东广播电视台
关于公布“我的好老师”短视频获奖名单
的通知

各市教育（教体）局，各高等学校：

为深入贯彻《中共中央国务院关于全面深化新时代教师队伍建设改革的意见》（中发〔2018〕4 号）精神，广泛宣传和展现我省教师立德树人、爱岗敬业、无私奉献的良好形象，营造全社会尊师重教的浓厚氛围，山东省教育厅、山东广播电视台印发了《关于开展“我的好老师”短视频征集活动的通知》（鲁教师函〔2018〕20 号），经个人提交、作品初选和专家评审，共评出特等奖 10 件、一等奖 59 件、二等奖 100 件、三等奖 148 件、优秀

图9-12 获奖证书

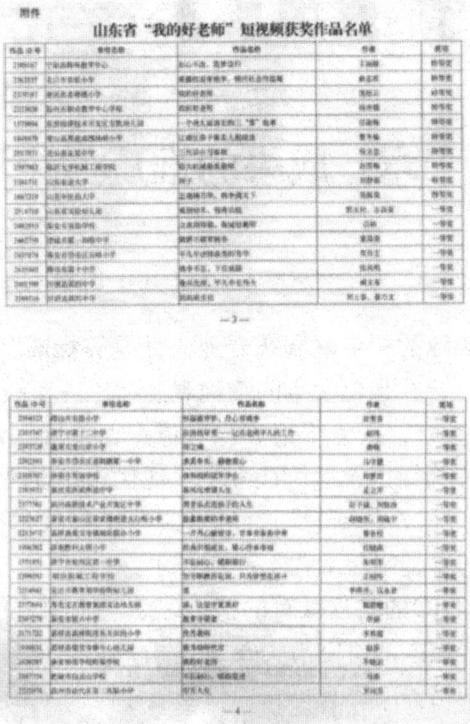

图9-13　获奖证书

图9-14　获奖证书

第十章　成果的推广与应用

一、取得的成果

1.制定了符合我校实际的"卓越制药专业人才培养标准"　本项目制定了"制药工业人才培养标准",旨在强化学生的工程观念、工程实践能力、工程设计能力、计算机应用能力和创新能力,致力于培养德智体全面发展、掌握药学知识、化学工程、机械工程和管理工程等知识,适应社会主义现代化建设所需要的基础扎实、视野开阔、学风严谨、实践力强、创新意识、胜任制药工程技术研发、设计、施工、运行、维护、管理等工作的卓越制药工程工程师人才。

2.培养模式突出了CDIO的工程教育的核心理念　本项目所提出的"基于CDIO理念的卓越制药工程师培养模式的研究与实践"充分利用学校和企业的优势教育资源,构建适合卓越制药工程师培养的模式——"分段培养模式 + 校企联合培养模式 + 双师培养模式"。该培养模式强调了学生的实践能力、创新能力和国际化视野的培养。同时该模式强调了制药工程专业和人才实践能力培养的"做中学、学中做"的工程教育理念。以具体的项目为突破口,强调"基于问题的学习""基于项目的学习""基于案例的学习""主动学习""合作学习",使工程教育中"做与学""工与学"充分结合,突出了学生在实践中的主体地位。根据卓越工程师的培养要求,强化理论和实践的结合,推进企业现场教学、工程项目教学、工程实学案例教学等教学方法和手段,以制药工程技术能力为培养重点,使培养出的学生熟悉药物及制剂的产品研发、工艺流程、生产设备、质量控制,同时了解企业文化、管理模式、工程设计、运行方式等具备工程意识、工程素质、工程实践能力的卓越制药工程师。

3.工程实践能力和工程素养的培养

(1)掌握GMP基本知识　我校拥有GMP模拟车间,面积约1500平方米左右。GMP模拟车间承担着《制药机械设备与车间工艺设计》和《制药工程实训》等课程的实训课程的教学任务。课题组充分利用校内的GMP模拟车间,要求试点班成员利用课余时间进入GMP车间进行学习。通过学习,试点班成员掌握了GMP车间的设计理念、车间布局、卫生管理、制药用水、空气净化、空调系统、照明系统等GMP基本知识。

(2)掌握大型制药设备基本知识　我校GMP模拟车间,拥有粉碎机、混匀机、微粉机、压片机、滴丸机、胶囊填充机等大型制药仪器设备、能满足临床常用的散剂、颗粒剂、片剂、胶囊剂、滴丸、口服液等剂型的生产。课题组充分利用校内的GMP模拟车间的制药设备,要求试点班成员利用课余时间进入GMP车间进行学习。通过学习,试点班成员掌握了粉碎机、混匀机、微粉机、压片机、滴丸机、胶囊填充机等大型制药仪器设备的构造、验证和生产过程等基本知识。

（3）**学习常规制剂的中试生产** 以《制药工程实训》为依托，要求试点班成员观摩安胃片、安神胶囊、银黄口服液、六味地黄丸、健胃消食片、感冒清热颗粒、咽立爽口含滴丸等制剂的中试生产和质量检验。

（4）**学习制药车间工艺仿真设计软件** 学习"制药车间工艺仿真设计软件"，该软件以制剂工艺流程为主线，借助多媒体技术，仿真药物制剂的生产过程。该软件共包括三部分内容，第一部分为临床常用剂型包括片剂、胶囊剂、颗粒剂、丸剂、注射剂、口服液等剂型的车间布局、生产工艺和《药品生产质量管理规范》（GMP）验证要点。第二部分为常用质检仪器和制药设备，包括：常见固体制剂质量评价仪器、粉碎设备、筛分设备、提取设备、干燥设备。第三部分内容为常规制剂生产关键工序的视频。

（5）**拓宽学生的工程视野** 2016年7月9日，"卓越制药工程师"试点班的同学赴泰安市山东医药技师学院进行参观和学习。试点班同学们依次参观了GMP实训车间、化学合成实训车间、生物发酵实训车间、中药文化博物馆、食品药品检测中心。此次参观拓宽了学生的工程视野。

（6）**工程素养的培养** 2016年4月28日下午，卓越制药工程师试点班举办了"制药工程师严谨作风的培养"专题讲座。讲座由济南昕佰科学仪器有限公司张庆宣工程师主讲。讲座从实验室常用仪器的使用为切入点，以"企业管理的5S理念——整理、整顿、清扫、清洁、素养"为中心，讲解如何构建工程素养。

（7）**了解大型制药企业生产运行管理** 2016年6月3日，卓越制药工程师试点班举办了"现代大型制药企业车间管理及安全生产"的专题讲座。此次讲座由邢济东工程师主讲。讲座以"六味地黄丸的生产"为例，介绍了丸剂车间布局、丸剂生产工艺流程、生产运行管理、产品质量控制、安全生产、生产事故处理、现代企业管理等内容。

（8）**假期专业实践** 试点班成员在假期进行专业实践，实践的地点选择药厂、药房、药店、实验室等与自身专业密切相关的单位进行专业实践，并撰写《假期专业实践报告》。专业实践的内容涉及新药研发、制剂新技术、炮制、煎药、制剂调剂、制剂贮存、制剂销售等专业内容。

（9）**试点班学生药企实习** 试点班学生在制药企业完成毕业实习，制药企业分别为：迪沙药业集团、山东明仁福瑞达制药股份有限公司、山东西王药业有限公司、烟台鲁银药业有限公司、华润三九临清药业、新发药业等。学生在制药企业实习时间为3-6个月，实习的形式是"顶岗实习"。每位学生配备学校导师一名、企业导师一名。学生实习完毕后完成《卓越制药工程师培养手册》的撰写。

4.创新能力的培养

鼓励试点班学生积极申报校SRT项目，并对予以立项的学生给予实验指导、指导科研论文和教学论文的写作和发表。鼓励试点班学生积极申报校挑战杯。通过专题讲座，了解药品专利申请的重要性、药品专利的分类、专利申请需要提交的主要文件、撰写注意事项、专利审查流程、专利检索方法等内容。试点班的崔英贤、马明珠、孟颖等三位同学参加山东大学、沈阳药科大学和苏州大学的暑期夏令营活动。

5.国际化视野的提升

邀请海外背景的专业教师、留学生、外语教师等对试点班学生进行国际化视野的培训，目前学生已经了解日本、加拿大和美国的制药行业发展和医药教育状况。同时鼓励试点班学生参加国外知名专家的讲座，以开阔视野和提高专业知识水平。

6. 组建"卓越制药工程师试点班"

试点班采用"虚拟"试点班形式，采用"动态""分层"管理模式。本研究中的试点班为虚拟班，即是在原有的行政班级的基础上、通过遴选优秀学生组建的"虚拟"试点班，即不打破原有的行政班级而独立设置的、进行部分环节特殊培养的教学环节班，虚拟班的成员既属于原有的班级也属于试点班，有专门的老师负责管理虚拟班。虚拟班按"卓越工程师培养教育计划"的培养原则进行培养。这种试点班具有更大的公平性和灵活性。试点班实行"动态化"管理。试点班所有学生经过审核和面试合格后进入虚拟试点班学习；对达不到阶段学习目标的学生以稳妥的方式退出试点班；对有意进入试点班学习的学生，经全面考核后可进入试点班学习。

7. 培养模式具有多层次、全方位、立体式的特点

本项目提出的卓越制药工程师的培养模式遵循教育规律和人才培养规律。是在教育部"卓越制药工程师的培养目标"指导下确定的、符合我校实际情况、具备不同层次的教学目标，在充分利用现有校内外资源的基础上，使教学目标、教学内容、教学手段和教学进程有机融合、循序渐进、最终达到预定目标。

二、教学成果的推广

1.卓越班学生走上讲台、进入课堂

2017年6月3日，制药工程专业学生，试点班成员，走进《生物制药工艺学》课堂。

图10-1　试点班学生进入普通班课堂

2.参观齐鲁制药

2017年9月28日，制药工程专业学生，走进齐鲁制药。

图10-2　制药工程专业学生走进制药企业

图10-3　试点班学生走进制药企业

3.试点班成员走进"制药工程专业新生专业导学课"

2017年10月17日和2017年10月20日，试点班学生走入"2017级制药工程专业新生专业导学课"。

图10-4 "卓越理念"走进制药工程专业新生导学课

图10-5 "卓越理念"走进制药工程专业新生导学课

图10-6 "卓越理念"走进制药工程专业新生导学课

图10-7　"卓越理念"走进制药工程专业新生导学课

4. 教学论文被引情况（截至2021年2月18日）

表10-1　课题组论文被引情况

序号	论文题目	作者	期刊	发表时间	被引次数
1	制药工程专业卓越工程师试点班课程体系设置研究	陈新梅,周萍,王诗源	化工时刊	2013	4
2	基于CDIO理念的"卓越制药工程师"企业培养方案研究	陈新梅,周萍,王诗源,徐溢明.	中国高等医学教育	2014	6
3	"卓越制药工程师培养教育计划"质量保证体系的构建	陈新梅,周萍,王诗源	中国民族民间医药	2014	2
4	卓越制药工程师培养模式初探	陈新梅,周萍,王诗源	药学研究	2014	4
5	制药工程专业"卓越工程师"试点班学生遴选与管理机制初探	陈新梅,周萍,王诗源	中国民族民间医药	2014	4
6	高校专业教师培育和践行社会主义核心价值观的途径初探	陈新梅,曲智勇,周萍	教育教学论坛	2016	1
7	卓越制药工程师试点班毕业实习双向调查与分析	陈新梅,周萍,李颖	中医药导报	2017	1
8	对分课堂及PBL联合教学法在制药工程实训教学中应用探索	毕建云,陈新梅,战旗,张宏萌,王桂美.	山东化工	2017	2
9	我校制药工程专业应届毕业生考研情况调查与分析	陈新梅,周萍,李颖,黄琼琼,王峻清.	卫生职业教育	2017	1
10	制药工程专业学生毕业实习的调查与分析	陈新梅,周萍,徐溢明	山东化工	2017	1
11	基于实践能力达成的评价方法在制药工程专业《药剂学实验》中的应用与评价	陈新梅,周萍,徐溢明	山东化工	2017	2
12	"3+1"应用型卓越制药工程师培养过程中的问题及对策——以山东中医药大学制药工程专业为例	陈新梅,周萍,胡乃合,曲智勇,曲丽君,徐溢明	中医药导报	2018	4

5.高树中校长对"卓越工程师"培养模式给与肯定

山东中医药大学校长高树中教授在《培养一流中医药人才　谱写传承创新发展新篇章》（山东教育/高教2019年11月）一文中提到"创新人才培养模式，开设扁鹊班并成立扁鹊书院，积极探索中医全科制，惠民班等多元化培养模式，邀请国内名老中医专家和教育专家，启动齐鲁名医课堂和鹊华讲堂。深化高级专门人才培养模式改革，推进卓越工程师、卓越中医师人才培养模式创新"。

高质量发展论坛

GAOZHILIANGFAZHANLUNTAN

培养一流中医药人才
谱写传承创新发展新篇章

□ 高树中

近日，习近平总书记对中医药工作作出重要指示，新中国第一次中医药大会召开，开启了中医药传承创新发展的新征程。中医药学凝聚着深邃的哲学智慧和中华民族几千年的健康养生理念及其实践经验，是中国古代科学的瑰宝，也是打开中华文明宝库的钥匙。新时代只有坚定中医药文化自信，培养一流中医药人才，健全中医药服务体系，实现中医药现代化产业化，推动中医药文化创造性转化创新性发展，才能实现中医药高质量发展。

坚持中医思维，坚定中医药文化自信

习近平总书记指出，"中医药是我国各族人民在长期生产生活和同疾病作斗争中逐步形成并不断丰富发展的医学科学，是我国具有独特理论和技术方法的体系"。中医药文化凝聚着中国传统文化的精髓，是我国文化自信的深厚根基。中医的背景是文化，思维是哲学，理论是科学，临床是技术。理论层面，中医药学强调"天人合一""阴阳五行"，提倡"三因制宜""辨证论治"，倡导"大医精诚""仁心仁术"，将中华优秀传统文化的哲学智慧、思维方式及人文精神有机融合；实践层面，中医药学强调养生"治未病"，在长期的发展过程中积

累了丰富的养生理念和方法，形成了独具特色的中医养生文化。

习近平总书记高度重视中医药文化建设，在多个重要场合推介、宣传中医药文化。我们要通过文化凝心聚力，为社会发展开山拓路。新时代，振兴中医药文化的前提，就是坚定中医药文化自信，坚定中医药理论自信、学术自信和中医药临床实践自信，搞好中医药的传承和创新。"文化自信是一个国家、一个民族发展中更基本、更深沉、更持久的力量。"中医药人要肩负好传承、保护、发展中医药文化的时代使命，为人类的健康事业作出应有贡献。

坚持内涵建设，推动中医药人才培养体系改革

实现内涵建设，就要以需求为导向精准对标国家地方重大战略，不断优化专业布局。紧紧围绕山东省新旧动能转换重大工程，山东中医药大学积极推进专业建设与产业需求对接，新增医学院、康复学院、健康学院，新增健康服务与管理、眼视光医学、听力与言语康复学等社会急需专业，3个专业获批山东省教育服务新旧动能转换专业对接产业项目立项。创新人才培养模式，开设"扁鹊班"并成立扁鹊书院，积极探索中医全科班、惠民班等多元化培养模式，邀请国内名

老中医专家和教育专家，启动"齐鲁名医课堂"和"鹊华讲堂"。深化高级专门人才培养模式改革，推进"卓越工程师""卓越中医师"人才培养模式创新。

注重创新创业教育，学校获得全国创新创业典型经验高校50强荣誉称号，连续3年蝉联中国大学生服务外包创新创业大赛一等奖，勇夺第四届中国"互联网+"大学生创新创业大赛金奖。打造特色鲜明的大学生创业孵化基地，被中国工程院院士张伯礼认为在"中医药院校中具有示范引领作用"，先后被评为山东省大学生创业孵化示范基地、山东省备案众创空间等。坚持开放办学、合作办学，成功立项国家中医药管理局国际合作专项——中国-波兰中医药中心，该中心致力于服务中医药发展，以波兰为中心，辐射中东欧地区，开展康复医疗、教育培训、科学研究、健康旅游等综合性中医药服务，引领全省高校在"一带一路"建设上取得了实质性突破。学校立足济南国际医学科学中心，与美国俄勒冈州太平洋大学合作建设中美眼科与视光医学院，联合培养具有国际水准的高端眼视光人才。

健全中医药服务体系，全方位全生命周期保障人民健康

提高中医药服务能力，要实现

图10-8 高树中校长的论文首页

附录一　试点班名单

"卓越制药工程师试点班"名单公示

姓 名	学 号	班 级
岳志敏	20153425	中药学 2015 级 4 班
刘 奇	20153701	制药工程 2015 级 1 班
李文莉	20153818	制药工程 2015 级 2 班
高小鹏	20153837	制药工程 2015 级 2 班
吴 锦	20153917	制药工程 2015 级 3 班
郭 梦	20154053	制药工程 2015 级 4 班
熊乐文	20154038	制药工程 2015 级 4 班
杨丽莹	20154024	制药工程 2015 级 4 班
刘英男	20148731	制药工程 2014 级 1 班
邢佰颖	20148780	制药工程 2014 级 2 班
秦 乐	20148772	制药工程 2014 级 2 班
蒲俊杰	20148816	制药工程 2014 级 3 班
郭登荣	20148868	制药工程 2014 级 4 班
樊闪闪	20136646	制药工程 2013 级 1 班
胡超群	20136665	制药工程 2013 级 1 班
宋传举	20136728	制药工程 2013 级 2 班
孙笑蕾	20136707	制药工程 2013 级 2 班
孟 颖	20136784	制药工程 2013 级 3 班
崔英贤	20136818	制药工程 2013 级 4 班
林 娜	20136830	制药工程 2013 级 4 班
马明珠	20136820	制药工程 2013 级 4 班
江艳成	20128273	制药工程 2012 级 1 班
庞倩倩	20128281	制药工程 2012 级 1 班
彭祥东	20128282	制药工程 2012 级 1 班
张姗姗	20128306	制药工程 2012 级 1 班
辛晓倩	20128297	制药工程 2012 级 1 班
崔轶达	20128320	制药工程 2012 级 2 班
孙 琪	20128345	制药工程 2012 级 2 班
邢春玲	20128360	制药工程 2012 级 2 班
邓文贺	20128378	制药工程 2012 级 3 班
杨丽敏	20128484	制药工程 2012 级 4 班
康 松	20128445	制药工程 2012 级 4 班

药学院
2016年4月15日

附录二 试点班学生发表的论文

第 30 卷第 3 期
2016 年 3 月

化工时刊
Chemical Industry Times

Vol. 30, No. 3
Mar. 3. 2016

doi: 10.16597/j. cnki. issn. 1002 – 154x. 2016.03.006

氧化苦参碱对四氯化致大鼠慢性
肾损伤保护作用的初步研究

崔英贤　陈新梅　郭　辉　段章好

（ 山东中医药大学药学院，山东 济南 250355）

摘　要　将实验大鼠随机分为正常对照组、四氯化碳（ CCL$_4$）肾损伤模型组及氧化苦参碱组，各组动物分别造模并给药，8 周后处死并检测血清中尿素氮（ BUN）及肌酐（ SCr）含量，计算肾脏指数，同时观察动物体重及摄食量变化情况。结果显示，模型组大鼠与对照组大鼠相比，尿素氮和肌酐均显著升高，分别为（7.30 ± 1.44）mmol/L,（29.86 ± 3.24）mmol/L; 氧化苦参碱组大鼠与模型组大鼠相比，尿素氮和肌酐均降低，分别为（6.16 ± 1.19）mmol/L,（21.63 ± 5.26）mmol/L。

关键词　氧化苦参碱　四氯化碳　肾损伤

Protective Effect of Oxymatrine on Chronic Renal
Injury Induced by Four Chloride in Rats

Cui Yingxian　Chen Xinmei　Guohui　Duan Zhanghao

（ College of Pharmacy, Shandong University of Traditional Chinese Medicine, ShangDong Jinan 250355）

Abstract　The experimental rats were randomly divided into the normal control group, the carbon tetrachloride（ CCL$_4$）kidney injury model group and the Oxymatrine group. All animals were modeling and administration. After 8 weeks they were sacrificed and serum urea nitrogen（ BUN）, and creatinine（ SCr）content, kidney index was calculated. The animal body weight and food intake changes were observed. The results showed that the rats in the model group compared with the control group of rats, urea nitrogen and creatinine were significantly increased, respectively（ 7.30 ± 1.44）mmol / L,（ 29.86 ± 3.24）mmol/L. Compared with oxymatrine group and model group rats, urea nitrogen and creatinine were reduced, respectively（ 6.16 ± 1.9）mmol / L（ 21.63 ± 5.26）mmol / L.

Keywords　Oxymatrine　Carbon tetrachloride　Renal injury

氧化苦参碱（ 苦参素, oxymatrine, OMT）是从中药苦参、苦豆子、广豆根中提取的喹诺里西啶类生物碱，具有抗病毒、抗心脑血管疾病、抗炎、抑制脏器纤维化、抗寄生虫、抗肿瘤、镇痛、调节免疫系统等作用[1-3]。其中抗氧化、抗纤维化和抗肿瘤作用是近年来国内外关注的焦点。目前临床上尚无有效的抗肾纤维化的药物,氧化苦参碱因其独特的抗脏器纤维化的药理作用而具有极大的临床应用潜力。陈晨等[4]研究发现一定浓度氧化苦参碱在抑制肾纤维化上可达到与苯那普利同样的效果。同时氧化苦参碱对高糖诱导的大鼠肾小管上皮–间充质转化具有抑制作用[5]。由此可推测,氧化苦参碱对肾损伤具有很好的保护作用。本实验采用四氯化碳灌胃的方法诱导大鼠肾损伤模型[6],初步探索氧化苦参碱对肾功能

收稿日期: 2016 – 01 – 05

基金项目: 山东省高校中医药抗病毒协同创新中心课题（ XTCX2014C02 – 05）; 山东省教育厅 2015 年度山东省本科高校教学改革研究项目（ 2015M189）; 山东省卓越工程师教育培养计划项目 [鲁教高字 [2013] 3 号];

作者简介: 崔英贤（ 1994 ~）, 女, 本科, 从事中新药制剂与剂药新技术研究; 通讯作者: 陈新梅（ 1973 ~）, 女, 博士, 副教授, 硕导, 研究方向: 中药新制剂与制药新技术研究, E – mail: xinmeichen@126.com

化工时刊　2016. Vol. 30，No. 3

的保护作用。

1　材　料

1.1　动物

雄性 SD 大鼠，体重 150～170 g。由山东鲁抗医药股份有限公司质检中心实验动物室提供。动物合格证编 SCXK（鲁）20140007。

1.2　试剂

氧化苦参碱（陕西昂盛生物医药科技有限公司，批号：US150415）；四氯化碳（天津市富宇精细化工有限公司，批号：20140922）分析纯。橄榄油（上海嘉里食品工业有限公司，批号：20150624）。戊巴比妥钠（上海化学试剂采购供应站分装厂，批号：86 – 01 – 22）。

1.3　仪器

JY1002 分析天平（上海精密科学仪器有限公司），FA1004 型电子天平（上海舜宇恒平科学仪器有限公司），B320A 型医用低速离心机（安徽县白洋离心机场），5821 型 AU5800 全自动生化分析仪（BECK-MAN COULTER）。

2　方　法

2.1　动物分组及模型制备

健康雄性 SD 大鼠 33 只，于实验室环境下适应环境 3 天，随机分为正常对照组、CCL_4 肾损伤模型组及氧化苦参碱组（54 mg/kg）。实验过程中除正常对照组外，各组动物灌胃 10% CCL_4 橄榄油 0.5 mL/100g 体重，每周 2 次，正常对照组灌胃等量生理盐水，造模同时每日给药一次，共 8 周。

2.2　动物处理

实验过程中观察大鼠体重变化，并记录每日摄食量。实验结束前，动物禁食 12 h，各组大鼠戊比妥钠麻醉后腹主动脉取血，以 3 000 r/min 离心 10 min，分离血清，以全自动生化测定仪检测血清中 BUN 及 SCr 含量。取肾脏，称重，做组织病理学检查。

3　结　果

3.1　体重变化

在实验开始的第 1 天、第 10 天、第 37 天、第 56 天称量各组大鼠体重，体重变化结果见图 1。由图 1 可以看出各组体重均明显增长，其中，模型组增长较

为缓慢。

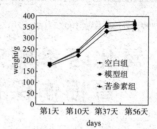

图 1　大鼠体重变化
Fig 1　Changes of body weight in rats

3.2　摄食量变化

实验中各组大鼠每日摄食量变化如图 2。由图可以看出，造模当天每组大鼠的摄食量均有所下降，说明 CCL_4 造模时对大鼠摄食量有所影响，氧化苦参碱每日摄食量逐渐低于其他组，初步怀疑药物影响动物摄食量。

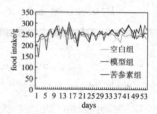

图 2　大鼠摄食量变化
Fig 2　Changes of food intake in rats

3.3　肾脏指数

大鼠腹主动脉取血后将动物处死，取出肾脏，用 0.9% NaCl 溶液冲洗，滤纸拭干后称重，计算肾脏指数。计量数据以 $x \pm s$ 表示，采用 t 检验。以 $p < 0.05$ 为差异有统计学意义。结果表明，各组大鼠肾脏指数无统计学差异。说明，实验所选四氯化碳造模剂量未对大鼠肾脏质量产生较大影响，同时氧化苦参碱临床用量不会对动物肾脏质量产生较大影响。

3.4　血清 BUN、SCr 含量

以全自动生化测定仪检测血清中 BUN 及 SCr 含量。采用 SPSS11.0 软件进行统计学处理，计量数据以 $x \pm s$ 表示（n = 11），采用 t 检验。以 $p < 0.05$ 为差异有统计学意义。结果见表 1。

表 1 结果表明，模型组大鼠血清 BUN（7.30 ± 1.44）、SCr（29.86 ± 3.24）的活性增强，明显高于正

— 22 —

常对照组（$P < 0.05$），造模成功；氧化苦参碱组大鼠血清 BUN（6.16 ± 1.19）、SCr（21.63 ± 5.26）的活性明显低于模型组，说明氧化苦参碱对 CCL$_4$ 所致大鼠慢性肾损伤具有一定的保护作用。

表 1　各组大鼠血清中 BUN、SCr 含量比较
Table 1　Comparison of BUN and SCr in serum of rats in each group

组别	BUN（mmol/L）	SCr（mmol/L）
正常对照组	5.77 ± 1.09	23.63 ± 5.31
模型组	$7.30 \pm 1.44^{*}$	$29.86 \pm 3.24^{*}$
氧化苦参碱组	$6.16 \pm 1.19^{\#}$	$21.63 \pm 5.26^{\#}$

注：与正常对照组比较，$* \ p < 0.05$，$** \ p < 0.01$，与模型组相比较，$\# p < 0.05$，$\# p < 0.01$

4　结果与讨论

肾脏通过生成尿液及粪便的方式将机体代谢产物排出体外，是机体最主要的排泄器官，用于维持机体正常的生命活动。CCL$_4$ 是典型的亲肝毒物质，但对肾脏具有同样的亲嗜性损伤效应[7]。有报道 CCL$_4$ 导致大鼠肾组织脂肪和蛋白质氧化损伤，引起肾组织中超氧化物歧化酶（SOD）及过氧化氢酶（CAT）活性的显著升高，诱发尿路结石并引起细胞凋亡[8]。降低 CCL$_4$ 肾脏清除自由基的能力，增强细胞的脂质过氧化，导致肾细胞损伤[9]。

研究发现中药提取物氧化苦参碱能够有效地抗肾纤维化，对肾损伤的治疗具有较大的临床应用潜力。研究显示，氧化苦参碱可以通过降低肾间质中胶原 I（collagen I，Col I）及纤维连接蛋白（fibronectin，FN）表达的水平等作用，抑制细胞外基质（extracellular matrix，ECM）在肾间质中的过度沉积，从而达到抗肾间质纤维化的作用[10,11]。陈晨等[12]研究发现氧化苦参碱可能通过干预阿霉素大鼠肾组织中核因子 $-\kappa$B/抑制性 κB 信号通路而抑制肾纤维化的发生从而起到保护肾脏的作用。刘丽荣等[5]发现氧化苦参碱可抑制高糖诱导的肾小管上皮 - 间充质转化，其机制可能与氧化苦参碱抑制转化生长因子 β_1（TGF $-\beta_1$）/Smads 信号通路的致纤维化效应有关。

BUN 及 SCr 作为机体蛋白质的代谢产物，是反映肾脏排泄功能和肾组织损伤程度的重要指标。我们的实验表明，CCL$_4$ 可引起大鼠血清 BUN 及 SCr 水平的显著升高，造成大鼠肾组织损伤。氧化苦参碱明显地降低了 CCL$_4$ 肾损伤模型大鼠血清 BUN 及 SCr 的活性，可初步推测氧化苦参碱对致大鼠 CCL$_4$ 慢性肾损伤具有一定的保护作用。目前，临床上氧化苦参碱主要用于肝损伤的治疗，对其肾损伤保护作用的机制正处于研究探索阶段。

参考文献

[1]　石磊，史丽娟. 中药单体——氧化苦参碱药理作用研究新进展[J]. 山西医药杂志，2015，2(44)：123 - 126.

[2]　杨钰萍，沈祥春. 氧化苦参碱药理作用的研究进展[J]. 中国医院药学杂志，2009，5(29)：405 - 406.

[3]　蒋合众. 苦参碱及氧化苦参碱药理作用和制备方法研究进展[J]. 实用中西医结合临床，2007，1(7)：89 - 90.

[4]　陈晨，金玉. 氧化苦参碱对阿奇霉素大鼠慢性肾纤维化组织中核因子 $-\kappa$B 表达的影响[J]. 南方医科大学学报，2007，27(3)：345 - 348.

[5]　刘丽荣，李霜，王圆圆，等. 氧化苦参碱抑制高糖诱导的大鼠肾小管上皮 - 间充质转化及其机制研究[J]. 中国病理生理杂志，2013，29(12)：2152 - 2159.

[6]　黄庆红，罗明英，王歧本. 藤茶总黄酮对四氯化碳所致大鼠肾损伤保护作用的初步研究[J]. 现代生物医学进展，2009，13(9)：2454 - 2455.

[7]　刘捷，刘德金，乔飞鸿，等. 四氯化碳致鸡肝脏和肾脏损伤实验动物模型的建立[J]. 南京农业大学学报，2008，31(3)：117 - 120.

[8]　王晓红，张卫光，田珑，等. 四氯化碳诱导大鼠肾细胞凋亡的研究[J]. 解剖学报，2006，6(37)：673 - 676.

[9]　阳建莹，李文良，李先华，等. 四氯化碳诱发大鼠肾损伤的机制研究[J]. 工业卫生与职业病，2012，6(38)：336 - 338.

[10]　米绪华，龚春，马爱景，等. 氧化苦参碱对单侧输尿管梗阻大鼠模型肾间质纤维化的影响[J]. 四川医学，2009，5(30)：620 - 622.

[11]　姚钢炼，宁宁，高登峰，等. 氧化苦参碱在大鼠肾间质纤维化进程中的保护作用[J]. 西安交通大学学报，2006，3(27)：254 - 257.

[12]　陈晨，金玉. 氧化苦参碱防治慢性肾纤维化机理的实验研究[J]. 陕西中医，2014，1(35)：106 - 109.

第 30 卷第 5 期
2016 年 5 月

化工时刊
Chemical Industry Times

Vol 30 , No 5
May 5 2015

doi: 10.16597/j.cnki.issn.1002 – 154x.2016.05.016

制药工程专业新生对专业认知及职业规划的调查与分析

崔英贤　陈新梅　曲智勇　李颖　史磊

(山东中医药大学药学院,山东　济南　250355)

摘　要　向山东中医药大学 2015 级制药工程专业新生发放调查问卷,分析问卷反馈信息了解山东中医药大学制药工程专业新生对所学专业的认知度及职业规划。制药工程专业新生对所学专业的了解程度及感兴趣程度普遍较低;且在校半年内较少参与创新、创业实践活动;现阶段,对于毕业后的规划 82% 的人选择考研,关于就业规划 46% 的人希望进入工作较稳定的国有企业;64% 的学生表示希望参与"卓越制药工程师计划"为自己争取更多的实践机会。制药工程专业新生迫切需要学校对其专业认知及职业规划的系统引导,"卓越制药工程师计划"的推广实施将在此发挥重要作用。

关键词　制药工程　新生　专业认知　职业规划　调查分析

大一新生正处于从高中生到大学生的过渡期,由于我国目前在中等教育阶段极少涉及对大学专业及课程的引导,学生对大学所选专业的认知较为模糊[1],学生对所选专业的低认知度将直接影响其感兴趣程度,只有学生自己具有学习意愿,才能产生内驱动力,进而提高学习效能[2]。同时大一新生处于心理"断奶期",对新事物的接受意识不强,刚开始接受大学这种"海阔凭鱼跃,天高任鸟飞"的环境难免感到迷茫。本调查旨在了解制药工程专业大一新生初入大学对所学专业的认知度、感兴趣程度及对未来的规划,深刻分析产生这种现象的原因并给出适宜的解决方案。

1　资料与方法

1.1　调查对象

山东中医药大学 2015 级制药工程专业新生,4个班级共 254 名新生。

1.2　调查方法及内容

本研究采用问卷调查的方式。通过对本校部分制药工程专业新生在校情况的了解,收集有关大一新生心理特点及对专业认知、职业规划的资料,结合对相关文献的整理分析,自编了《2015 级制药工程专业学生调查表》。问卷采用主观题与客观题相结合的形式,主要包括 7 个方面的内容:① 选择本校及本专业的原因;② 对制药工程专业的了解程度;③ 对制药工程专业的感兴趣程度;④ 在学期间的创新、创业意识及尝试;⑤ 英语水平及学习规划;⑥ 大学毕业后发展方向;⑦ 就业单位的性质。本调查以班级为单位,在规定时间内当场完成,当场收回。为保证学生个人隐私,问卷一律匿名填写。

1.3　问卷利用情况

共发放调查问卷 254 份,回收 243 份,回收率为96%,有效回收 241 份,有效回收率为 99%。

2　调查结果

2.1　专业认知度及感兴趣度调查结果

2.1.1　选择本校及本专业的原因

为全面了解大一新生择校、择专业的具体原因,本题设计为完全开放性试题。结果显示,选择本校的原因有:个人意愿、专业对口、家庭原因、朋友推荐、被

收稿日期: 2016 – 04 – 30
基金项目: 山东省教育厅 2015 年度山东省本科高校教学改革研究项目(2015M189) ;山东省卓越工程师教育培养计划项目(鲁教高字[2013]3 号)
作者简介: 崔英贤(1994 ~) ,女,本科生;通讯作者:陈新梅(1973 ~) ,女,博士,副教授,硕导。主要从事中药新制剂与制剂新技术研究。E – mail:
xinmeichen@126.com。

— 50 —

2016. Vol. 30, No 5 化工时刊

调剂、其他。其中76%的学生表示因个人意愿而选择本校,另有4%的同学明确表示因制药工程专业而选择本校;选择本专业的原因:个人兴趣、专业前景好、家庭原因、被调剂、其他。由调查结果可知,影响学生择校、择专业的因素较多,大多数学生能完全按自己意愿进行选择,但也有相当一部分同学的选择受到家人意愿、高考分数、就业前景等各种外在因素的影响。

2.1.2 对制药工程专业的了解程度

"对制药工程专业的了解程度"的调查结果显示:68%的学生表示"了解",30%的学生表示"不了解",仅2%的学生表示"非常了解";"对我国制药行业在世界所处水平的了解程度"的调查结果显示:67%的学生表示"了解",33%的学生表示"不了解",然而,没有学生表示"非常了解"。

2.1.3 对制药工程专业的感兴趣程度

制药工程专业新生中有35%的学生表示对制药工程专业"非常感兴趣",他们认为制药工程专业就业前景好、发展潜力大、所学知识实用性强;另外65%的学生的感兴趣程度为"一般";没有学生对所学专业"不感兴趣"。

2.2 创新、创业及学习规划调查结果

2.2.1 在校半年内进行的创新尝试

关于是否在初入大学的半年时间内进行过创新尝试的调查显示:新生中仅9%的学生表示尝试过创新活动,主要为实验助手、大学生研究训练(SRT)计划项目[3]、本草手工作品等。另外91%的学生表示从未参与过创新活动,原因主要有两个:一、刚进入新的环境,对于大学时光应如何度过感到迷茫,不知道如何去寻找机会参与创新活动;二、时间安排不合理,忙于其他课外活动而忽略了创新实践。

2.2.2 在校半年内进行的创业尝试

关于是否在初入大学的半年时间内进行过创业尝试的调查显示:30%的学生表示参与过创业实践,如:代购、微商、发传单、家教、在超市工作等。另外70%未参与过创业实践的学生则表示比较担心这些活动会占用大量的学习时间且家长不支持。

2.2.3 英语水平及学习规划的调查结果

仅3%的学生表示自己英语水平"非常好",87%的学生认为自己英语水平"一般",另外10%的学生表示自己英语水平"很差"。对于今后的英语学习规划,大多数学生比较倾向于通过看美剧、背单词等方式自学。由于新生尚未进行英语等级考试,很难正确估量自己的实际英语水平。且大学教育摆脱了"填鸭式"的教育模式,非英语专业学生的英语课程相对较少,需要充分利用课余时间给自己"充电",然而,多数新生没能做到合理地安排大量的空闲时间[4],难以形成良好的学习习惯。

2.3 未来发展规划调查结果

2.3.1 本科毕业后发展方向

82%的学生选择考研,他们认为读研是药物研究人员的必经之路,可以增长知识、提高能力,同时,高学历可以给他们带来更多且更好的就业机会。9%的学生选择就业,主要有三个方面的原因:①家庭经济条件有限,需要尽快工作来减轻家庭负担。②个人观念,认为大学毕业后已有足够的能力在社会上拼搏。③没有继续深造的意愿。另外9%的学生则表示暂时还没有考虑过这个问题,他们认为大一阶段对专业形势了解较少且对为来发展感到迷茫,需要一定的观望时间。

2.3.2 就业单位性质的选择

46%的学生表示希望进入国有企业,原因是工作较稳定,未来有保障;31%的学生则选择去外企工作,原因是外企工资高待遇好、辐射范围广、视野开阔、能够提升个人能力;6%的学生表示愿意进入私人企业,他们认为私企发展潜力大、工资较高、管理灵活;倾向于自己创业的学生占10%,专业知识的支持及国家政策的鼓励让他们有较大的创业信心。另有7%的学生选择其他方式。

2.3.3 是否愿意加入"卓越制药工程师试点班[5]"

64%的学生表示"很愿意",34%的学生表示担心过多的活动会影响学习而"持观望态度",仅5%的学生表示"不愿意"。

3 讨 论

调查发现,影响新生择校、择专业的原因多样,既有高考分数的限制,也家人的干预。被调查者中仅68%的学生表示"了解"制药工程专业,且仅67%的学生表示"了解"我国制药行业在世界所处水平,可见,新生对制药工程专业的认知程度较低,迫切需要社会与学校的共同引导。由于初入大学环境,多数学生难以很快适应大学教育中提倡的"自主发展"与

— 51 —

化工时刊　2016. Vol. 30, No 5

教改论坛

"多向发展"模式,在校半年内,91%的学生表示从未尝试参与创新实践;70%的学生表示因怕耽误学习而不愿尝试参与创业实践;仅3%的学生表示自己的英语水平"非常好",却几乎没有学生可以给自己设计一个系统、合理的学习规划。然而,大学教育不同于初高中教育最主要的一点在于大学教育给学生更多的时间和自由去创新、去实践、去培养所学知识与社会需要接轨的能力,显然,大多数学生很难自主做到这一点。与美、日等国不同,大学生创业创新对我国来说是一株新生的幼苗,需要政府、高校、社会不同角度、不同程度的支持[6],创新创业教育是促进大学生实现自身价值的驱动力[7],为适应学生需要,高校应积极开展对新生的指导教育工作,给学生更多深刻地了解制药工程专业的机会、切实提高学生的创新创业意识。

由大一新生对毕业后发展方向的调查结果可知,82%的学生表示为了获得更多、更好的就业机会打算读研深造,仅9%的学生选择就业;且46%的学生表示为了获得稳定、有保障的工作环境,希望进入国有企业。造成这一现象的原因可能是大学阶段实践机会较少限制了学生的发展,让其感觉自身能力难以适应社会的需要,只能选择继续读书深造。为切实培养制药工程专业学生的实践能力,我校积极加入教育部于2009年启动的"卓越工程师培养教育计划"[8],从政策、制度、经费、师资和质量等方面给予制药工程专业极大的支持[9],并设立"制药工程专业卓越工程师"试点班,旨在培养"未来工业界的精英人才,工程技术领域的拔尖人才",大力加强对学生工程素养和工程实践能力的培养[10],使之适应社会需要。听了有关试点班的宣传讲解,64%的学生表示非常愿意加入该项目,且希望试点班进一步扩大,以使更多学生受益。

4　结　语

大学一年级学生是当代中、高等教育衔接的主体,受自身条件、社会制度、教育环境等因素的限制,其对所选专业的认知度较低,职业规划不系统,需要学校相关政策的支持与指导。我校制药工程专业于2013年入选"山东省卓越工程师教育培养计划项目",并于2016年正式启动该项目试点班,旨在培养学生的实践能力,适应了学生需求。笔者相信该项目会将使更多学生受益于知识与实践相结合的教育模式,树立正确的人生观和价值观,并推动制药行业的发展。本次调查结果可为今后我校制药工程专业人才培养提供参考。

参考文献

[1] 王蔚虹. 高校大一新生转专业的意向调查及动因分析 [J]. 高等理科教育,2010,(6) : 60～62.

[2] 苏强,张东,周健民 等. 本科生转专业问题的调查分析 [J]. 高等工程教育研究,2016,(1) : 97～102.

[3] 陈新梅. SRT 在大学生创新能力培养中的地位和作用 [J]. 卫生职业教育,2013,31(24) : 13～14.

[4] 李安娜. 浅谈大学新生适应期的适应障碍与调试 [J]. 亚太教育,2016,(2) : 25.

[5] 陈新梅,周萍,王诗源. 制药工程专业"卓越工程师"试点班学生遴选与管理机制初探 [J]. 中国民族民间医药杂志,2014,23(224) : 85.

[6] 王翼宁,张璟. 我国大学生创业创新事业的发展对策——基于国内外举措的比较研究 [J]. 科技管理研究,2016,(2) : 224～228.

[7] 艾华,周彦吉,赵建磊 等. 创新创业教育对大学生就业竞争力的作用研究 [J]. 高教发展研究,2016,(3) : 26～29.

[8] 陈新梅,周萍,王诗源 等. 基于 CDIO 理念的"卓越制药工程师"企业培养方案研究 [J]. 中国高等医学教育,2014,(12) : 17～18.

[9] 陈新梅,周萍,王诗源. "卓越制药工程师培养教育计划"质量保证体系的构建 [J]. 中国民族民间医药杂志,2014,(10) : 85.

[10] 陈新梅,周萍,王诗源. 制药工程专业卓越工程师试点班课程体系设置研究 [J]. 化工时刊,2013,27(10) : 56～58.

药学研究 · Journal of Pharmaceutical Research 2016 Vol.35,No.9　　　　　　　　　　　　　　　· 553 ·

GMP 模拟车间在制药工程专业人才培养中的应用研究

崔英贤,陈新梅,林桂涛,周长征,马山

(山东中医药大学药学院,山东 济南 250355)

摘要:目的　探讨 GMP 模拟车间在制药工程专业人才培养中的地位和作用。**方法**　通过对 GMP 模拟车间及制药工程专业教育现状进行分析,突出 GMP 模拟车间在提高制药工程专业人才培养质量方面的地位和作用,并以山东中医药大学为例展示现阶段 GMP 模拟车间的建设进程及教学成果。**结果与结论**　目前,我国制药工程专业本科教育存在实践平台缺失、实践机会少、学生动手能力差等一系列问题,因此,各高校应重视 GMP 模拟车间的建设,全面提升制药工程专业人才培养质量,为我国制药行业的长足发展注入更加优质的人才资源。

关键词:GMP 模拟车间;制药工程专业;人才培养

中图分类号:G642　**文献标识码**:A　**文章编号**:2095-5375(2016) 09-0553-003

doi:10.13506/j.cnki.jpr.2016.09.018

The role and function of GMP simulation workshop in the talent training of pharmaceutical engineering major

CUI Yingxian,CHEN Xinmei,LIN Guitao,ZHOU Changzheng,MA Shan

(*College of Pharmacy,Shandong University of Traditional Chinese Medicine,Jinan 250355,China*)

Abstract: Objective　To discuss the role and function of GMP simulation workshop in talent training of pharmaceutical engineering major.**Methods**　The current situations of GMP simulation workshop and pharmaceutical engineering education were analyzed to highlight the role and function of GMP simulation workshop in improving the quality of talent training of pharmaceutical engineering major and Shandong University of Traditional Chinese Medicine was taken as an example to demonstrate the construction process and teaching results of the GMP simulation workshop at the present stage.**Results and Conclusion**　At present,there were a series of problems,such as lack of practice platform,few practice opportunities,poor ability of students in the undergraduate education of pharmaceutical engineering major in our country. Therefore,universities should pay attention to the construction of GMP simulation workshop,and comprehensively improve the quality of pharmaceutical engineering major,for the rapid development of Chinese pharmaceutical industry to inject more high-quality personnel resources.

Key words: GMP simulation workshop; Pharmaceutical engineering major; Talent training

　　GMP 模拟车间是为了提高制药工程专业学生实践能力和提升制药人才培养质量而建设的校内实训基地。GMP 模拟车间的设计建造不仅要符合学校教育的特点与现阶段高等教育模式相结合;而且要参照制药企业 GMP 车间标准,能够较真实的还原药品生产及车间管理的全过程。目前,我国大部分高校正积极开展 GMP 模拟车间的建设工作。自开办制药工程专业以来,我校便大力开展制药实训车间的建设工作,并于 2015 年,对原有实训车间进行升级改造,实现了在原有实验室单项技能训练的基础上,按照专业岗位对基本技术技能和教学大纲要求进行综合模拟训练的教学改革。

1 目前制药工程专业人才培养不足之处

1.1　实践机会不足,学生参与程度较低　实践教学是大学本科教育中不可忽视的重要环节,尤其对要求具有极强实践经验的制药工程专业来说必不可少[1]。现阶段,各高校普遍

基金项目:山东省教育厅 2015 年度山东省本科高校教学改革研究项目(No.2015M189) ;山东省卓越工程师教育培养计划项目(No.鲁高字[2013]3 号)

作者简介:崔英贤,女,研究方向:制药工程,E-mail: 996827567@ qq.com

通信作者:陈新梅,女,博士研究生,副教授,硕士生导师,研究方向:中药新制剂与制剂新技术研究,Tel: 13065016189,E-mail: xinmeichen@ 126.com

药学研究 · Journal of Pharmaceutical Research 2016 Vol.35 ,No.9

存在严重地理论教学与实践训练脱节的情况,学生的实践机会较少。且部分高校实践基地的规模和资源有限,即使在实践课上,也只有少部分人有机会真正动手、亲身实践,学生的参与程度较低。

1.2 学生的动手能力亟待提升 21 世纪是一个丰富知识与先进技术并驾齐驱的时代,学生仅靠理论知识难以在对应用技能要求极强的制药行业内占得先机,动手能力的高低俨然已经成为决定其未来职业适应性的关键因素。现阶段,我国的主导教育模式仍是"理论为主,实践为辅",学生缺乏动手创造的机会,动手能力亟待提升。培养制药工程复合型人才是建设和谐社会和我国制药工程事业发展的需求[2]。因此,制药工程教育应注重学生动手能力的培养,这就要求各高校积极出台相应政策,给学生提供更多的动手机会及更好的实践环境。

1.3 迫切需要实践平台 1998 年教育部对高校专业设置进行调整宣布开设制药工程专业,经过十几年的发展,全世界开设该专业本科教育的高校已达 200 余所[3],不断扩大的教育规模对制药工程人才培养的质量提出了更高的要求,也逐渐暴露出了轻视实践教学的弊端。本科阶段,学生迫切需要锻炼能力、巩固知识的实践平台,GMP 模拟车间的建设与使用将填补学生实践机会缺失的漏洞。目前,大部分高校正积极着手开展以现代化的 GMP 实训中心为平台,突出"现场教学",培养适应社会需要的各类应用型人才的重要改革[4]。

2 GMP 模拟车间在制药工程专业人才培养中的应用

2.1 GMP 模拟车间在制药工程人才培养中的地位

2.1.1 GMP 模拟车间是制药工程专业实践教学的重要组成部分 实践教学是工程类专业本科教育的重要环节,教育部于 2001 年、2005 年、2007 年分别在《关于加强高等学校本科教学工作提高教学质量的若干意见》(高教[2001]4 号)、《关于进一步加强高等学校本科教学工作的若干意见 》(高教[2005]1 号)、《关于深化本科教学改革全面提高教学质量的若干意见》(高教[2007]2 号) 等 3 份文件中对实践教学改革问题的关注从"要重视"到"大力加强"再到"高度重视",充分体现了国家教育部门对高校实践教学的重视程度。

我院 GMP 模拟车间参照制药企业 GMP 车间标准设计施工,占地面积 1 500 m²,包括更衣室、缓冲室、暂存室、称量室、丸剂室、提取室、胶囊填充室、瓶装室等,车间内装有空调系统、通风系统、防火系统、应急照明、电话、互锁门控制系统等。除配备有切药机、炒药机、制粒机、压片机、制丸机、包衣机、胶囊机等常规制药设备外,还装有较先进的超临界萃取装置、多功能提取浓缩机组、超微粉碎机、微型铝塑泡罩包装机、喷雾干燥机等,可以完成颗粒剂、丸剂、滴丸、片剂、胶囊剂、口服液等剂型的制备及包装。对于应用型专业而言,实践教学在培养具有创新意识和实践能力的复合型人才的过程中具有重要的地位和作用[5]。GMP 模拟车间是为制药工程专业量身定制的实践平台,可以极其真实地再现药厂生产的工艺流程及车间管理模式,是制药工程专业实践教学的重要组成部分。

2.1.2 GMP 模拟车间是制药工程专业培养创新型人才的重要平台 在卓越工程师培养的大背景下[6],要实现使学生在本科阶段具备优秀的工程素质,形成一定的创新意识和创新思维这一目标,必须在实践教学中加强对学生自主学习能力、应用专业知识解决实际问题的能力以及创新能力的培养和锻炼[7]。创新源于实践,GMP 模拟车间在给学生提供更多实践机会的基础上,打破了传统的纯理论输入的教学格局,使学生在动手生产的同时能充分发挥个人的创造力去解决生产实践中遇到的各种现实问题,创新意识和创新思维便随之产生。因此,GMP 模拟车间是制药工程专业培养创新型人才的重要平台。

2.1.3 GMP 模拟车间是制药工程专业培养应用型人才的助力器 GMP 模拟车间的设计参照药品生产企业的 GMP 认证要求,车间内配备常规生产设备,给学生提供了零距离体验生产实践的机会,使学生在本科阶段就能比较清晰地了解药品生产企业的生产工艺流程,为其毕业后尽快适应制药企业的工作环境打下了基础,成为我国制药行业应用型人才培养的强大助力。

2.2 GMP 模拟车间在制药工程专业人才培养中的作用

2.2.1 GMP 模拟车间有助于促进制药工程专业理论与实践的结合 GMP 模拟车间现场教学集理论性、生动性于一体,打破了传统的专业化知识强制"灌输"的教学模式。在车间内,学生不仅可以和老师一起动手参与药品的生产,在生产实践中发现问题、解决问题,还可以通过现场教学回顾课堂知识,促进理论知识与生产实践的结合。

2.2.2 GMP 模拟车间可以改变枯燥的工科类学科内容,提高学生的学习兴趣 我校制药工程专业所开设的《制药机械设备与车间工艺设计》和《制药工程实训》等课程具有较强的实践性,对制药机械设备、车间设计及制药工艺流程的描述仅靠枯燥的书面图画及课程 PPT 动画演示难以让学生很好地理解,也难以引起学生的兴趣。GMP 模拟车间的建立很好地解决了这一问题,在车间内,学生就是生产人员,必须亲身投入药品生产的每一个流程,这不仅可以满足学生的好奇心,还极大地提高了学生对工程类学科的学习兴趣。

2.2.3 GMP 模拟车间有助于培养学生的合作意识及创新意识 GMP 模拟车间内的实训活动本身就是拓展训练(又称:体验式学习) 的一种演变。拓展训练不仅能够培养大学生的团队信任意识和凝聚力,而且能够培养大学生的团队合作能力[8]。在车间内进行模拟生产的过程中无论是药物有效成分的提取还是药品的加工生产,每一道工序都需要多人合作完成,突破了传统课堂教学中相对独立的学习方式,给学生提供了相互了解、帮助及合作的平台,有利于合作意识的培养。同时,实训教学给学生提供了充足的自由发展空间,不要求学生墨守成规,重点是找到更好的解决问题的方法,有利于学生个人潜能的充分发挥。另外,在合作过程中,不同学生、不同思维之间的碰撞更易激发创新的"火花"。

2.2.4 GMP 模拟车间是制药工程专业学生的微型实习基地,可以增强其胜任企业工作的能力 实习是学生适应职业药学研究·Journal of Pharmaceutical Research 2016 Vol.35, No.9　　　　　　　　　　　　　　　　　　　　· 555 ·

需求,理论联系实际的必要途径。由于 GMP 生产规范的严格要求,各制药企业对车间工作人员的管理也更加严格,这使得学生进入企业实习的机会变得越来越少[9]。GMP 模拟车间的建立,可以为学生提供规范化的工程实践平台,使学生在校园里就能够进行专业实习,更加全面地了解药品生产的工艺流程、车间的结构设计及相关生产设备的关键操作,增强了其胜任企业工作的能力,极大地缩短了毕业生从事实际工作的适应期。

3　结语

重视制药工程专业 GMP 模拟车间的建设,是提高制药工程专业教学质量的重要举措[10]。在 GMP 模拟车间的支持下,我校实训课程的成功开展使学生在车间生产的真实情境下完成了生产实践与理论知识的高度结合,通过实践操作使学生更加深刻的了解了药品生产的工艺路线,加深了对药品企业化生产概念的理解,提早适应了企业生产的规程。GMP 模拟车间为制药工程专业复合型人才的培养搭建了良好的平台,实现了人才培养与社会需要的完美对接。GMP 模拟车间以真实的生产情境和具体的单元操作过程为切入点,使学生对原本感觉枯燥的专业知识产生了新的兴趣,激起了学生的求知欲望及创新意识,增强了其胜任企业工作的能力,是制药工程专业实践教学的重要组成部分。

参考文献:

[1]　蔡秀兰,孔繁晟,贲永光.以工程实践能力培养为导向加强制药工程专业建设[J].广东化工,2016,43(1):164,169.

[2]　张园园,王乾,郭慧,等.复合型制药工程专业人才培养模式探索[J].广州化工,2015,43(16):223-225.

[3]　张英,吴献跃,王春怡,等.制药工程专业(中药方向)存在的问题[J].广东化工,2015,42(6):187-188.

[4]　汪福源,何小荣,唐宁.浅谈 GMP 实训车间现场教学[J].新西部(中旬刊),2015(13):141-142.

[5]　刘明贵.实践教学在应用型本科高校人才培养中的地位和作用[J].高等农业教育,2010(2):6-9.

[6]　林健.面向世界培养卓越工程师[J].高等工程教育研究,2012(2):1-15.

[7]　王浩程,冯志友,王文涛,等.基于工程创新教育的实践教学体系探索[J].实验室研究与探索,2014,33(1):182-185.

[8]　耿文光,陈学东,吕后刚.拓展训练对于提升大学生团队合作意识路径探究[J].当代体育科技,2015,5(17):3-4.

[9]　杨桂秋,孟艳秋,刘学贵,等.构建多元化本科制药工程专业实践教学体系[J].药学教育,2014,30(4):50-52.

[10]　周云,余霞,张玲,等.药物制剂 GMP 实训教学仿真软件使用的研究[J].药学研究,2015,34(6):363-364.

(上接第 531 页)

未知杂质总峰面积的和不得大于对照溶液的峰面积的两倍(0.2%),结果见表 4。

表 4　盐酸莫西沙星氯化钠注射液有关物质检查试验结果

批号	杂质 A	杂质 B	杂质 C	杂质 D	杂质 E	未知杂质	总杂
130201	-	-	0.02%	-	-	0.04%	0.06%
130202	-	-	0.02%	-	-	0.04%	0.06%
130203	-	-	0.02%	-	-	0.04%	0.06%

3　讨论

取盐酸莫西沙星对照品、盐酸莫西沙星氯化钠注射液,分别制成 5 μg·mL^{-1} 的溶液,取空白溶液,同法配制。照紫外-可见分光光度法[《中国药典》2015 年版(四部)]在 190~400 nm 波长范围内对以上各溶液进行扫描,结果显示盐酸莫西沙星对照品溶液、盐酸莫西沙星氯化钠注射液均在 293 nm 处有最大吸收。空白溶液无干扰,故选择 293 nm 作为盐酸莫西沙星有关物质检查的波长[8]。

在本色谱条件下,盐酸莫西沙星与各已知杂质以及各杂质之间分离度良好,并通过方法学验证,证明本方法检查盐酸莫西沙星氯化钠注射液有关物质的专属性强、灵敏度高、准确可靠、重现性好、分离效

果好。

参考文献:

[1]　马好斌.HPLC 法测定盐酸莫西沙星含量及其有关物质[J].中国现代药物应用,2012,6(23):119-120.

[2]　梁瑾,陈晓丹,杨新星.盐酸莫西沙星氯化钠注射液与注射用米卡芬净钠配伍禁忌分析[J].按摩与康复医学,2015,6(11):75-76.

[3]　刘怀新,周东丽,句宝龙.HPLC 法测定盐酸莫西沙星注射液杂质含量及其稳定性[J].山西大同大学学报(自然科学版),2014,30(3):41-43.

[4]　隋海超,崔芹芹,孙秀芹.盐酸莫西沙星搽剂的制备及质量控制[J].药学研究,2013,32(1):32-33.

[5]　徐颖,吴琼珠,柯学.HPLC 法测定盐酸莫西沙星含量及其有关物质[J].中国药科大学学报,2012,43(1):46-50.

[6]　王庆娟,王秀娟,郭彦玲.盐酸莫西沙星的合成研究[J].齐鲁药事,2011,30(12):683-684.

[7]　国家药典委员会.中华人民共和国药典 2015 年版(四部)[S].北京:中国医药科技出版社,2015.

[8]　曹云.高效液相色谱法测定莫西沙星有关物质的方法研究[J].精细化工原料及中间体,2011(6):19-20.

第 30 卷第 11 期
2016 年 11 月

化工时刊
Chemical Industry Times

Vol. 30,No. 11
Nov. 11. 2016

工艺·试验
《Technology & Experiment》

doi: 10. 16597/j. cnki. issn. 1002 – 154x. 2016. 11. 006

正交试验优选菊花总黄酮的提取工艺

秦　乐　陈新梅　邢佰颖　岳志敏　段章好　郭　辉

(山东中医药大学药学院,山东 济南 250355)

摘　要　选择提取温度、料液比、提取时间、提取次数 4 个因素,采用 $L_9(3^4)$ 正交试验,以菊花的总黄酮含量作为指标,进行筛选。通过正交试验筛选菊花总黄酮的最佳提取工艺。通过正交实验选择的提取工艺即提取温度 100 ℃,料液比 1:40,提取时间 20 min,提取次数 3 次时总黄酮含量最高可达 11. 21%,对于菊花总黄酮的提取工艺的选择具有一定的意义。

关键词　菊花　正交试验　总黄酮　提取工艺

Study on Extraction Technology for Total Flavonoids from Chrysanthemum by Orthogonal Design

Qin Le　Chen Xinmei　Xing Baiying　Yue Zhimin　Duan Zhanghao　Guo Hui
(College of Pharmacy, Shandong University of Traditional Chinese Medicine; ShangDong Ji'nan. 250355)

Abstract　The extraction technology of total flavonoids from Chrysanthemum was optimized by orthogonal design. The extraction technology was optimized by orthogonal experiment design $L_9(3^4)$ with extraction temperature, the ratio of raw material and solution, the time of extracting, extraction times as factors using the content of total flavonoids from Chrysanthemum as index to evaluate. The extraction technology choosed by orthogonal design was as follous: the extraction temperature was 100 ℃, the ratio of raw material and solution was 1:40, the time of extracting was 20 min, the extraction times was 3 by water extraction. The content of total flavonoids from Chrysanthemum could reach to 11. 21%, which was significant to the extraction technology of total flavonoids from Chrysanthemum.

Keywords　Chrysanthemum　Orthogonal Design　total flavonoids　Extraction Technology

菊花是菊科、菊属的多年生宿根草本植物,有清热解毒、疏风明目、平肝凉血等功效。利用现代研究手段已经从菊花里分离到黄酮、萜类及有机酸等化学成分[1]。黄酮类化合物具有抗菌、抗炎、抗氧化、抗突变、抗癌等作用[2],对降低肝细胞内胆固醇水平也

有重要作用[3]。黄酮类化合物已普遍应用于医药、食品加工等方面,通常采用磷脂复合物提高其天然活性成分的溶解性能,从而提高生物利用度[4]。本试验首次运用三乙胺作为菊花黄酮的显色剂对其进行含量测定,并采用临床运用最为广泛的提取方法水提

收稿日期:2016 – 10 – 16
基金项目:山东省教育厅 2015 年度山东省本科高校教学改革研究项目(2015M189);山东省卓越工程师教育培养计划项目(鲁教高字[2013]3 号)。
作者简介:秦乐(1995 ~),女,本科,研究方向:中药新制剂与制药新技术研究。通讯作者:陈新梅(1973 ~),女,博士,副教授,硕导,研究方向:中药新制剂与制药新技术研究,E – mail: xinmeichen@ 126. com

— 18 —

2016. Vol. 30, No. 11 化工时刊

法[5]对菊花总黄酮的提取工艺进行研究,旨在获得水提法提取菊花总黄酮的最佳提取工艺。

1 试药与仪器

1.1 仪器

UV-5100 紫外可见光分光光度计(上海元析仪器有限公司);恒温不锈钢水浴锅(上海树立仪器仪表有限公司);KQ-250DE 型数控超声波清洗器(昆仑市超声仪器有限公司);JM-A3002 电子天平(诸暨市超泽衡器设备有限公司)。

1.2 试药

芦丁标准品(上海源叶生物科技有限公司,批号:Y01M7S10307),三乙胺(天津市科密欧化工有限公司,批号:20150420)分析纯,95% 乙醇(天津市富宇精细化工有限公司,批号:20150725)分析纯,菊花(太和县绿源百草药业有限公司,经山东中医药大学李宝国老师鉴定为菊科怀菊)。

2 方法与结果

2.1 标准溶液的配制

精密称取芦丁标准品 2.04 mg,置于 10 mL 容量瓶中,加甲醇约 30 mL,置水浴上微热使溶解,放冷,加甲醇稀释至刻度,摇匀,即得每 1 mL 含 0.204 mg 芦丁的对照品溶液,备用。

2.2 最大吸收波长的选择

精密量取芦丁对照品 2 mL,样品溶液 5 mL。芦丁加入 10 mL 甲醇再加 1% 三乙胺溶液定容至 25 mL,样品溶液加入 7 mL 纯化水,再加 1% 三乙胺溶液定容至 25 mL。以溶液为空白,在 190～800 nm 波长范围内扫描,芦丁标准品与供试品均在 395 nm 处有最大吸收波长。即选择测定波长为 395 nm。

2.3 标准曲线的建立

精密称取芦丁对照品 2.0 mg 于 10 mL 容量瓶中,用甲醇溶解并稀释至刻度,摇匀。精密量取此溶液于 10 mL 容量瓶中,配成浓度为 1,5,10,20,50,100,200 μg/mL 的样品。精密量取各浓度的芦丁对照品溶液 2 mL 置于 25 mL 容量瓶中,加 10 mL 甲醇,再加 1% 的三乙胺溶液定容至 25 mL,以溶剂为空白,在 395 nm 处测吸光度,以吸光度(A)为纵坐标,质量浓度(c)为横坐标进行线性回归。线性回归方程为 $A = 0.0297c - 0.0011$,相关系数 $R^2 = 0.9996$,表

明芦丁标准品溶液在浓度为 0.08～16 μg/mL 范围内浓度与吸光度的线性关系良好。

2.4 正交设计

影响菊花总黄酮含量的因素主要有提取温度(A)、料液比(B)、提取时间(C)、提取次数(D),故以这四个影响因素的 3 个水平[6],采用 $L_9(3^4)$ 正交表进行实验,以菊花总黄酮的含量为评估标准进行考察。

表 1 因素水平表
Table 1 Factor and Level

水平	A 提取温度/℃	B 料液比	C 提取时间/min	D 提取次数/次
1	60	1:20	20	1
2	80	1:40	40	2
3	100	1:60	60	3

表 2 正交试验表及结果
Table 2 Arrangement and Results of Orthogonal Test

试验编号	A	B	C	D	总黄酮含量
1	1	1	1	1	0.82
2	1	2	2	2	4.95
3	1	3	3	3	10.36
4	2	1	2	3	8.44
5	2	2	3	1	2.33
6	2	3	1	2	9.18
7	3	1	3	2	7.05
8	3	2	1	3	11.21
9	3	3	2	1	7.55
K1	16.13	16.31	21.21	10.70	
K2	19.95	18.49	20.94	21.18	
K3	25.81	27.09	19.74	30.01	
$\overline{K1}$	5.38	5.44	7.07	3.57	
$\overline{K2}$	6.65	6.16	6.89	7.06	
$\overline{K3}$	8.60	9.03	6.58	10.00	

由表 2 分析,在所选因素水平范围内,通过正交实验和数据处理结果表明,影响总黄酮含量提取的因素主次顺序为:D > B > A > C,即提取次数 > 料液比 > 提取温度 > 提取时间。考察 A、B、C、D 四个因素在三个水平上的变化,得出最佳提取条件为 A3B2C1D3,即温度 100 ℃,料液比 1:40,提取时间 20 min,提取次数 3 次时总黄酮含量最高,为 11.21%。

由方差分析表 3 可见,因素 A,B,D 对试验结果有显著性影响,综合后选择 A3B2C1D2 为最佳提取条件,即采用水提取法,在温度为 100 ℃时加入 40 倍蒸馏水,提取 20 min,提取次数为 3 次。 (下转第 35 页)

— 19 —

60(4) : 1 347 ~ 1 354.

[62] Schinzer S, Kinzel W. Modelling sublimation by computer simulation: morphology – dependent effective energies [J]. Surface Science, 1998, 401(1) : 96 ~ 104.

[63] Morgan N T, Zhang Y, Grandbois M L., et al. [J]. Organic Electronics, 2015, 24: 212 ~ 218.

[64] May M, Paul E, Katovic V. Collection – efficient, axisymmetric vacuum sublimation module for the purification of solid materials [J]. Review of Scientific Instruments, 2015, 86(11) : 114 102 ~ 114 109.

[65] May M, Paul E, Katovic V. Consolidated Vacuum Sublimation Module: a Purification Apparatus and Process for

Solid – Phase Materials [J]. Electrochemical Society, 2014.

[66] May M. Consolidated vacuum sublimation module: US, US7794674 [P]. 2010.

[67] 西安优玛科技有限公司,智能多温区有机材料真空升华提纯装置[P].中国专利: CN201862286U. 2010. 11. 16.

[68] 江西冠能光电材料有限公司,一种推车式升华装置 [P].中国专利: CN203315780U. 2013. 03. 14.

[69] Kim M, Jun S, Kim S., et al. Design optimization of a sublimation purifier via computer simulation [J]. Electronic Materials Letters, 2013, 9(1) : 17 ~ 22.

（上接第 19 页）

表 3 正交实验的方差分析表
Table 3   Analysis of Variance

方差来源	方差离差平方和	自由度	均方	F	P
A	15.78	2	7.89	42.65	<0.05
B	21.64	2	10.82	58.49	<0.05
C	0.37	2	0.19		
D	62.16	2	31.08	168	<0.01

3 结果与讨论

通过水提法的工艺筛选,优选出了菊花总黄酮的较佳提取工艺即在温度为 100 ℃时加入 40 倍蒸馏水,提取 20 min,提取 3 次可使菊花总黄酮的含量达到 11. 21%。

水提法是临床应用最广泛的提取中药活性成分的提取方法,本实验所得提取工艺对于菊花的临床研究和应用具有较好的指导作用,且筛选出的工艺操作简单,省时节力,成本较低。另外,本试验测定总黄酮含量所用方法不同于经典的 $NaNO_2 - Al(NO_3)_3 - NaOH$ 显色分光光度法[7]和 $AlCl_3$ 显色法[8],采用三乙胺法[9]应用于菊花总黄酮的显色和含量测定,简便易行,可快速、有效地鉴别菊花总黄酮,且试验结

果表明三乙胺法有较好适应性和稳定性,同样适用于菊花总黄酮含量的测定。

参考文献

[1] 瞿璐,王涛,董勇喆,等.菊花化学成分与药理作用的研究进展[J].药物评价研究,2015, 01: 98 ~ 104.

[2] 李广彬. 菊科植物总黄酮的提取工艺研究进展[J]. 当代化工研究,2016,05: 57 ~ 58.

[3] 谢贵林,李雅丽,刘江云,等. 雪菊对胆固醇合成的影响及分子机制研究[J]. 新中医,2015,04: 269 ~ 272.

[4] 郭辉、陈新梅. 中药活性成分磷脂复合物研究进展[J]. 辽宁中医药大学学报,2016,08: 161 ~ 163.

[5] 王嫱,李祝,任秀秀. 箭叶淫羊藿总黄酮水提法提取工艺的研究[J]. 天津农业科学,2012,03: 39 ~ 41.

[6] 贾凌云,孙毅,王春阳,等. 菊花总黄酮提取工艺研究[J]. 中药材,2003,01: 35 ~ 37.

[7] 李冬梅,李莉,吴五谊. 正交试验法优等选云南松松塔总黄酮的提取工艺[J]. 中国实验方剂学杂志,2013, 01: 37 ~ 39.

[8] 侯小涛,马丽娜,邓家刚,等. 甘蔗叶总黄酮提取工艺及抗炎活性的研究[J]. 中成药,2013,09: 2 047 ~ 2 050.

[9] 居羚,韩文静,池玉梅. 天南星药典品种黄酮含量测定和鉴别方法的研究[J]. 中成药,2010,02: 308 ~ 311.

第31卷第2期
2017 年 2 月

化工时刊
Chemical Industry Times

Vol. 31 , No. 2
Feb. 2. 2017

doi: 10. 16597 / j. cnki. issn. 1002 - 154x. 2017. 02. 004

雪菊总黄酮对小鼠体重及
记忆再现障碍的影响

秦　乐　陈新梅　邢佰颖　岳志敏

(山东中医药大学药学院,山东 济南 250355)

摘　要　目的研究不同浓度雪菊总黄酮对小鼠体重及 40% 乙醇所致小鼠记忆再现障碍的影响。方法采用称重法和小鼠跳台行为实验法观察不同浓度雪菊总黄酮对小鼠体重和 40% 乙醇所致小鼠记忆再现障碍的增效情况。结果与空白组比较,高浓度雪菊总黄酮组小鼠的体重增加明显减缓,有统计学意义($P < 0.001$);中、高浓度的雪菊总黄酮能明显减少小鼠 5 min 内跳台错误次数,差异显著($P < 0.001$)。结论雪菊总黄酮具有抑制小鼠体重增加和增强小鼠记忆再现能力的功效。

关键词　雪菊总黄酮　记忆再现障碍　体重

Effects of Total Flavonoids from Coreopsis Tinctoria
on Weight and Memory Emersion Disorders of Mice

Qin Le　Chen Xinmei　Xing Baiying　Yue Zhimin

(College of Pharmacy , Shandong University of Traditional Chinese Medicine , ShangDong Jinan 250355)

Abstract　**Objective**: To investigate effects of different concentration total flavonoids from coreopsis tinctoria on weight , memory emersion disorders of mice. **Method**: Using weighing method and step - down test in mice to observe synergism of different concentration total flavonoids from coreopsis tinctoria on weight , memory emersion disorders caused by 40% ethanol of mice. **Results**: Compared with model groups , the increased weight of mice in high concentration total flavonoids from coreopsis tinctoria groups slow down obviously , and has statistical significance($P < 0.001$); the medium and high concentration total flavonoids from coreopsis tinctoria can decrease error times of step - down test in 5 minutes of mice , and has significant difference($P < 0.001$). **Conclusion**: The total flavonoids from coreopsis tinctoria could retain mice's weight growing and enhance their memory representation.

Keywords　total flavonoids from coreopsis tinctoria　memory emersion disorders　weight

雪菊,菊科植物两色金鸡菊,具有清热解毒、活血化瘀、和胃健脾之功效。现代药理研究表明,雪菊具有降血糖、降血压、降血脂、抗氧化、去除体内垃圾等多种功效[1]。其主要含有黄酮类物质、人体必需矿物质元素、氨基酸及蛋白质类,也含有丰富的芳香族化合物,有机酸、多糖等[2]。其中,雪菊总黄酮含量高,具有显著的抗病毒、抗氧化能力[3],且从植物中提取得到的天然黄酮类化合物可有效对抗记忆力衰退[4],为探讨雪菊总黄酮对新陈代谢以及记忆力的影响,本实验采用称量法和小鼠跳台实验法研究其对体重、小鼠记忆再现及行为能力的影响程度,对人们

收稿日期:2017 - 01 - 23
基金项目:山东省教育厅 2015 年度山东省本科高校教学改革研究项目(2015M189);山东省卓越工程师教育培养计划项目(鲁教高字[2013]3 号)。
作者简介:秦乐(1995~),女,本科在读。通讯作者:陈新梅(1973~),女,博士,副教授,硕导,研究方向:中药新制剂与制药新技术研究,E - mail: xinmeichen@ 126. com。

的日常饮食与体重控制有一定指导意义,可为雪菊总黄酮在此方面的开发利用提供科学依据。

1 材 料

1.1 动物

SPF 级雄性昆明种小鼠,体重 28 ~ 32g。由山东鲁抗医药股份有限公司质检中心实验动物室提供。动物合格证编 SCXK(鲁) 20160007。

1.2 仪器

XZC – 5A 型小鼠跳台仪(山东省医学科学院设备站提供) ;恒温不锈钢水浴锅(上海树立仪器仪表有限公司) ;JM – A3002 电子天平(诸暨市超泽衡器设备有限公司)。

1.3 试药

雪菊(新疆润元本草有限公司,批号: 20160910) ;95% 乙醇(天津市富宇精细化工有限公司,分析纯,批号: 20150725) ;氯化钠(国药集团化学试剂有限公司,分析纯,批号: 20160902) 。

2 方法与结果

2.1 雪菊总黄酮的提取

精密称取研碎后过 60 目网筛的雪菊粉末 4.00 g,按料液比 1∶10 加入 40 mL 纯水,于 90 ℃下热浸 20 min 后过滤。如此重复 2 次,合并 2 次浸出液得到 11.14 mg/mL 高剂量雪菊总黄酮[5]。后稀释 2 次,各稀释 1 倍,得 5.57 mg/mL 中剂量和 2.78 mg/mL 低剂量雪菊总黄酮。

2.2 动物分组及给药

健康昆仑种小鼠 40 只,随机分为 4 组,即空白组,低、中、高剂量雪菊总黄酮组,每组 10 只。除空白组外,其余各组分别灌胃(0.1 mL/10 g) 给予低、中、高剂量雪菊总黄酮,空白组灌胃给予等量生理盐水,每天 2 次,连续给药 30 天。

2.3 小鼠体重的测定

各组小鼠自由取食及饮用水,分别在灌胃前,灌胃后 10、20、30 d 称重记录体重。并观察每组小鼠排泄情况及健康状况。

由表 1 可知,灌胃前,各组小鼠体重无差异,且 4 组小鼠在实验过程中体重均增加,且不同剂量雪菊总黄酮组的小鼠体重增长较空白组均有不同程度的减缓,剂量越大,体重增长越慢。与空白组相比,灌胃后

20 d 中、高浓度雪菊总黄酮组小鼠的体重统计学差异显著;灌胃后 30 d 高剂量组体重统计学差异极为显著,表明高浓度雪菊总黄酮能明显控制小鼠体重增长。

表 1 不同浓度雪菊总黄酮给药天数对小鼠体重的影响
Table 1 Effects for days of different concentration total flavonoids from coreopsis tinctoria on weight of mice

组别	动物只数/只	0 天/g	10 天/g	20 天/g	30 天/g
空白组	10	32.04 ± 1.19	43.1 ± 1.26	46.64 ± 1.01	46.64 ± 1.10
低剂量组	10	31.67 ± 1.08	42.31 ± 1.01	44.53 ± 1.15	44.53 ± 1.15
中剂量组	10	32.42 ± 0.76	41.49 ± 0.62	41.55 ± 1.11*	41.55 ± 1.11
高剂量组	10	32.13 ± 0.77	38.01 ± 0.75**	40.66 ± 0.69**	40.66 ± 0.69***

注:与空白组比较,*** $P < 0.001$,** $P < 0.01$,* $P < 0.05$。

2.4 跳台实验

第 30 d 给药 1 h 后,跳台训练 5 min(36 V,1 mA,Alternating Current 交流电)。训练后 24 h,试验前 30 min,空白组灌胃 40% 乙醇 10 mL·kg^{-1},低、中、高剂量雪菊总黄酮组等量灌胃末次给药,进行重复跳台测试,记录小鼠 5 min 内受到电击的总次数,定义为跳台错误次数。

表 2 不同浓度雪菊总黄酮对 40% 乙醇致记忆再现障碍小鼠跳台实验错误次数
Table 2 effects of different concentration total flavonoids from coreopsis tinctoriaon memory emersion disorders caused by 40% ethanol of mice

组别	动物只数/只	跳台错误次数/次
空白组	10	9.0 ±0.65
低剂量组	10	7.1 ±0.38
中剂量组	10	5.0 ±0.37***
高剂量组	10	2.8 ±0.52***

注:与空白组比较,*** $P < 0.001$。

由表 2 可知,与空白组相比,不同剂量雪菊总黄酮组的小鼠跳台错误次数均减少,浓度越大,跳台错误次数越少,且中、高剂量组有极显著差异,表明中、高剂量雪菊总黄酮能显著降低乙醇引起的记忆再现障碍模型小鼠跳台错误次数,提高其记忆再现能力。

化工时刊　2017. Vol. 31，No. 2　　　　　　　　　　科技进展《Advances in Science & Technology》

3　结果与讨论

通过测量小鼠在灌胃前，灌胃后 10、20、30 d 的体重，发现不同浓度的雪菊总黄酮对小鼠体重增长有不同程度的减缓作用，且浓度越高，体重增长减缓程度越大。灌胃 20 d 后，中、高剂量雪菊总黄酮组与空白组的体重相比有显著差异；灌胃 30 d 后高剂量组与空白组小鼠体重差异极为显著，表明高浓度雪菊总黄酮可明显控制小鼠体重增长。雪菊总黄酮中的儿茶素[6]能显著抑制脂肪细胞的增殖、分化，有抑制细胞内的脂质积累的功效，同时通过刺激机体热生成、降低机体对食物营养成分的吸收等作用而减少机体的能量摄入和存储[7]，从而减缓小鼠的体重增长。且观察各组小鼠排泄情况可发现，高剂量雪菊总黄酮组小鼠的排泄量较空白组明显增多，说明雪菊能加快肠道蠕动，排除小鼠体内垃圾，清理毒素，其原因可能与雪菊总黄酮的抗氧化能力与促进新陈代谢[8]有关。综上，推测雪菊总黄酮具有一定的促消化、排毒、减少脂肪堆积的功效，临床上可用于润肠通便，排毒养颜以及减肥等日常保健。

小鼠跳台行为实验法检测不同浓度雪菊总黄酮对 40% 乙醇所致小鼠记忆再现障碍的结果表明，与空白组相比不同浓度的雪菊总黄酮对小鼠记忆再现障碍有改善作用，且中、高剂量组能显著减少跳台错误次数，表明中、高浓度雪菊总黄酮对具有中枢抑制作用的低浓度乙醇造成的记忆再现缺损有显著的对抗作用，提示雪菊总黄酮可能改善乙醇引起的细胞毒性反应，修复了细胞因乙醇摄入导致的磷脂和脂肪酸代谢紊乱及氧化代谢产物的增加造成的损伤[9]。其机制可能与总黄酮清除自由基，抗脂质过氧化等作用有关[10]。雪菊总黄酮在小鼠学习记忆方面的积极作用在临床上对老年痴呆等病症的防治具有潜在优势和良好的应用前景[11]。

本试验结果表明，雪菊总黄酮具有抑制小鼠体重增重和提高小鼠记忆再现能力的功效。可为进一步探讨雪菊总黄酮对动物体重及智力发育的影响，开发利用以雪菊总黄酮为原材料的功能性药品和食品提供借鉴参考。

参考文献

[1]　方煊,李雅丽,陈新梅. 雪菊黄酮对脂肪变肝细胞的降脂效果[J]. 温州医科大学学报,2016,46(10)：720～723.

[2]　张媛,木合布力·阿不力孜,李志远.金鸡菊属药用植物研究进展[J].中国中药杂志,2013,38(16)：2 633～2 638.

[3]　段章好,陈新梅. 抗乙肝病毒中药活性成分研究进展[J].辽宁中医药大学学报,2016,18(11)：112～115.

[4]　王丽娟,张彦青,王勇,等. 酸枣仁黄酮对记忆障碍小鼠学习记忆能力的影响[J].中国中医药信息杂志,2014,2(5)1：53～55,60.

[5]　徐斌,王丹,葛红娟,等. 昆仑雪菊黄酮提取物体外抗氧化活性试验[J].中国兽医杂志,2015,51(12)：103～106.

[6]　袁辉,赵建勇,杨文菊. 新疆不同产地雪菊 UPLC 指纹图谱的建立及其成分测定[J].中草药,2015,46(8)：1 223～1 226.

[7]　叶小燕,黄建安,刘仲华. 茶叶减肥作用及其机理研究进展[J].食品科学,2012,33(3)：308～312.

[8]　谢伟,杨永亮,梁莉,等. 银杏黄酮对骨骼肌抗疲劳能力的影响[J].中国临床康复,2006,10(36)：98～100.

[9]　景波,吕程,于建,等. 荨麻总黄酮对记忆障碍模型小鼠学习记忆能力的影响[J].华西药学杂志,2016,31(3)：239～242.

[10]　李利平,王全胜,武变瑛,等. 高纯度银杏黄酮对衰老小鼠学习记忆功能的影响[J].中国临床康复,2005,9(44)：97～99.

[11]　陈新梅. 抗老年痴呆药物研究进展[J].中国民族民间医药,2011,3:30.

化工信息

今年全国能源消费总量将控制在 44 亿吨标准煤

根据国家能源局 2017 年 2 月 17 日发布的《2017 年能源工作指导意见》,2017 年全国能源消费总量将控制在 44 亿 t 标准煤左右。指导意见提出,2017 年非化石能源消费比重将提高到 14.3% 左右,天然气消费比重提高到 6.8% 左右,煤炭消费比重下降到 60% 左右。全国能源生产总量 36.7 亿吨标准煤左右。

— 12 —

昆仑雪菊总黄酮对小鼠胸腺指数及脾脏指数的影响

秦　乐，陈新梅，邢佰颖，岳志敏

（山东中医药大学 药学院 山东 济南　250355）

摘要：研究昆仑雪菊总黄酮对小鼠胸腺指数和脾脏指数的影响。以胸腺指数及脾脏指数为测量指标，观察不同浓度昆仑雪菊总黄酮对小鼠免疫功能的影响作用。低、中、高剂量昆仑雪菊总黄酮可不同程度的增加小鼠胸腺和脾脏的质量，其中，与空白对照组比较，高剂量昆仑雪菊总黄酮组能显著提高小鼠脾脏指数（P<0.05）；但对胸腺指数的作用结果不明显。以胸腺指数和脾脏指数作为检测指标，昆仑雪菊总黄酮可增强小鼠胸腺和脾脏的脏器指数，提高小鼠的免疫功能。

关键词：昆仑雪菊总黄酮；胸腺指数；脾脏指数

中图分类号：R284　文献标识码：A　文章编号：1008-021X（2017）15-0041-02
DOI:10.19319/j.cnki.issn.1008-021x.2017.15.017

Effects of Total Flavonoids from Coreopsis Tinctoria on Thymus Index and Spleen Index in Mice

Qin Le ，Chen Xinmei ，Xing Baiying ，Yue Zhimin

（College of Pharmacy ，Shandong University of Traditional Chinese Medicine ，Ji′nan　250355 ，China）

Abstract: To study the effects of total flavonoids fromcoreopsis tinctoria on thymus index and spleen index of the mice.Using the thymus index and the spleen index to observe the effects of different concentrations total flavonoids fromcoreopsis tinctoria on the immune function of the mice.Low ，medium and high dose of total flavonoids fromcoreopsis tinctoria can increase the thymus and spleen in mice of different level of quality ，and compared with blank control group ，high dose of total flavonoids from coreopsis tinctoriagroup can significantly improve the index of spleen in mice（ P < 0.05）；But the effect on the thymus index was not obvious.As the thymus index and the spleen index was used as test indicators ，the total flavonoids from coreopsis tinctoriacan enhance the index of the thymus and spleen and improve the immune function of mice.

Key words: total flavonoids fromcoreopsis tinctoria；thymus index；spleen index

昆仑雪菊为菊科金鸡菊属（Coreopsis）具有独特功效的稀有高寒植物 现代研究表明其主要活性成分为包括马里苷、黄诺马苷等黄酮类物质[1]，已有研究报道昆仑雪菊总黄酮具有较为明确的降血糖、降血脂[2]、抗氧化[3]的药理作用。本课题组前期研究也表明昆仑雪菊总黄酮对小鼠记忆[4]和抗疲劳作用[5]有一定的积极影响 其作用机制可能与昆仑雪菊总黄酮的抗氧化能力有关。有研究表明总黄酮对免疫功能的影响与其抗氧化活性和清除自由基能力有关，因此，为进一步探索昆仑雪菊总黄酮的作用机制及药用价值，本试验以小鼠胸腺指数和脾脏指数为指标 初步研究昆仑雪菊总黄酮对小鼠免疫功能的影响。

1　材料

1.1　仪器

恒温不锈钢水浴锅（上海树立仪器仪表有限公司）；JM-A3002 电子天平（诸暨市超泽衡器设备有限公司）；UV-5100 紫外可见光分光光度仪（上海元析仪器有限公司）。

1.2　试剂

雪菊（新疆润元本草有限公司 批号：20170210 经山东中医药大学李宝国老师鉴定为昆仑雪菊）；芦丁标准品（上海源叶生物科技有限公司 批号：Y01M7S10307）；氯化钠（国药集团化学试剂有限公司，分析纯，批号：20160902）；氢氧化钠（天津市广成化学试剂有限公司 批号：20140907）；亚硝酸钠（国药集团化学试剂有限公司，分析纯，批号：20160509）；三氯化铝（国药集团化学试剂有限公司，分析纯，批号：20141215）。

1.3　试验动物

体质量 28~32g 的 SPF 级昆明种小鼠，购于山东鲁抗医药股份有限公司质检中心实验动物室。动物合格证号 SCXK 鲁（20170006）。

2　试验方法

2.1　昆仑雪菊总黄酮的提取

精密称取粉碎后过 60 目网筛的昆仑雪菊 5.00g 于三角烧瓶中 以料液比 1：10 加入 50 mL 蒸馏水，水浴锅 90℃ 下热浸 20min 过滤 如此重复 2 次，合并两次浸出液，得到昆仑雪菊总黄酮溶液。

2.2　昆仑雪菊总黄酮供试品的制备[6]

以芦丁为标准品得到标准曲线 A = 11.515C−0.0078 相关系数 R = 0.995 ，NaNO$_2$−AlCl$_3$−NaOH 显色法测得上述昆仑雪菊总黄酮含量为 29.8% 浓度为 11.14mg/mL 以此作为高剂量雪菊总黄酮溶液 稀释两次，各稀释 1 倍 得到浓度为 5.57 mg/mL 的中剂量雪菊总黄酮溶液和 2.78mg/mL 低剂量雪菊总黄酮溶液。

2.3　动物分组及给药

健康小鼠 40 只随机分为空白对照组，昆仑雪菊总黄酮低、中、高剂量组 共 4 组 每组 10 只。空白对照组以 0.1 mL/10 g 的生理盐水给给予灌胃 其余各组给予等量的低、中、高剂量雪菊总黄酮 每日灌胃给药两次 连续给药 45 天。各组小鼠等量

收稿日期：2017-05-31

基金项目：山东省教育厅 2015 年度山东省本科高校教学改革研究项目（2015M189）；山东省卓越工程师教育培养计划项目（鲁教高字 [2013]3 号）

作者简介：秦 乐（1995—），女 ，2014 级制药工程专业本科；通讯作者：陈新梅（1973—），女 ，博士 ，副教授 ，硕导 ，研究方向：中药新制剂与制药新技术研究。

山 东 化 工
SHANDONG CHEMICAL INDUSTRY

2017 年第 46 卷

喂食普通饲料 ,自由饮水。

2.4 小鼠胸腺指数及脾脏指数的测定[7]

各组小鼠末次给药后禁食不禁水 12 h ,称取其体质量 ,脱颈椎处死 ,解剖摘取胸腺和脾脏 ,去除脂肪和结缔组织后称重 ,计算各组小鼠的胸腺和脾脏指数 ,计算公式如下:

胸腺指数(mg/g) = 胸腺质量(mg) / 小鼠体质量(g);

脾脏指数(mg/g) = 脾脏质量(mg) / 小鼠体质量(g)。

2.5 试验数据的统计处理

试验数据以平均数±方差(X±S) 表示 ,利用 SPSS17.0 进行统计分析 ,组间比较采用单因素方差分析。

3 结果与分析

不同浓度的雪菊总黄酮对各组小鼠的胸腺指数和脾脏指数的影响结果见表 1。

表 1 昆仑雪菊总黄酮对小鼠免疫器官指数的影响(X±S)

Table 1 The effect of flavonoids on the immune organ index in mice

组别	动物数/只	胸腺指数/(mg/g)	脾脏指数/(mg/g)
空白对照组	10	0.87±0.10	1.86±0.18
低剂量组	10	0.93±0.12	1.95±0.09
中剂量组	10	1.00±0.13	2.01±0.09
高剂量组	10	1.06±0.06	2.37±0.21*

注 :与空白对照组比较 ,* P<0.05。

由表 1 可知 ,小鼠给药 45 天后 ,与空白对照组相比 ,各试验组小鼠胸腺和脾脏的质量均有所提高。其中 ,胸腺指数方面 ,各组昆仑雪菊总黄酮组的小鼠胸腺指数随昆仑雪菊浓度增加而呈上升趋势 ,但差异不显著;脾脏指数方面 ,低、中、高剂量昆仑黄酮组的脾脏指数与空白对照组比较均有提高 ,随昆仑雪菊浓度增加而增加 ,且高剂量组脾脏指数提高显著(* P<0.05)。试验结果表明昆仑雪菊总黄酮对小鼠胸腺指数和脾脏指数的提高有一定积极作用 ,且具有剂量效应关系 ,昆仑雪菊浓度越高 ,胸腺和脾脏质量增加越明显 ,其中 ,高剂量的昆仑雪菊总黄酮作用效果最为显著。

4 讨论

胸腺和脾脏是哺乳动物免疫细胞分布的主要器官 ,胸腺是诱导淋巴细胞增殖分化成免疫性细胞的场所 ,是构建细胞免疫功能的车间;脾脏是成年动物最大的免疫器官 ,在体液免疫和细胞免疫中发挥着重要作用[8]。机体免疫功能表现亢进或抑制时 ,胸腺细胞和脾脏细胞也相应的增殖或萎缩[9]。因此 ,采用胸腺指数和脾脏指数作为检测指标可在一定程度上反映机体对抗原的免疫应答水平 ,体现药物对机体免疫功能的影响。

本试验通过测定不同浓度的昆仑雪菊总黄酮对小鼠胸腺指数及脾脏指数的影响程度 ,以研究昆仑雪菊总黄酮在小鼠免疫功能上的作用。结果表明与空白对照组相比 ,低、中、高剂量雪菊总黄酮均可在不同程度上促进小鼠免疫器官的生长 ,提高其质量 ,且其增长程度随昆仑雪菊总黄酮浓度的升高而增大。其中 ,高剂量的昆仑雪菊总黄酮可显著提高小鼠的脾脏指数 ,但对胸腺指数的影响差异不显著 ,说明就胸腺指数和脾脏指数这一方面而言 ,昆仑雪菊总黄酮在一定程度上可增强小鼠免疫功能 ,且与昆仑雪菊总黄酮的剂量有关。其作用机制可能与总黄酮良好的抗氧化活性和清除自由基的能力抑制了脂质过氧化损伤 ,降低过氧化损伤对小鼠免疫细胞造成的风险 ,从而在一定程度上提高小鼠免疫能力有关[10]。

参考文献

[1]张彦丽 ,王 艳 ,李新霞 ,等. 高效液相色谱法测定昆仑雪菊中绿原酸和黄芩苷的含量[J]. 中国实验方剂学杂志 ,2012 (4):107-109.

[2]方 煊 ,李雅丽 ,陈新梅. 雪菊黄酮对脂肪变肝细胞的降脂效果[J]. 温州医科大学学报 ,2016 ,46(10):720-723.

[3]宋烨威 ,金红娜 ,徐 洁 ,等. 昆仑雪菊中黄酮类化合物的提取分离及抗氧化活性评价[J]. 食品与发酵工业 ,2016(4):220-223.

[4]秦 乐 ,陈新梅 ,邢佰颖 ,等. 雪菊总黄酮对小鼠体重及记忆再现障碍的影响[J]. 化工时刊 ,2017(2):10-12.

[5]邢佰颖 ,陈新梅 ,秦 乐 ,等. 昆仑雪菊总黄酮对小鼠负重游泳的影响[J]. 化工时刊 ,2017(1):9-11.

[6]邢佰颖 ,陈新梅 ,秦 乐 ,等. 两种显色法测定昆仑雪菊总黄酮含量的比较研究[J]. 化工时刊 ,2016(12):23-25.

[7]李海珊 ,刘丽乔 ,聂少平 ,等. 茶多糖对小鼠肠道健康及免疫调节功能的影响[J]. 食品科学 ,2017(7):187-192.

[8]赵志强 ,贾丽霞 ,张庆波 ,等. 黄酮对免疫功能影响的体内研究[J]. 临床荟萃 ,2014(1):49-51.

[9]皮建辉 ,谭 娟 ,胡朝暾 ,等. 金银花黄酮对小鼠免疫调节作用的研究[J]. 中国应用生理学杂志 ,2015(1):89 -92.

[10]毛 媛 ,吕留庄 ,刘克武 ,等. 东紫苏(Elsholtiza bodinieri Vaniot) 总黄酮的提取及其抗氧化、免疫活性的研究[J]. 食品工业科技 ,2016(9):85-88.

(本文文献格式:秦 乐 ,陈新梅 ,邢佰颖 ,等. 昆仑雪菊总黄酮对小鼠胸腺指数及其脾脏指数的影响[J]. 山东化工 ,2017,46(15):41-42.)

(上接第 40 页)

前期报道中 ,以镍、钴为中心配位离子 ,以二吡啶胺和邻甲苯甲酸为共同配体 ,得到了具有相同构型的镍、钴配合物[5]。而在本文中 ,同样的金属离子、二吡啶胺和对硝基苯甲酸为共同配体 ,在相同的实验条件下却得到了两种配位方式完全不同的配合物。该结构与我们前期报道的具有酯转移反应催化效果的配合物结构也类似[6] ,具有催化酯转移反应的可能性。

参考文献

[1]Eddaoudi M ,Kim J ,Rosi N ,et al. Systematic design of pore size and functionality in isoreticular MOFs and their application in methane storage [J]. Science ,2002 ,295 (18):469-472.

[2]李远娟 ,燕彩鑫 ,杨欣欣 ,等. 两个 2 ,4-二羟基苯甲醛缩甘氨酸配合物的合成、结构及其对醇的选择性氧化催化[J]. 无机化学学报 ,2016 ,32(5):891-898.

[3]胡 鹏 ,高媛媛 ,肖凤仪 ,等. 三个镧系金属氮氧自由基配合物的合成、结构及磁性[J]. 无机化学学报 ,2017 ,33(1):33 -40.

[4]邓 元. 二吡啶胺配合物的合成、结构和性质研究[D]. 杭州:浙江大学 ,2014:5-31.

[5]邓 元 ,李 丽. 以二吡啶胺为配体的两种新型配合物的合成及结构[J]. 山东化工 ,2017 ,46(5):22-23.

[6]Deng Yuan ,Bai Ying ,Zhu Longguan ,et al. Effects of metal ions and ligands on transesterification: synthesis ,structures ,and catalytic activities of a series of cation-anionic complexes with dipyridylamine ligands [J]. Journal of Coordination Chemistry ,2012 ,65(16):2793-2803.

(本文文献格式:邓 元 ,李 丽 ,杨晓梅. 两种新型镍、钴配合物的合成及结构[J]. 山东化工 ,2017,46(15):39-40,42.)

第 31 卷第 4 期 2017 年 4 月	化工时刊 Chemical Industry Times	Vol. 31, No. 4 Apr. 4. 2017

doi: 10.16597/j. cnki. issn. 1002 - 154x. 2017. 04. 009

昆仑雪菊化学成分及药理作用研究进展

秦 乐 邢柏颖

（ 山东中医药大学，山东 济南 250355）

摘 要 昆仑雪菊是稀有高寒植物，其独特功效对多种疾病有明显的预防和治疗效果。现代分离分析技术和药学研究表明，昆仑雪菊有效活性成分复杂，药理作用广泛，在改善心血管系统、抗衰老、抗肿瘤等方面作用显著。本文对近年相关文献进行全面系统地综述，总结其活性成分与药理作用之间的关系，为昆仑雪菊的研究提供一定指导与参考。

关键词 昆仑雪菊 化学成分 药理作用

Progress on Chemical Constituents and Pharmaceutical Effects of Coreopsis Tinctoria

Qin Le Xing Baiying

（ Shandong University of Traditional Chinese Medicine; Shangdong Jinan 250355）

Abstract Coreopsis tinctoria is a rare alpine plant, its unique effect on a variety of diseases have obvious prevention and treatment effect. Modern separation and analysis technology and pharmaceutical research have shown that the active ingredient of Kunlun chrysanthemum is complex and has a wide range of pharmacological effects. In this paper, we reviewed the related literatures in recent years, summarized the relationship between the active components and pharmacological effects, and provided some guidance and reference for the research of Coreopsis tinctoria.

Keywords Coreopsis tinctoria chemical constituents pharmacological action

昆仑雪菊又名两色金鸡菊，其化学成分丰富，目前已从中分离鉴定出 20 余类，300 多种天然成分[1]。《新华本草纲要》阐述其有清热解毒、化湿的功能，用于急、慢性痢疾，目赤肿痛、湿热痢、痢疾等。现代药理学研究表明昆仑雪菊具有降脂、降压、降糖、抗氧化等生理活性[2]。鉴于其药食同源的重要研究价值，本文对目前国内外对昆仑雪菊的化学成分分析，药理作用的研究进展进行系统综述，以期为昆仑雪菊现有以及潜在价值的进一步研究开发提供参考。

1 化学成分

1.1 黄酮类

热水提取法得到的水溶性总黄酮含量为 16.62%[3]，主要包括黄酮、黄酮醇、二氢黄酮、查耳酮及异黄酮类化合物[4]；超声提取法得到醇溶性总黄酮含量为 20.73%[5]，主要含有黄酮、黄酮醇、二氢黄酮及异黄酮类化合物。

1.2 绿原酸

超声提取—高效液相色谱法测定昆仑雪菊绿原酸含量为 0.99%[6]。

1.3 挥发油

采用微波提取及气相色谱质谱(GC - MS) 与计算机检索联用技术，对雪菊挥发油的化学组分进行检测得出 54 个峰，确定了其中的 43 个化合物，其含量占全油的 88.28%，主要成分为(1R) 右旋樟脑占 3.68%、大根香叶烯占 4.63%、二十烷占 5.20%，2 - 乙基 - 4 - 甲基咪哩占 8.32%，(2R - cis) - 1,2,3,4,4a,5,6,7 - 八氢 - a,a,4,8 - 四甲基 - 2 - 蔡甲醇

收稿日期：2017 - 03 - 23

作者简介：秦乐(1995 ~)，本科、女，研究方向：制药工程，E - mail: 2500408266@ qq. com

2017. Vol. 31, No. 4 化工时刊

占 18.30% 等[7]。

1.4 氨基酸

利用氨基酸自动分析仪测定昆仑雪菊中的氨基酸,得到 17 种氨基酸,包括丙氨酸、组氨酸、谷氨酸、肌氨酸、赖氨酸、脯氨酸、精氨酸、撷氨酸、异亮氨酸、亮氨酸和苯丙氨酸等。其中 8 种人体必需氨基酸占 40.3%[8]。

1.5 总皂苷

分光光度法测定昆仑雪菊中总皂苷含量为 8.36%[9]。

1.6 多糖

采用超声波辅助热水浸提一醇沉法获得昆仑雪菊多糖并进一步得到两多糖级分 KSCP1 和 KSCP2,两者均为单一组分,其中 KSCP1 分子范围为 8 200~8 700 u,主要由葡萄糖、阿拉伯糖、半乳糖、木糖 4 种单糖以物质的量比为 10.53:5.02:4.96:1 组成;KSCP2 分子质量范围为 6 100~6 500 u,主要由葡萄糖、阿拉伯糖、半乳糖 3 种单糖以物质的量比为 1:2.78:5.07 组成[10]。

1.7 其它成分

通过对昆仑雪菊水提取物、醇提取物和石油醚提取物的定性研究,初步推测其含有以上成分外,还有蛋白质、生物碱、有机酸、酚类、蒽醌类、油脂、甾体、内酯及香豆素类和微量元素等成分[11]。

2 药理作用

2.1 降血脂

谢贵林等[12]在脂肪变性肝细胞模型中加入不同浓度的雪菊黄酮,油红 O 染色定性观察发现雪菊能减少细胞内脂滴的积累;高效液相色谱法定量检测细胞内胆固醇含量,发现其下降;检测肝细胞 3-羟基-3-甲基戊二酰辅酶 A(HMG-CoA)还原酶 mRNA 表达及蛋白质水平,发现雪菊黄酮能抑制 HMG-CoA 还原酶的活性,且随着浓度升高,HMG-CoA 还原酶蛋白质水平和 mRNA 的表达均逐渐降低。结果表明昆仑雪菊黄酮降低肝细胞内总胆固醇的作用可能是通过抑制 HMG-CoA 还原酶活性实现的。

2.2 降血压

崔康康等[13]使用昆仑雪菊水提液对 SPF(无特定病原体)级自发性高血压大鼠(SHR)灌胃高、中、低三个剂量组。试验开始前各组血压无明显差异,从试验第 2 周到第 5 周与 SHR 模型组相比,高、中、低三个剂量组分别降低 15.6%,10.1%,8.8%。结果表明昆仑雪菊降低了 SHR 大鼠的尾动脉收缩压,显示其具有降血压的功效。

2.3 降血糖

采用高糖高脂饲料喂养联合小剂量链服佐菌素(STZ)腹腔注射诱导糖尿病小鼠模型,昆仑雪菊提取物低、中、高剂量组对小鼠干预 4 周后,与模型组比较,昆仑雪菊提取物中、高剂量组可降低糖尿病小鼠的血糖和糖化血红蛋白值,三个剂量组都可提高血清的 C 肽水平和 ISI 值,提取物高剂量组可降低 IRI 值,结果显示昆仑雪菊提取物可能通过增加胰岛素分泌,减轻胰岛素抵抗以及恢复胰岛刀细胞功能来发挥降血糖作用[14]。

2.4 抗氧化

明婷等[15]利用昆仑雪菊提取物 50% 乙醇洗脱物高、低剂量组对小鼠灌胃 28 d 后取血,发现与模型组相比,给药组高、低剂量血清和肝脏超氧化物歧化酶活力显著提高;高剂量组丙二醛含量明显降低;肝组织中谷肌甘肤过氧化物酶活力及总抗氧化能力均显著提高。表明昆仑雪菊提取物 50% 乙醇洗脱物能显著增强小鼠的体内抗氧化能力。

2.5 抗病毒

从昆仑雪菊中分离获得抗病毒活性物质,鉴定为 1-苯基-1,3,5-三庚炔。采用半叶枯斑法、叶圆盘法测定了该物质对烟草花叶病毒(TMV)的抑制效果表明 0.2 mg/mL 的该化合物对 TMV 表现出较好的体外抑制侵染和增殖活性;实时荧光定量 PCR 测定结果表明,该化合物对 TMV 外壳蛋白基因的表达有明显的抑制作用[16]。另外,昆仑雪菊对脊髓灰质炎病毒、单纯疱疹病毒和麻疹病毒具有不同程度的抑制作用[17]。

2.6 抗炎

有研究发现,昆仑雪菊提取物能影响小鼠毛细血管通透性,增加毛细血管抵抗力,从而具有抗炎作用。从雪菊花中分离得到的三菇烯二醇、三醇及其相应的棕搁酸酯和肉豆范酸酯对由 TPA 诱发的小鼠耳水肿有明显的抗炎作用[18]。

2.7 抗肿瘤

用不同浓度的雪菊总黄酮纯化物、粗提物及总多糖分别对体外培养的人肝癌细胞(7404)及人非小细

化工时刊 2017. Vol. 31, No. 4

胞肺癌细胞(A549) 作用后,通过 MTT 的方法得出雪菊不同提取物对 7404 和 A549 均有抑制作用,并呈现出浓度和时间的依赖性;利用流式细胞仪检测总酮纯化物能增强 7404 和 A549 细胞的凋亡率,结果表明昆仑雪菊不同提取物对 2 种癌细胞的增殖有明显抑制作用,其作用机制可能与增强细胞凋亡有关[19]。从昆仑雪菊中分离得到 15 个三菇烯二醇及三醇对 BV－EA 早期抗原具有明显的抑制作用,其中 6 个化合物对肺癌、结肠癌、肾癌、卵巢癌、脑癌、白血病等 60种人类肿瘤细胞进行体外细胞毒活性实验,结果发现化合物 amidi－of 对白血病 HL－60 细胞具有极其显著的细胞毒活性[20]。

2.8 抗凝血

昆仑雪菊提取物灌胃给药,发现其明显延长实验小鼠出血时间,凝血时间,凝血酶原时间,活化部分凝血活酶时间,凝血酶时间;同时观察小鼠耳廓血管口径发现血管口径和毛细血管网交叉结点数明显增加,表明昆仑雪菊提取物具有抗凝血活性,并具有增强微循环的作用[21]。

2.9 抗菌

张艳梅等[22]采用水蒸蒸馏法提取昆仑雪菊挥发油,采用微量稀释法测定昆仑雪菊挥发油对新生隐球菌的最低抑菌浓度(MIC) 为 0.781 μL/mL,昆仑雪菊挥发油对新生隐球菌的生物量和芽管萌发都有一定的抑制作用,其抑制作用与浓度呈正相关的趋势。且昆仑雪菊挥发油能减少新生隐球菌细胞膜中麦角固醇的合成,并使新生隐球菌细胞膜的渗透性发生改变,从而破坏新生隐球菌细胞膜而对其达到抑制作用。

3 结 语

昆仑雪菊化学成分丰富,其黄酮和糖类含量远高于其他菊类,还含有其他菊类中罕见的胱氨酸。其药理作用广泛,可用于治疗高血压、冠心病等疾病,也可用于抗衰老,营养心肌等日常保健。因此,昆仑雪菊在创新药物及保健食品的开发等领域具有非常大的利用价值,结合昆仑雪菊化学成分和药理作用加以开发,在多种方面具有广阔的应用前景。

参考文献

[1] 杨博,张薇. 新疆雪菊化学成分及研究进展[J]. 化学

工程与装备,2013,11: 140～141.

[2] 过利敏,张平,张谦 等. 雪菊化学成分分析、提取、鉴定及其生物活性研究进展[J]. 食品科学,2014,35(7) : 298～304.

[3] 热阳古·阿布拉,夏娜 等. 昆仑雪菊总黄酮的提取及含量测定[J]. 喀什师范学院学报,2013, 34(3) : 45～47.

[4] 郑大成,木合布力·阿布力孜,阿依努尔·吐鲁洪 等. 昆仑雪菊水溶性黄酮的制备及初步鉴定[J]. 亚太传统医药,2010,10: 18～20.

[5] 黄涵,曾令杰,莫运才 等. 响应面法优化超声波提取昆仑雪菊总黄酮的工艺研究[J]. 中国现代应用药学,2015, 32(8) : 947～951.

[6] 王省超,孙颖,王瑞英 等. 超声提取－高效液相色谱法测定新疆昆仑雪菊中绿原酸的含量[J]. 分析科学学报,2016, 32(2) : 285～287.

[7] 刘恩乾,张枝润,邓媛元 等. 雪菊挥发性成分的 GC－MS 分析[J]. 广西植物,2014, 34(5) : 706～709＋607.

[8] 木合布力·阿布力孜,张兰,张敏. 昆仑雪菊中氨基酸的含量分析[J]. 医药导报,2011,30(4) : 431～432.

[9] 张彦丽,韩艳春,阿依吐伦·斯马义. 分光光度法测定维吾尔药昆仑雪菊中总皂苷的含量[J]. 西北药学杂志,2011,26(2) : 87～88.

[10] 未志胜,邵理,杨金娟 等. 新疆昆仑雪菊多糖的分离纯化及其结构的初步鉴定[J]. 中国酿造,2016,35(7) : 74～78.

[11] 木合布力·阿布力孜,张燕,景兆均 等. 新疆昆仑雪菊化学成分的初步定性研究[J]. 新疆医科大学学报,2010,33(6) : 628～630.

[12] 谢贵林,李雅丽,刘江云 等. 雪菊对胆固醇合成的影响及分子机制研究[J]. 新中医,2015,47(4) : 269～272.

[13] 崔康康,姬凤彩,王志琴 等. 新疆昆仑雪菊水提液对大鼠血压的影响[J]. 畜牧兽医科技信息,2013,07: 17～19.

[14] 张文广,李琳琳,王烨 等. 新疆昆仑雪菊提取物对糖尿病小鼠血糖的影响[J]. 中国药物应用与监测,2015,12(2) : 82～84＋132.

[15] 明婷,孙玉华,胡梦颖 等. 金鸡菊提取物降压及体内抗氧化作用的研究[J]. 中国实验方剂学杂志,2012,18(10) : 249～252.

[16] 陈启建,欧阳明安,吴祖建 等. 金鸡菊(Coreopsis drummondii) 的抗 TMV 活性物质[J]. 应用与环境生物学报,2009,15(5) : 621～625.

(下转第 43 页)

2017. Vol. 31,No. 4 化工时刊

烷基萘又叫巴拉弗罗(Paraflow) ,是用氯化石蜡和萘在三氯化铝为催化剂时缩合而成,1931 年由 Davis[9]等发明。其分子量在 10 000 左右,对中、重质润滑油有降凝效果,但因颜色较深,故不宜用在浅色的油品中。

聚甲基丙烯酸酯是目前使用较广泛的降凝剂,利用偶氮二异丁腈或氢化苯甲酰为引发剂,在甲苯溶剂中,甲基丙烯酸酯单体自由基聚合反应获得,因其存在梳状结构,故有很好的改粘降凝效果。

聚 α 烯烃降凝剂为我国自行研发的,是在齐格勒催化剂下,用蜡裂解烯烃聚合而成,使用于轻、中、重质润滑油,降凝效果很好,一般用在 0.2% ~ 1.0%。

需要明确的是,并不是只要存在降凝剂,油品的降凝效果就好,同一种降凝剂往往对不同的油品表现出完全不同的降凝效果,主要是润滑油的组成、石蜡的含量均会对降凝效果产生非常大的影响。为了让降凝剂发挥最大的效用,需要综合考虑各方面的因素。

3 结 语

作为润滑油重要的基本性质之一,低温流动性不仅影响着摩擦表面的润滑效果,还影响极端温度条件下发动机的启动[10],低温条件下流动性能较差的油品,不仅会增加机械附件间的摩擦和损耗,而且不利于整个润滑体系的清洁和散热。为了有效地避免此类情况的发生,在了解润滑油低温流动性影响因素的基础上,学习并掌握具体的改善措施可以对解决实际问题提供行之有效的理论支撑,具有十分明显的现实意义。

参考文献

[1] 刘燕,柯有胜,张霞铃.不同基属润滑油基础油对调和油低温流动性的影响[J].用油全方位,2013(2) :53.

[2] 陈玉,张秀娟,蒙猛 等.影响润滑油倾点的静电降凝理论[J].润滑油,2012,27(1) :61 - 63.

[3] 赵文钊,张书宁,陈柱锦.浅谈小型制冷活塞压缩机润滑油的选用[J].技术创新,2016:51 - 52.

[4] 郑发正,谢凤。润滑油性质与应用[M].北京:中国石化出版社,2006,30 - 35.

[5] 康明艳,卢锦华。润滑油生产与应用[M].北京:化学工业出版社,2011,30 - 53.

[6] 王会东。粘度指数改进剂对润滑油性能的影响[J].精细石油化工进展,2003,4(9) :18 - 21.

[7] 郑万刚,汪树军,刘红研。α - 甲基丙烯酸十四醇酯 - 丙烯酸胺共聚物降凝剂的制备及其对润滑油的降凝效果[J].石油学报(石油加工) ,2014,30(3) :462.

[8] 付丽丽,吕高志,周博。润滑油降凝剂研究进展[J].精细石油化工,2016,33(1) :77 - 80.

[9] Davis G H B. Hydrocarbon oil and process for manotacturing the same: US,1815022[P].1931 - 07 - 14.

[10] 徐敏.航空涡轮润滑油应用[M].北京:石油工业出版社,1997,68 - 69.

(上接第 38 页)

[17] Chang - Qihu,Ke Chen,Qian Shi,et al. Anti - aids agent. 10. acacetin - 7 - α - β - D - galactopyanosde,an anti - HIV principle from Chrysan them um m orifolium and a structure activity correlation with some ralated flavonoids [J]. Journal of Nature Products,1994,57(1) :42.

[18] Motohiko Ukiya,Toshihiro Akihisa,Ken Yasukawa,et al. Constitu ents of Compositae Plants. 2. triterpene diols,tri-ols,and their 3 - o - Triterpene fatty acid esters from edible Chrysanthe - mum flower extract and their anti - inflammatory effects[J]. J. Agric. Food,2001(49) :3 187.

[19] 帕尔哈提·买买提依明,令狐晨,朱青梅 等. 雪菊对肝癌和肺癌细胞体外抗肿瘤作用研究[J]. 安徽农业科学,2015,43(24) :46 - 48.

[20] 李冬明. 昆仑雪菊的药学研究进展[J]. 浙江中医杂志,2012,47(10) :776 - 777.

[21] 明婷,庞市宾,哈木拉提 等. 金鸡菊提取物对微循环及抗凝血作用的实验研究[J]. 农垦医学,2012,34 (1) :17 ~ 19.

[22] 张艳梅,丰子凯,曾红. 昆仑雪菊挥发油化学成分及对新生隐球菌抗菌作用[J]. 微生物学通报,2016,43 (6) :1 304 ~ 1 314.

— 43 —

第 30 卷第 12 期
2016 年 12 月

化工时刊
Chemical Industry Times

Vol. 30 , No. 12
Dec. 12. 2016

doi: 10. 16597/j. cnki. issn. 1002 −154x. 2016. 12. 008

两种显色法测定昆仑雪菊
总黄酮含量的比较研究

邢佰颖　陈新梅　秦　乐　岳志敏

(山东中医药大学药学院,山东 济南 250355)

摘　要　目的比较两种紫外分光光度测定法对昆仑雪菊总黄酮含量的差异性。方法比较三乙胺及 $NaNO_2$ – $AlCl_3$ – NaOH 显色法对昆仑雪菊总黄酮含量测定的差异性。结果三乙胺法测的总黄酮含量为 6. 95% , $NaNO_2$ – $AlCl_3$ – NaOH 法测定的总黄酮含量为 29. 8%。结论三乙胺法专属性强,准确度高,测定的总黄酮含量比雪菊中实际总黄酮含量低。$NaNO_2$ – $AlCl_3$ – NaOH 法稳定性好,测定的总黄酮含量比雪菊中实际总黄酮含量高。

关键词　昆仑雪菊　紫外分光光度法　总黄酮　含量测定

Compare and Research Determination on Total Favonoids Content in Kunlun Chrysanthemum by Two Coloration Methods

Xing Baiying　Chen Xinmei　Qin Le　Yue Zhimin

(College of Pharmacy , Shandong University of Traditional Chinese Medicine; Ji̇nan ShangDong. 250355)

Abstract　**Objective**: To compare the difference of determination on total flavonoids content in Kunlun Chrysanthemum by two Ultraviolet spectrophotometry methods. **Method**: Compare the difference of determination on total flavonoids content in Kunlun Chrysanthemum by the coloration methods of $NaNO_2$ – $AlCl_3$ – NaOH and triethylamine. **Results**: The total flavonoids content in Kunlun Chrysanthemum are 6. 95% and 29. 8% by the coloration methods of $NaNO_2$ – $AlCl_3$ – NaOH and triethylamine. **Conclusion**: The coloration methods of $NaNO_2$ – $AlCl_3$ – NaOH has strong specificity and high accuracy. By this method , determination on total flavonoids content is lower than actual total flavonoids content. The coloration methods of triethylamine has strong stability and determination on total flavonoids content is higher than actual total flavonoids content.

Keywords　Kunlun Chrysanthemum　UV spectrophotometry　total favonoids　content determination

雪菊,又名两色金鸡菊,生长于海拔高的地区。雪菊中有较高的黄酮含量,其具有多种药效学活性,如抗糖尿病[1]、抗衰老[2]、降血脂[3]、降血压[4] 以及抗癌[5]。雪菊中总黄酮含量的测定有 $NaNO_2$ – $AlCl_3$ – NaOH 法、盐酸 – 镁粉法、硼酸 – 柠檬酸法及三乙胺法[6]。其中 $NaNO_2$ – $AlCl_3$ – NaOH 法应用广泛,稳定性好,三乙胺法操作简便,专属性强,稳定性好,所以本文比较了这两种显色法对昆仑雪菊中总黄酮含量测定的差异性,并对原因进行了探究。

1　试药与仪器

1.1　仪器

UV – 5100 紫外可见光分光光度计(上海元析仪

收稿日期: 2016 – 11 – 20
基金项目: 山东省教育厅 2015 年度山东省本科高校教学改革研究项目(2015M189) ;山东省卓越工程师教育培养计划项目(鲁教高字[2013]3 号)。
作者简介: 邢佰颖(1996 ~) ,女,本科,通讯作者: 陈新梅(1973 ~) ,女,博士,副教授,硕导,研究方向: 中药新制剂与制药新技术研究,E – mail: xinmeichen@ 126. com

— 23 —

化工时刊　2016. Vol. 30，No. 12　　　　　　　　　工艺试验《Technology & Experiment》

器有限公司)；恒温不锈钢水浴锅(上海树立仪器仪表有限公司)；JM - A3002 电子天平(诸暨市超泽衡器设备有限公司)。

1.2　试药

芦丁标准品(上海源叶生物科技有限公司,批号: Y01M7S10307)；三乙胺(天津市科密欧化工有限公司,分析纯,批号: 20150420)；95% 乙醇(天津市富宇精细化工有限公司,分析纯,批号: 20150725)；亚硝酸钠(国药集团化学试剂有限公司,分析纯,批号: 20160509)；三氯化铝(国药集团化学试剂有限公司,分析纯,批号: 20141215)；氢氧化钠(天津市广成化学试剂有限公司,分析纯,批号: 20140907)；雪菊(新疆润元本草有限公司,批号: 20160910)。

2　方法与结果

2.1　雪菊水溶性黄酮的提取

取雪菊,粉碎成粗粉,精密称取 1.0 g,置锥形瓶中,加水 40 mL,在 90 ℃ 水浴中浸渍 20min,提取 3 次。过滤,滤液合并后备用。

2.2　芦丁标准品溶液的配制

精密称取芦丁标准品 4.20 mg,置于 50 mL 容量瓶中,加甲醇约 30 mL,置水浴锅上微热使溶解,放冷,加甲醇稀释至刻度,摇匀,即可得浓度为 0.084 mg/mL 的芦丁标准品溶液,备用。

2.3　三乙胺法

精密移取芦丁标准品溶液 2.00 mL 置 25 mL 容量瓶,加入 10 mL 甲醇再加 1% 三乙胺溶液定容。以溶剂为空白,在 200 ~ 700 nm 波长范围内扫描,确定芦丁标准品最大吸收波长为 395 nm。

精密移取芦丁标准溶液 0.5、1.0、2.0、3.0、4.0、5.0 mL 分别置于 25ml 容量瓶中,按照上述方法配制不同浓度的标准品溶液。以溶剂为空白,于 395 nm 处测各标准品溶液的吸光度。以吸光度(A) 为纵坐标,质量浓度(C) 为横坐标建立标准曲线。曲线方程为 $A = 21.336C + 0.0051$,相关系数 $R = 0.999$,表明芦丁标准品溶液在浓度为 1.68 ~ 16.8 μg/mL 范围内浓度与吸光度的线性关系良好。

取供试品溶液 2.00 mL 置 25 mL 容量瓶中,再取 2.00 mL 置 25 mL 中加水至 12 mL,分别置于 25 mL 容量瓶中,按上述方法配制样品,以相应的溶液为空白,在 395 nm 波长处测定 A 值。代入回归方程中得

实验结果(见表 1)。

2.4　NaNO₂ - AlCl₃ - NaOH 法

精密移取芦丁标准品溶液 4.00 mL 定容至 25 mL 容量瓶中,再取 2.00 mL 芦丁标准品置 25 mL 容量瓶,加蒸馏水至 6.00 mL,按照顺序依次加入 5% $NaNO_2$ 溶液 1.00 mL,摇匀后放置 6 min,再加 10% $AlCl_3$ 溶液 1.00 mL,摇匀后放置 6 min,最后加入 4% NaOH 溶液 10 mL,并加蒸馏水定容至刻度,摇匀放置 15 min。按上述方法配制空白,在 200 ~ 700 nm 波长范围内进行扫描,确定芦丁标准品最大吸收波长为 506 nm。

精密移取芦丁标准溶液 0.5、1.0、2.0、3.0、4.0、5.0 mL 分别置于 25 mL 容量瓶中,按照上述方法配制不同浓度的标准品溶液。以溶剂为空白,于 506 nm 处测各标准品溶液的吸光度。以吸光度(A) 为纵坐标,质量浓度(C) 为横坐标建立标准曲线。曲线方程为 $A = 11.515C - 0.0078$,相关系数 $R = 0.995$,表明芦丁标准品溶液在浓度为 1.68 ~ 16.8 μg/mL 范围内浓度与吸光度的线性关系良好。

取供试品溶液 4.00 mL 置 25 mL 容量瓶中,再取 2.00 mL 置 25 mL 中加水至 6 mL,分别置于 25 mL 容量瓶中,按上述方法配制样品,以相应的溶液为空白,在 506 nm 波长处测定 A 值。代入回归方程中得实验结果(见表 1)。

表 1　雪菊总黄酮含量
Table 1　Content of total flavonoids in Coreopsis tinctoria

方法	总黄酮含量/(%)	平均值/(%)
三乙胺法	6.97	
	6.88	6.95 ± 0.07
	7.00	
NaNO₂ - AlCl₃ - NaOH 法	29.67	
	30.86	29.8 ± 1.06
	28.87	

3　讨　论

3.1　雪菊中黄酮种类

雪菊中黄酮的种类较多,据报导,主要黄酮类化合物有 20 种[7]。其中,赵军等采用大孔树脂、ODSRP - 18 和 Sephadex LH - 20 柱从昆仑雪菊中分离得到 7 个黄酮类化合物,通过理化性质和波谱学方法鉴定化合物的结构,分别为: 异奥卡宁 7 - O - β

— 24 —

- 吡喃葡萄糖苷、栎草亭 - 7 - O - β - D - 吡喃葡萄糖苷、马里苷、奥卡宁、木犀草素、槲皮素、8 - 羟基黄颜木素[8]。结合其它研究报导可确定雪菊中水溶性黄酮包括黄酮醇类、黄酮类、二氢黄酮醇类、二氢黄酮类、异黄酮类和查耳酮类等化合物[7]。

3.2　三乙胺法

三乙胺法主要应用于测定以芹菜素为母核的黄酮类，专属性和准确性均较高[9]。当黄酮类化合物的羟基解离时，可以与三乙胺稳定结合。由于三乙胺法主要测定雪菊中以芹菜素为母核的黄酮类化合物，而对其他黄酮类化合物无显色作用，所以三乙胺法测得的总黄酮含量基本为以芹菜素为母核的黄酮类化合物的含量，相比雪菊中的实际总黄酮含量低。

3.3　$NaNO_2 - AlCl_3 - NaOH$ 法

$NaNO_2 - AlCl_3 - NaOH$ 测雪菊总黄酮的基本原理是，在中性或弱碱性及亚硝酸钠存在的条件下，具有 5 - 羟基黄酮、黄酮醇类及邻二酚羟基结构的黄酮类化合物会与 Al^{3+} 络合生成黄色配位化合物，加入氢氧化钠后使黄酮类化合物开环生成 2' - 羟基查耳酮而显红橙色。$NaNO_2 - AlCl_3 - NaOH$ 法可以测定雪菊中黄酮类、黄酮醇类、二氢黄酮类、二氢黄酮醇类、异黄酮类和查耳酮类等水溶性总黄酮，稳定性好，并且此法还可以测定雪菊中具有邻二酚羟基的酚类化合物，所以使测得的雪菊中总黄酮含量高[10]。

参考文献

[1] 张邦能, 舒畅, 杜玫 等. 昆仑雪菊水提物对 2 型糖尿病小鼠血糖及胰岛素水平的影响[J]. 西部中医药, 2016, 29(1): 26 - 29.

[2] 沙爱龙, 吴瑛, 盛海燕 等. 昆仑雪菊黄酮对衰老模型小鼠脑及脏器指数的影响[J]. 动物医学进展, 2013, 34(7): 66 - 68.

[3] 崔康康, 姬凤彩, 王志琴 等. 新疆昆仑雪菊水提液对大鼠血脂的影响[J]. 新疆农业大学学报, 2013, 36(5): 366 - 370.

[4] 杨英士, 陈伟, 杨海燕 等. 昆仑雪菊中血管紧张素转化酶活性抑制成分的分离鉴定[J]. 南京农业大学学报, 2015, 38(1): 146 - 151.

[5] 方瑞萍, 唐辉, 黄剑 等. 雪菊的药理作用及营养成分的分析方法研究进展[J]. 材料导报, 2014, 28(10): 143 - 146.

[6] 丁嘉信, 李万忠, 李慧芬 等. 银杏叶提取物总黄酮紫外分光光度法含量测定的适应性研究[J]. 食品与药品, 2012, 14(7): 260 - 263.

[7] 过利敏, 张平, 张谦 等. 雪菊化学成分分析、提取、鉴定及其生物活性研究进展[J]. 食品科学, 2014, 35(7): 298 - 304.

[8] 赵军, 孙玉华, 徐芳 等. 昆仑雪菊黄酮类成分研究[J]. 天然产物研究与开发, 2013, 25(1): 50 - 52.

[9] 袁旭江, 张平, 吴燕红 等. 毛鸡骨草中总黄酮含量测定方法[J]. 中国实验方剂学杂志, 2015, 21(11): 80 - 84.

[10] 姚新成, 王新兵, 张婷 等. 新疆两色金鸡菊总黄酮含量测定显色反应体系[J]. 暨南大学学报(自然科学与医学版), 2015, 36(3): 222 - 227.

化工信息

国家取消 11 项石化职业资格认证

国务院 2016 年 12 月印发《关于取消一批职业资格许可和认定事项的决定》(简称《决定》), 再次公布取消 114 项职业资格许可和认定事项。其中, 与石化相关 11 项, 55 个细类职业。

根据《决定》, 此次取消的职业资格许可中与石化行业相关的 11 项分别是: 钻井人员、石油天然气开采人员、盐业生产人员、石油炼制生产人员、化学肥料生产人员、合成树脂生产人员、精细化工产品生产人员、橡胶制品生产人员、计量人员、化工工程技术人员、化工产品生产通用工艺人员。涉及化工工程、工艺、合成树脂、化肥、精细化工、橡胶、石油开采及炼制、盐业、制药、仪表等行业的 55 个细类职业。

— 25 —

第31卷第1期
2017年1月

化工时刊
Chemical Industry Times

Vol. 31,No. 1
Jan. 1. 2017

doi: 10.16597/j. cnki. issn. 1002 – 154x. 2017. 01. 003

昆仑雪菊总黄酮对小鼠负重游泳的影响

邢佰颖　陈新梅　秦　乐　岳志敏　郭　辉　段章好

(山东中医药大学药学院,山东 济南 250355)

摘　要　研究了昆仑雪菊总黄酮对小鼠负重游泳时间的影响。选择 SPF 级昆明种雄性小鼠40只随机分为4组。空白组灌胃生理盐水0.1 mL/10 g,低剂量组、中剂量组、高剂量组分别灌胃不同浓度的昆仑雪菊总黄酮0.1 mL/10 g,灌胃30 d后称量体重,测定小鼠负重游泳时间。与空白组比较,高剂量组昆仑雪菊总黄酮能显著增加游泳时间($P < 0.001$)。

关键词　昆仑雪菊总黄酮　负重游泳　抗疲劳

Effects of Total Flavonoids from Coreopsis Tinctoria on Weight – loaded Swimming in Mice

Xing Baiying　Chen Xinmei　Qin Le　Yue Zhimin　Guo Hui　Duan Zhanghao

(College of Pharmacy, Shandong University of Traditional Chinese Medicine, Shangdong Ji'nan 250355)

Abstract　The effects of total flavonoids were studied from coreopsis tinctoria on weight – loaded swimming time in mice. Forty male Kunming mice were randomly divided into four groups. Blank groups feed with stroke – physiological saline solution of 0.1 mL/g, low doses groups, mederate doses groups and high doses groups respectively feed with different concentrations of total flavonoids from Coreopsis tinctoria of 0.1 mL/g. After 30 days, mice weight were weighted and the weight – loaded swimming time were measured. Compared with blank groups, the high concentration total flavonoids from coreopsis tinctoria groups could increase the weight – loaded swimming time significantly ($P < 0.001$) .

Keywords　total flavonoids from coreopsis tinctoria　weight – loaded swimming　anti – tiredness

昆仑雪菊,属菊科金鸡菊属一年生草本植物,广泛分布于我国新疆和田地区,含有多种活性成分,具有一定的抗氧化[1];降脂[2];降血压[3]等一系列药理活性,具有极高的药用价值。黄酮类化合物是其主要化学成分之一[4],是一种较强的抗氧化剂,可清除体内自由基[5],对缓解疲劳有一定帮助。本试验通过建立小鼠负重游泳模型,研究昆仑雪菊总黄酮对小鼠抗疲劳作用的影响,为昆仑雪菊的全面利用提供科学依据。

1　材　料

1.1　仪器

UV – 5100 紫外可见光分光光度计(上海元析仪器有限公司);恒温不锈钢水浴锅(上海树立仪器仪表有限公司);JM – A3002 电子天平(诸暨市超泽衡器设备有限公司)。

1.2　试药

氯化钠(国药集团化学试剂有限公司,分析纯,批号:20160902);亚硝酸钠(国药集团化学试剂有限公司,分析纯,批号:20160509);三氯化铝(国药集团

收稿日期: 2017 – 01 – 02
基金项目: 山东省教育厅 2015 年度山东省本科高校教学改革研究项目(2015M189);山东省卓越工程师教育培养计划项目(鲁教高字[2013]3 号)。
作者简介: 邢佰颖(1996 ~),女,本科生,研究方向:中药新制剂与制药新技术研究。通讯作者:陈新梅(1973 ~),女,博士,副教授,硕导,研究方向:中药新制剂与制药新技术研究,E – mail: xinmeichen@126. com。

— 9 —

化工时刊 2017. Vol. 31,No. 1

科技进展《Advances in Science & Technology》

化学试剂有公司,分析纯,批号:20141215);氢氧化钠(天津市广成化学试剂有限公司,分析纯,批号:20140907);芦丁标准品(上海源叶生物科技有限公司,批号:Y01M7S10307);雪菊(新疆润元本草有限公司,经山东中医药大学李宝国老师鉴定为昆仑雪菊,批号:20160910)。

1.3 实验动物

SPF 级雄性昆明种小鼠,体重 28 ~ 32g。由山东鲁抗医药股份有限公司质检中心实验动物室提供。动物合格证编 SCXK(鲁) 20160007。

2 试验方法

2.1 昆仑雪菊总黄酮的制备

精密称取研碎后过 60 目网筛的昆仑雪菊 4.00 g,加入 40 mL 蒸馏水,于 90 ℃水浴锅中热浸 20 min,过滤,重复 2 次,合并 2 次浸渍液得 11.14 mg/mL 高剂量昆仑雪菊总黄酮。后用蒸馏水稀释 2 次,各稀释 1 倍,得 5.57 mg/mL 中剂量和 2.78 mg/mL 低剂量昆仑雪菊总黄酮[6]。

2.2 小鼠分组与给药

将 40 只雄性昆明小鼠随机分为空白组、低剂量组、中剂量组、高剂量组 4 组,每组 10 只,并称量体重,标记编号。空白组灌胃 0.1 mL/10 g 生理盐水,其余各组分别灌胃等量低、中、高剂量昆仑雪菊总黄酮。各组小鼠喂食普通饲料,自由饮水,每日灌胃 2 次,连续灌胃给药 30 d。

2.3 小鼠负重游泳实验

连续灌胃给药 30 d,末次给药后称量小鼠体重并在小鼠尾部负重其体重的 6% 。给药 30 min[7]后将小鼠放入水深 25 cm,水温 20 ±2℃的游泳箱进行负重游泳试验[8],记录小鼠从开始游泳到力竭(小鼠头部沉入水中 8s 不再浮出水面时为体力耗竭[9])所用的时间。

2.4 数据分析

试验数据使用 SPSS 17.0 中 One – Way ANOVE 进行单因素方差分析,采用 LSD 法进行多重比较,数据用均数 ±标准差($\bar{x}±s$) 表示,$P < 0.05$ 为差异有显著性意义。

3 结 果

由表 1 可见,连续给药 30 d 后空白组、低剂量组、中剂量组、高剂量组小鼠游泳时间依次增加。与空白组相比,高剂量组可极显著延长小鼠负重游泳力竭所需要的时间($P < 0.001$)。

表 1 昆仑雪菊总黄酮对小鼠负重游泳时间的影响($\bar{x}±s$)
Table 1 Effects of total flavonoids from coreopsis tinctoria on weight – loaded swimming time in mice

组别	n	游泳时间(s)
空白组	10	144.33 ±30.91
低剂量组	10	215.33 ±24.15
中剂量组	10	265.75 ±33.43
高剂量组	10	431.60 ±76.98 ***

注:与空白组相比, *** $P < 0.001$。

4 讨 论

本试验通过建立小鼠负重游泳模型,研究昆仑雪菊总黄酮对小鼠抗疲劳作用的影响。疲劳主要是由于身体中的乳酸及其他代谢产物的堆积,导致肌肉张力降低,造成运动耐久性降低。根据 Harman 教授提出的自由基氧化伤害学说,自由基 – 脂质过氧化疲劳理论成为运动性疲劳理论的核心[10]。机体在长时间高强度运动时需要有氧运动和无氧运动结合供能,如果持续时间很长,机体缺氧程度就会加深,因此会产生大量的氧自由基和中间代谢产物,这说明机体内的自由基是产生疲劳的原因之一[11]。

试验结果显示低、中、高剂量组昆仑雪菊总黄酮可不同程度延长小鼠负重游泳时间,增强其抗疲劳能力[12],与空白组相比,高剂量组昆仑雪菊总黄酮影响极为显著。昆仑雪菊含有较高黄酮含量,黄酮具有抗氧化作用,可清除体内的自由基,使机体抗脂质氧化能力增强,减少体内代谢产物对机体的组织损伤,增强抗疲劳能力,延长小鼠负重游泳时间。昆仑雪菊主要生长于新疆高海拔地区,污染少,由于其含有多种活性成分,并有显著抗氧化、清除自由基的作用,可作为一种茶饮而推广饮用。

参考文献

[1] 杨英士,陈伟,杨海燕 等. 昆仑雪菊中 2 个黄酮类化合物的分离鉴定及其抗氧化活性评价[J]. 南京农业大学学报,2014,37(4) :149 ~ 154.

— 10 —

2017. Vol. 31, No. 1　化工时刊

［2］　方煊,李雅丽,陈新梅.雪菊黄酮对脂肪变肝细胞的降脂效果［J］.温州医科大学学报,2016,46(10) :720 - 723.

［3］　杨博,张薇.新疆雪菊化学成分及研究进展［J］.化学工程与装备,2013,11:140 - 141.

［4］　丁豪,杨海燕,辛志宏.昆仑雪菊黄酮类化合物的抗氧化相互作用研究［J］.食品科学,2015,36(25) :26 - 32.

［5］　邱佳俊,高飞,李雅丽 等.雪菊总黄酮抗氧化活性研究［J］.中国现代中药,2015,17(5) :435 - 439.

［6］　沙爱龙,吴瑛,盛海燕 等.昆仑雪菊黄酮对衰老模型小鼠脑及脏器指数的影响［J］.动物医学进展,2013,34(7) :66 - 68.

［7］　张娜娜,陈新梅,刘青 等.人参皂苷脂质体对小鼠低温力竭游泳试验的初步研究［J］.药学研究,2013,32(2) :72 - 73.

［8］　冯昀熠,梁光义,张永萍 等.绞股蓝对小鼠游泳时间的影响［J］.贵阳中医学院学报,2009,31(6) :80.

［9］　郑琳,刘潇阳,周新 等.南极磷虾油对负重游泳小鼠的抗疲劳作用［J］.大连业大学学报,2015,34(2) :108 - 110.

［10］　马向前,胡颖.桑叶总黄酮抗运动疲劳作用及相关机制研究［J］.中国实验方剂学杂志,2013,19(11) :216 - 219.

［11］　王帅,蒋慧,席琳乔 等.小花棘豆总黄酮对小鼠游泳运动能力的影响［J］.动物医学进展,2012,33(9) :49 - 53.

［12］　邓炳楠.大豆异黄酮抗疲劳作用及相关机制的实验研究［D］.中国人民解放军军事医学科学院,2015,34(1) :55 - 57.

化工信息

高效复合肥料国家农业科技创新联盟成立

1月6日,高效复合肥料国家农业科技创新联盟在京成立,标志着我国肥料产业科技创新进入协同发展新阶段。该联盟的成立,旨在聚合行业力量,组建集产学研用为一体的综合科技创新平台,联合开展高效复合肥料关键技术研发、标准制定和产业化应用,为促进化肥行业转型升级、实现农业可持续发展提供有力的科技支撑。

据悉,该联盟是在农业部科技教育司和种植业管理司的指导下,由金正大集团牵头,联合中国农业大学、山东农业大学、全国农业技术推广服务中心、云天化集团等近30家肥料行业龙头企业、科研院所和农技推广单位共同成立。

我国是农业大国,也是化肥生产和使用大国。长期以来,化肥利用率低、使用过量、不合理施肥等造成的资源浪费和环境破坏,已成为制约农业健康发展的重要瓶颈。据不完全估算,我国每年因化肥流失造成的损失就达1000亿元。2015年,农业部制定的《化肥使用量零增长行动方案》提出,到2020年主要农作物化肥使用量实现零增长。在此背景下,成立高效复合肥料国家农业科技创新联盟,加速高效复合肥料的研发、推广和服务落地,成为落实化肥减量增效目标、驱动农业绿色发展的重要途径。

据了解,该联盟成立后,将重点开展三项工作。搭建产学研用融合平台,开展高效复合肥料技术攻关;根据不同地区不同作物的养分需求,因地制宜推广高效施肥新技术;围绕肥料新产品、新技术组织配套服务,为种植业提供全程解决方案。此外,联盟还将适时启动土壤修复计划,建立土壤修复基金,在全国建设100个土壤修复、耕地质量提升示范县。

近年来,金正大集团以"技术先导"战略为指引,已建立多个国家级研发平台,成为农业科技创新中的一支重要力量。高效复合肥料国家农业科技创新联盟理事长、金正大集团董事长万连步表示,作为联盟牵头单位,公司将继续秉持融合互联、共创共享的理念,通过创新驱动,与联盟成员一道研发推广化肥减量增效新技术,促进农业绿色发展和农民增收致富。

— 11 —

第 30 卷第 8 期 2016 年 8 月	化工时刊 Chemical Industry Times	Vol. 30, No. 8 Aug. 8. 2016

doi: 10.16597/j. cnki. issn. 1002 – 154x. 2016. 08. 004

小儿洗手液抑菌效果和刺激性的初步研究

孙笑蕾　陈新梅　王　宇　刘彩云　杜　月

(山东中医药大学药学院,山东 济南 250355)

摘　要　目的对小儿洗手液的抑菌效果和刺激性进行初步研究。方法采用牛津杯法考察艾叶、丁香、土茯苓、地肤子的抑菌活性。再按艾叶:丁香:土茯苓:地肤子比例为 1:1:1:1、2:2:1.5:1、6:5:2:2的比例,比较抑菌效果。取小鼠,按同体左右侧自身对比法,采用单次、多次给药皮肤刺激性试验。结果艾叶、丁香、土茯苓、地肤子对金黄色葡萄球菌、大肠埃希菌均有不同程度的抑制作用。当艾叶、丁香、土茯苓、地肤子的配比为 2:2:1.5:1时,抑菌效果最佳。小鼠皮肤均未出现红斑,红肿等异常。结论小儿洗手液中四种药配比为 2:2:1.5:1时,抑菌效果最佳且对皮肤没有刺激性。

关键词　洗手液　抑菌　刺激性

Primary Study on the Bacteriostatic Effect and the Thrill of the Kids' Hand Washing

Sun Xiaolei　Chen Xinmei　Wang Yu　Liu Caiyun　Du Yue

(College of Pharmacy, Shandong University of Traditional Chinese Medicine, Shangdong Jinan 250355)

Abstract　**Objective**: To observe the bacteriostatic effect and the thrill of the kids' hand washing. **Method**: U-sing the Oxford cup method to observe the antibacterial effect of the folium artemisiae argyi, clove, rhizoma smilacis glabrae and fructus kochiae. the folium artemisiae argyi, clove, rhizoma smilacis glabrae and fructus kochiae had three matching: 1:1:1:1, 2:2:1.5:1 and 6:5:2:2 to observe the antibacterial effection. The male mice used the method of one body contrasting, the irritation tests were divided into single application test and sequential application tests. **Results**: the folium artemisiae argyi, clove, rhizoma smilacis glabrae and fructus kochiae had different control to the Staphylococcus aureus, E. coli pin. When the matching of the folium artemisiae argyi, clove, rhizoma smilacis glabrae and fructus kochiae was 2:2:1.5:1, it was best to bacteriostat. The skin of these male mice no red spot and swollen. **Conclusion**: When the matching of these was 2:2:1.5:1, it was best to bacteriostat and no irritation to the skin.

Keywords　sanitizer　bacteriostat　irritation

　　小儿经常把手指放入口中,导致儿童指甲缝中尘垢进入消化道,以致各种疾病[1],如: 消化道疾病,肺炎和铅中毒等。儿童皮肤抵抗力较差,表皮薄,皮肤娇嫩,屏障作用弱,易受外界环境的损伤[2]。本研究制备的小儿洗手液由纯中药制成,性能温和、无刺激性,安全性良好[3],适合儿童皮肤。使用小儿洗手液,可避免使用时的交叉污染[4]。良好的个人卫生习惯是防止疾病感染和控制疾病传播最简单有效的方法,对经呼吸道传播和消化道传播的疾病具有良好的防治作用[5]。小儿洗手液杀菌效果极佳,对金黄

收稿日期: 2016 – 07 – 18

基金项目: 山东省教育厅 2015 年度山东省本科高校教学改革研究项目(2015M189) ;山东省 2015 – 2016 年度中医药科技发展计划项目(项目编号: 2015 – 017) ;山东中医药大学 2016 年 SRT 项目(2016051) 。本项目在山东中医药大学大学生创新创业训练平台完成

作者简介: 孙笑蕾(1995 ~) ,女,本科生、制药工程研究方向。通讯作者:陈新梅(1973 ~) ,女,博士,副教授,硕导,主要从事中药新制剂与制药新技术研究,E – mail: xinmeichen@ 126. com

— 13 —

化工时刊　2016. Vol. 30,No. 8　　　　　科技进展《Advances in Science & Technology》

色葡萄球菌和大肠埃希菌等病源性菌种灭活率高[6]。本实验通过牛津杯法和小鼠皮肤刺激法,对小儿洗手液的抑菌效果和皮肤刺激性进行研究。

1　材料

1.1　药物

土茯苓,艾叶,丁香,地肤子(购自惠好大药房,由山东中医药大学生药系李宝国老师鉴定为正品);诗碧脱毛膏(上海诗碧化妆品有限公司);MH(B)肉汤(购自北京奥博星生物公司)。

1.2　实验菌株

金黄色葡萄球菌 CMCC(B) 26003;大肠埃希菌 CMCC(B) 44102(由山东中医药大学微生物教研室提供)。

1.3　动物

清洁级小鼠(由济南朋悦实验动物繁育有限公司提供,许可证号:SCXK(鲁)2014 - 0007)

2　方法与结果

2.1　中药提取液对微生物的抑制试验

2.1.1　艾叶、丁香、土茯苓、地肤子四味中药提取物的抑菌作用实验

取土茯苓,艾叶,丁香,地肤子各 3 g,分别放入 45 ℃纯化水中浸泡 20 min。将所得水提液经 0.22 微米无菌过滤器过滤后备用。取营养琼脂 12.8 g,取适量蒸馏水浸润,加热至 95 ℃使之透明,置于 121 ℃高温灭菌 15 min,备用。培养基冷却后,用经酒精灯灭菌的接种环挑取金黄色葡萄球菌和大肠埃希菌培养物,以划线方式将菌涂到培养皿上。将于 121 ℃,灭菌 20 min 的 4 个牛津杯放置在培养皿上,轻轻加压,使之与培养皿无空隙。一个牛津杯作为阴性对照,其他三个牛津杯注入 0.2 mL 同种药液,中间放一片庆大霉素作为阳性对照。放置 37 ℃环境中,24 h 后观察结果(见表 1)。

2.1.2　艾叶、丁香、土茯苓、地肤子四味中药提取物联用配比的抑菌作用实验

将艾叶,丁香,土茯苓,地肤子分别按照 1:1:1:1,2:2:1.5:1,6:5:2:2 的配比,分别加入 45 ℃纯化水中浸泡 20 min。将所得水提液经 0.22 微米无菌过滤器过滤后备用。按照 2.1.1 项下的试验方法,观察结果(见表 2)。

表 1　艾叶、丁香、土茯苓、地肤子的抑菌效果

Table 1　The antibacterial effect of the folium artemisiae argyi,clove,rhizoma smilacis glabrae and fructus kochiae

药材提取液	提取液浓度/g/mL	抗菌活性	
		金黄色葡萄球菌	大肠埃希菌
艾叶	0.06	++	++
丁香	0.06	++	+
土茯苓	0.06	+++	++
地肤子	0.06	+++	++
庆大霉素片	—	+++	+++

注: +++ 表示强抗菌活性, ++ 表示较强抗菌活性, + 表示较弱抗菌活性。

表 2　艾叶、丁香、土茯苓、地肤子三种配比的抑菌效果

Table 2　The antibacterial effect of the folium artemisiae argyi, clove, rhizoma smilacis glabrae and fructus kochiae's matching

药材提取液配比	抗菌活性	
	金黄色葡萄球菌	大肠埃希菌
1:1:1:1	++	++
2:2:1.5:1	+++	++
6:5:2:2	++	++
庆大霉素片	+++	+++

注:配比顺序为艾叶:丁香:土茯苓:地肤子。 +++ 表示强抗菌活性, ++ 表示较强抗菌活性。

2.2　多次给药皮肤刺激性试验

取土茯苓,艾叶,丁香,地肤子各 2 g,制备洗手液。在给药前 24 h 用脱毛膏将小鼠背部脊柱两侧脱毛,每侧脱毛面积约为 1 cm* 1 cm,脱毛后用温水洗净,每侧皮肤前半区为正常皮肤,后半区为破损皮肤。24 h 后,用手术刀片在后半区皮肤上划 "="字形伤口,划伤程度深至肌肉层,以有组织液渗出但不出血为度[7]。每只小鼠左侧用温水擦洗,右侧用洗手液水擦洗。0.5 h 擦洗一次,共擦洗 3 h。连续擦洗 7 天,并在给药第 4 天再次划伤小鼠皮肤。在给药 7 天后 24 h,48 h,72 h 观察小鼠背部是否出现水肿或红斑等异常。72 h 后分别取老鼠的左右正常和破损的皮肤。小鼠在涂洗手液水期间和涂后 72 h 背部均未见异常。

3　结果与讨论

牛津杯法是国内外比较常用的检测方法,具有载药量多、重复性好,可以直观的观察药物的抑菌效果[8]。从实验结果来看,小儿洗手液(下转第 40 页)

— 14 —

化工时刊　2016. Vol. 30,No. 8

等。另外,学生可将自己的学习体会及疑问反馈给教师,使得教师能够进一步了解学生的学习情况,进而因材施教。

4　结　语

总之,学校应该增加在互动式课堂上所需的教学设施,给教师提供更利于互动式课堂开展的教学环境。教师应加强在互动式教学方法等方面的培训,使教师的主导作用能最大化地影响学生,最终使得在有限的课堂时间里,学生能够掌握课程知识与实验操作技能。

参考文献

[1] 黄良波. 交互式课堂教学的运用探析[J]. 怀化学院学报,2010,29(3):154~155.

[2] 马贺丹. 大学英语交互式课堂教学调查分析[J]. 考试周刊,2011(22):103~104.

[3] 李盛丰,崔鸿,陈丽莎. Clicker 在交互式课堂教学中的应用研究[J]. 中国现代教育装备,2010(020):19~20.

[4] 刘小晶,张剑平. 教学视频微型化改造与应用的新探索[J]. 中国电化教育,2013(3):101~105.

[5] Smith H J, Higgins S, Wall K., et al. Interactive whiteboards: boon or bandwagon A critical review of the literature[J]. Journal of Computer Assisted Learning,2005,21(2):91~101.

[6] 邱虹,潘颖杰. 基于 Moodle 的交互式课堂研究与实践[J]. 中国校外教育,2011(2):75~75.

(上接第 14 页)

中土茯苓对金黄色葡萄球菌的抑制作用最强;地肤子对微生物的抑制效果最佳,尤其对金黄色葡萄球菌的抑制作用最强。按照三种配比实验结果来看,当洗手液中四种药物的配比为 2:2:1.5:1 时对易感染的微生物有明显有效的抑制作用。因此本实验的小儿洗手液选用 2:2:1.5:1 的配比。且此小儿洗手液对皮肤无刺激性,不会产生红斑、红肿等异常现象。

艾叶,丁香,土茯苓具有杀虫止痒、清热解毒等杀菌功效[9]。地肤子性清利,对皮肤之风可以进行外散,可对多种皮肤病进行防治,外用有显著的疗效[10]。由这四种中药制成的小儿洗手液,对肌肤可进行有效的消炎杀菌作用[11]。儿童皮肤尚未发育成熟,相比于成人,较为细嫩,更易受到环境的损伤[6],而此洗手液由四种纯中药制成,具有性能温和、易冲洗、洗后皮肤润滑等适合小孩子皮肤的特点。

参考文献

[1] 陈忠,张斌,覃凌智,等. 儿童日常行为习惯对血铅水平的影响因素研究[J]. 中国妇幼保健. 2015,30(2):220~222.

[2] 张敏. 静脉留置针敷贴致小儿皮肤过敏的原因分析及对策[J]. 全科护理. 2015,28(13):2 858~2 859.

[3] 陈军,刘培,董洁,等. 中药挥发油作为透皮吸收促进剂的现状与展望[J]. 中草药. 2014,24(45):3 651~3 655.

[4] 强鹏涛,于文. 洗手液配方技术现状及发展趋势[J]. 中国洗涤用品工业杂志. 2015,11(5):31~35.

[5] 佟瑶,张毛毛,李丽,等. 含多酸化合物新型洗手液抗甲型流感病毒效果及毒性评价[J]. 吉林大学学报. 2014,40(1):121~124.

[6] 刘仲霞,孙贵娟,傅伟忠. 一种竹盐洗手液抗菌性能和毒性试验研究[J]. 中国消毒学杂志. 2013,30(6):506~510.

[7] 黄振忠,张绿明,黎家华. "洗四方"袋泡剂皮肤刺激性与致敏性的实验研究[J]. 广西医科大学学报. 2013,30(5):708~711.

[8] 张学沛,朱盛山,刘静,等. 评价中药体外抑菌法的研究进展[J]. 药物评价研究. 2014,2(37):188~192.

[9] 田晓川,田晓辉,李海鸥,等. 皮肤康洗液及思密达治疗小儿手足口病的疗效[J]. 中国医药指南. 2012,10(15):283~284.

[10] 陈祖明. 自拟土茯苓苦参汤外洗治疗 90 例手足口病临床效果分析[J]. 当代医学. 2015,21(33):160.

[11] 冯杨辉,金沈娜,徐存,等. 洗手液活性物质及功能研究进展[J]. 中国科技信息. 2013,115(12):183.

第 31 卷第 2 期
2017 年 2 月

化工时刊
Chemical Industry Times

Vol. 31 , No. 2
Feb. 2. 2017

doi: 10. 16597/j. cnki. issn. 1002 – 154x. 2017. 02. 005

氧化苦参碱磷脂复合物对四氯化碳致小鼠慢性肾损伤的保护作用

穆庆迪 陈新梅 杜 月 岳志敏 徐溢明[*]

(山东中医药大学药学院,山东 济南 250355; * 山东大学临床医学院,山东 济南 250012)

摘 要 目的考察氧化苦参碱磷脂复合物对四氯化碳致慢性肾损伤小鼠的保护作用。方法采用 0.5% CCl_4 橄榄油溶液灌胃造模,小鼠分为空白对照组、CCl_4 模型组、氧化苦参碱组(78 mg/kg)、氧化苦参碱磷脂复合物低剂量组(39 mg/kg)、氧化苦参碱磷脂复合物中剂量组(78 mg/kg)、氧化苦参碱磷脂复合物高剂量组(156 mg/kg)。期间记录摄食量和体重,8 周后检测血清中尿素氮(BUN)及肌酐(SCr)的含量。结果 CCl_4 模型组 BUN 和 SCr 水平明显升高,氧化苦参碱各组 BUN 和 SCr 水平优于模型组。结论氧化苦参碱制成磷脂复合物后可以提高对小鼠肾损伤的保护治疗作用。

关键词 氧化苦参碱 磷脂复合物 四氯化碳 肾损伤

Protective Effect of Oxymatrine Phospholipid Complex on Chronic Renal Injury Induced by Carbon Tetrachloride in Mice

Mu Qingdi Chen Xinmei Du Yue Yue Zinmin Xu Yiming[*]

(College of Pharmacy, Shandong University of Traditional Chinese Medicine, Shangdong Jinan 250355;
* School of Medicine, Shandong University, Shandong Jinan 250012)

Abstract **Objective**: To investigate the protecting effect of Oxymatrine Phospholipid Complex on carbon tetra – chloride – induced renal injury in mice. **Method**: The experimental mice were randomly divided into the normal control group, the carbon tetrachloride kidney injury model group, the Oxymatrine group, the low dose group of Oxymatrine Phospholipid Complex (39 mg/kg), the dose group of oxymatrine phospholipid complex(78 mg/kg) and the high dose group of oxymatrine phospholipid complex (156 mg/kg). After 8 weeks they were sacrificed and serum urea nitrogen (BUN), and creatinine (SCr) content. **Results**: The mice in the model group compared with the control group of mice, BUN and SCr were significantly increased, the four Oxymatrine groups compared with the model group, BUN and SCr were declined. **Conclusion**: Oxymatrine Phospholipid Complex have better protection effect on carbon tetrachloride – induced renal injury in mice.

Keywords Oxymatrine phytosome carbon tetrachloride renal injury

　　氧化苦参碱(Oxymatrine, OM) 是从豆科植物苦参、苦豆子中提取得到的一种生物碱。苦参作为药材使用始载于《神农本草经》,有清热燥湿,杀虫,利尿之功,现代医学表明其有抗炎、抗病毒、抗肝纤维化和

收稿日期: 2016 – 10 – 28
基金项目: 山东省教育厅 2015 年度山东省本科高校教学改革研究项目(2015M189) ;山东省卓越工程师教育培养计划项目(鲁教高字〔2013〕3 号) ;山东省高校中医药抗病毒协同创新中心课题(课题编号: XTCX2014C02) ;山东中医药大学 2016 年 SRT 项目(2016040) ,本项目在山东中医药大学大学生创业训练平台完成。
作者简介: 穆庆迪(1996 ~) ,女,本科在读;通讯作者:陈新梅(1973 ~) ,女,博士,副教授,硕导,主要从事中药新制剂与制药新技术研究。E – mail: xinmeichen@ 126. com。

— 13 —

化工时刊 2017. Vol. 31，No. 2

科技进展《Advances in Science & Technology》

免疫调节、抗癌、抗肿瘤、升高白细胞、抗心率失常等多种药理作用，且不良反应较少[1,2]。磷脂复合物(Phytosome) 是药物和磷脂分子通过电荷迁移作用而形成的较为稳定的化合物或络合物。中药活性成分与磷脂形成磷脂复合物后，可使药物亲脂性显著增强，作用时间延长，不良反应降低[3]。氧化苦参碱，制成磷脂复合物后会大大提高生物利用度，增强疗效。目前关于氧化苦参碱在治疗肾损伤方面的研究较少，但是已有研究发现氧化苦参碱在抑制肾纤维化方面可产生与苯那普利同等效果[4]，并且前期本课题组的研究同样发现氧化苦参碱对大鼠 CCl_4 肾损伤具有一定的保护作用[5]，本实验将氧化苦参碱制成磷脂复合物，考察不同剂量的氧化苦参碱磷脂复合物对肾损伤的保护作用。

1 材 料

1.1 试剂与仪器

氧化苦参碱(陕西昂盛生物医药科技有限公司，批号: US150415) ；四氯化碳(天津市富宇精细化工有限公司，批号 20160411) ；大豆磷脂(上海太伟药业有限公司，批号 20150701) ；橄榄油(上海嘉里食品工业有限公司，批号 20150624) ；氧化苦参碱磷脂复合物(本实验室自制) ；JY1002 分析天平 (上海精密科学仪器有限公司) ；B320A 型医用低速离心机(安徽县白洋离心机场) ；5821 型 AU5800 全自动生化分析仪(BECKMAN COULTER) 。

1.2 动物

雄性昆明小鼠，体重 18 ~ 22 g，由济南朋悦实验动物繁育有限公司提供(动物许可证号 SCXK(鲁) 2014 - 0007) 。

2 方 法

2.1 动物分组

昆明小鼠 72 只，实验室适应性饲养 5 d 后随机分为 6 组: 空白对照组、CCl_4 模型组、氧化苦参碱组(78 mg/kg) 、氧化苦参碱磷脂复合物低剂量组(39 mg/kg) 、氧化苦参碱磷脂复合物中剂量组(78 mg/kg) 、氧化苦参碱磷脂复合物高剂量组(156 mg/kg) ，每组 12 只。实验过程中每日给予普通饲料及正常饮水。

2.2 模型制备及给药

实验过程中，除空白对照组外，其余各组均灌 0.

5% CCl_4 橄榄油溶液 10 mL/kg，每周两次，空白对照组给等量橄榄油。空白对照组和 CCl_4 模型组给生理盐水，其余各组按照剂量给氧化苦参碱或磷脂复合物，给药量为 0.1 mL/10 g，每日两次，连续 8 周。

2.3 体重和摄食量测定

实验期间，每天记录各组小鼠的摄食量，每周称量一次小鼠体重并记录。

2.4 血液中尿素氮和肌酐含量测定

末次给药后，小鼠禁食 12 h，正常饮水。摘眼球取血，离心，3 000 r/min × 10 min，吸取上层血清，采用全自动生化分析仪检测尿素氮(BUN) 及肌酐(SCr) 的含量。

2.5 数据处理

采用 SPSS21.0 统计软件进行统计分析，数据均采用(x ± s) 表示，两组间均数比较，采用 t 检验，以 p < 0.05 为有统计学差异。

3 结 果

3.1 一般情况

实验过程中，空白组小鼠体态正常，皮毛光滑浓密，动作敏捷。模型组小鼠精神萎靡，行动缓慢，皮毛蓬松。其余各组小鼠精神、皮毛状况好于模型组。

3.2 体重与摄食量变化情况

饲养过程中，各组小鼠体重整体保持均匀增长趋势，空白组小鼠体重一直高于其他各组，并且与模型组之间存在显著性差异，其他各组体重差异不明显。实验初期，各组小鼠摄食量无显著差异；实验后期，低剂量组和高剂量组小鼠的摄食量明显高于其他组，空白组与 OM 组、中剂量组摄食量相近。根据实验记录，每次造模后的第二天，各组小鼠摄食量会有明显下降，CCl_4 造模会对小鼠摄食量产生影响。

3.3 血液中尿素氮(BUN) 和肌酐(SCr) 含量测定

结果如表 1 所示，与空白组相比，模型组的 BUN 和 SCr 水平显著升高，具有统计学差异(P < 0.05) 。氧化苦参碱组的 BUN 和 SCr 水平与 CCl_4 模型组之间均存在显著性差异(P < 0.01) ，氧化苦参碱磷脂复合物低、中、高剂量组的 BUN 和 SCr 水平与 CCl_4 模型组相比均下降且差异性显著。氧化苦参碱组与 CCl_4 模型组间的水平差异不如中剂量组与模型组间显著，且两组间差异也有统计学意义(P < 0.05) 。

— 14 —

2017. Vol. 31，No. 2 **化工时刊**

表1　血液中尿素氮(BUN) 和肌酐(SCr) 含量测定

Table 1 Determination of urea nitrogen (BUN) and creatinine (SCr) in blood

	空白对照组	CCl₄ 模型组	氧化苦参碱组 (78 mg/kg)	磷脂复合物低剂量组 (39 mg/kg)	磷脂复合物中剂量组 (78 mg/kg)	磷脂复合物高剂量组 (156 mg/kg)
BUN(mmol/L)	6.56 ± 0.85	$8.07 \pm 1.65^{*}$	$6.20 \pm 0.85^{\#\#}$	$6.05 \pm 0.65^{\#}$	$6.19 \pm 1.08^{\#\#}$	$6.49 \pm 0.95^{\#}$
SCr(umol/L)	12.9 ± 1.3	$16.7 \pm 1.7^{*}$	$14.4 \pm 2.7^{\#\#}$	$15.3 \pm 1.8^{\#\#}$	$16.2 \pm 1.8^{\#\#}$	$16.3 \pm 1.6^{\#}$

注: 与空白组相比，* 表示 $P < 0.05$；与模型组相比，$^{\#}$表示 $P < 0.05$，$^{\#\#}$表示 $P < 0.01$

4　讨　论

CCl₄ 是一种典型的肝毒物质，有研究表明 CCl₄ 肾脏的损伤主要表现在肾组织蛋白质的氧化损伤[6]。前期本课题组研究发现连续 8 周灌胃 CCl₄ 可以引起大鼠肾损伤[5]。本实验研究发现，连续 8 周给予低浓度的 CCl₄ 可以导致小鼠血清中 BUN 及 SCr 含量明显上升，对小鼠肾脏造成一定程度损伤，表明 CCl₄ 制备小鼠肾损伤模型是成功的。氧化苦参碱各组与 CCl₄ 模型组相比，BUN 和 SCr 水平均有明显降低，与前期本课题组的氧化苦参碱实验结果一致，均说明了氧化苦参碱对肾损伤的保护作用是确实显著的。

本实验将氧化苦参碱磷脂复合物的剂量细化，分为低、中、高三个剂量组。本次实验中，磷脂复合物低剂量组(39 mg/kg) 已经达到与氧化苦参碱组(78 mg/kg) 同等效果，并且低剂量的氧化苦参碱磷脂复合物在三个磷脂复合物组中降低作用最显著，初步推测低剂量的氧化苦参碱在制成磷脂复合物后可以达到与单纯中剂量氧化苦参碱相同的疗效。将氧化苦参碱制成磷脂复合物后，提高小鼠对氧化苦参碱的吸收，从而提高了对 CCl₄ 致慢性肾损伤肾脏的保护作用。磷脂复合物在药物制剂方面应用逐渐增多[7]，具有广阔的前景。

参考文献

[1] 陈新梅,郭辉,刘彩云 等. 氧化苦参碱研究概况 [A]; 世界中医药学会联合会中医药抗病毒研究专业委员会论文集[C]; 山东烟台,2015: 157 ~ 159.

[2] 段章好,陈新梅. 抗乙肝病毒中药活性成分的研究进展 [J]. 辽宁中医药大学学报,2016,18(11) : 115 ~ 118.

[3] 陈晨,金玉. 氧化苦参碱对阿奇霉素大鼠慢性肾纤维化组织中核因子 – κB 表达的影响[J]. 南方医科大学学报,2007,27(3) : 345 ~ 348.

[4] 郑林,李毅,邓盛齐 等. 磷脂复合物对中药制剂口服吸收的影响[J]. 中国抗生素杂志,2015,40(6) : 468 ~ 473.

[5] 崔英贤,陈新梅,郭辉 等. 氧化苦参碱对四氯化致大鼠慢性肾损伤保护作用的初步研究[J]. 化工时刊,2016,30(3) : 21 ~ 23.

[6] 黄庆红,罗明英,王歧本. 藤茶总黄酮对四氯化碳所致大鼠肾损伤保护作用的初步研究[J]. 现代生物医学进展,2009,13(9) : 2 454 ~ 2 455.

[7] 郭辉,陈新梅. 中药活性成分磷脂复合物研究进展[J]. 辽宁中医药大学学报,2016,18(8) : 161 ~ 163.

(上接第 9 页)

[2] 王立娜,马明珠,王颖,王集会. 中药土鳖虫发酵前后活性成分的含量对比[J]. 湖南中医杂志,2016,32(08) : 200 ~ 202.

[3] Lowry O H, Rosebrough N J, Farr A l,, et al. Protein measurement with the Folin phenol reagent [J]. J Biol Chem,1951,193: 265 ~ 269.

[4] 董纯定. 生化药物分析 [M]. 南京 : 中国药科大学出版社 ,1995: 142 ~ 150.

[5] 张盼盼,张秀云,王集会,等. 发酵全蝎粉杀酶前后各活性部位蛋白含量及抗癌活性研究[J]. 福建中医药,2014,04: 50 ~ 51.

第 31 卷第 8 期 2017 年 8 月	化工时刊 Chemical Industry Times	Vol. 31 , No. 8 Aug. 8. 2017

doi: 10. 16597/j. cnki. issn. 1002 –154x. 2017. 08. 002

雪菊水提物对东莨菪碱和亚硝酸钠所致小鼠记忆障碍的影响

岳志敏　陈新梅　夏梦瑶　李艳苹

（山东中医药大学药学院，山东 济南 250355）

摘　要　目的研究不同浓度的雪菊水提物对东莨菪碱致小鼠记忆获得障碍和亚硝酸钠致小鼠记忆巩固障碍的影响。方法采用东莨菪碱、亚硝酸钠制造记忆障碍小鼠模型，采用小鼠跳台仪作为测试工具，对小鼠的学习记忆能力进行测定，评价不同浓度雪菊水提物对模型小鼠记忆力改善情况的影响。结论雪菊水提物可改善东莨菪碱、亚硝酸钠致记忆障碍小鼠学习记忆能力。

关键词　雪菊水提物　记忆获得障碍　记忆巩固障碍

Effects of Water Extracts from Coreopsis Tinctoria on Memory Impairment in Mice Induced by Scopolamine and Natrium Nitrosum

Yue Zhimin　Chen Xinmei　Xia Mengyao　Li Yanping

(College of Pharmacy , Shandong University of Traditional Chinese Medicine; ShangDong Jinan 250355)

Abstract　**Objective**: To study the effect of different concentration of coreopsis tinctoria water extract on scopolamine and natrium nitrosum induced memory deficits in mice. **Method**: By scopolamine and natrium nitrosum to make memory impairment in mice model as the experimental object, the mouse jumping apparatus as a testing tool, to determine the learning and memory ability of mice, the evaluation of different concentrations of coreopsis tinctoria effect of water extract of improvement on memory in mice. **Conclusion**: Coreopsis tinctoria water extract can improve scopolamine, natrium nitrosum induced memory impairment decreased learning and memory ability of mice.

Keywords　Coreopsis tinctoria　water extracts　memory impairment

雪菊，学名蛇目菊、两色金鸡菊，双色金鸡菊种植物，在新疆昆仑山一带，民间称之为"清三高花"，现代研究表明雪菊其有降血糖、降血压、降血脂的功效[1]。长期以来昆仑雪菊被当地居民当花茶饮用，新疆维吾尔医院也作为一种维药材应用[2]。目前，已从雪菊中分离鉴定出 300 多种天然成分[3]，其中含有黄酮类物质含量高达 12% ，远超过其他各种菊花类。研究表明，黄酮类化合物可有效地清除体内的氧自由基，阻止细胞的退化、衰老及癌变[4]。本实验通过考察不同浓度的雪菊提取液在对抗东莨菪碱和亚硝酸钠所致记忆障碍的影响，为雪菊在益智保健等方面的应用提供科学依据。

1　实验材料

1.1　仪器

XZC – 5A 型小鼠跳台仪(山东省医学科学院设

收稿日期:2017 – 06 – 16

基金项目:山东省教育厅 2015 年度山东省本科高校教学改革研究项目(2015M189) ;山东省卓越工程师教育培养计划项目(鲁教高字 [2013] 3 号)。

作者简介:岳志敏(1997 ~) ,女,本科生。通讯作者:陈新梅(1973 ~) ,女,博士,副教授,研究方向:中药新制剂与制药新技术研究。E – mail: xinmeichen@ 126. com

— 5 —

化工时刊 2017. Vol. 31, No. 8 科技进展《Advances in Science & Technology》

备站提供)。

1.2 试剂

雪菊(新疆润元本草有限公司);氯化钠(国药集团化学试剂有限公司,分析纯);氢溴酸东莨菪碱注射液(遂成药业股份有限公司);亚硝酸钠(国药集团化学试剂有限公司,分析纯)。

1.3 动物

质量 18~22 g,SPF 级雄性昆明种小鼠。由山东鲁抗医药股份有限公司质检中心实验动物室提供。动物合格证编 SCXK(鲁) 20160007。

2 实验方法与结果

2.1 雪菊的提取及不同剂量组给药浓度的配制

称取雪菊 5.0 g,研碎成粗粉后,按料液比 1:10 加入蒸馏水 50 mL。90 ℃浸渍 20 min,用 16 层纱布过滤,挤压出全部滤液后,再向滤渣中加入 50 mL 蒸馏水重复以上操作。合并两次滤液得原液。

该浸出液总黄酮含量为 11.14mg/mL,为高剂量组的直接用药;取部分原液用蒸馏水稀释为原液浓度的 1/2,为中剂量组给药浓度,即总黄酮含量为 5.57 mg/mL;取部分原液稀释为原液浓度的 1/4,为低剂量组给药浓度,即总黄酮含量为 2.78 mg/mL[5]。

小鼠每天给药两次,每次 0.1 mL/10 g,高、中、低剂量组分别按如上浓度给药,空白组给等体积生理盐水(0.9%的 NaCl 水溶液)。

2.2 雪菊提取液对东莨菪碱致记忆获得障碍模型小鼠的影响

雄性小鼠 40 只,在实验室中适应饲养 7 d 之后,按照体重随机分成 4 组,每组 10 只。分别为空白组,雪菊提取液低、中、高剂量组。小鼠每日自由取食,不限摄食量及饮水量。每日注意观察每组小鼠排泄情况及健康状况。

在连续灌胃给药 21 d 后,在末次给药 30 min 后、跳台训练 30 min 前,用东莨菪碱注射液以 1.5 mg/kg 的剂量腹腔注射,跳台训练时间为 3 min,24 h 后进行跳台行为学实验。记录小鼠 5 min 内受到电击的总次数,定义为跳台错误次数。小鼠第一次跳下平台的时间记为潜伏期。

结果表明,与空白组相比,低、中、高剂量组的跳台错误次数均有不同程度的减少,表明不同浓度的雪菊水提物对小鼠记忆获得障碍均有不同程度的改善

作用,且中剂量组具有极为显著的差异性,低剂量组和高剂量组的数据也均呈现不同程度的显著性差异。

表1 雪菊提取液对东莨菪碱致小鼠记忆获得障碍模型的影响

Table 1 Effects of coreopsis tinctoria water extract on memory impairment in mice induced by scopolamine

组别	动物只数/只	潜伏期/s	跳台错误次数/次
空白组	10	16.7±9.86	5.4±1.96
低剂量组	10	26.1±17.06	2.8±1.81 **
中剂量组	10	24.1±23.31	2.0±1.15 ***
高剂量组	10	28.8±23.88	3.3±1.57 *

注:与空白组比较,*** P<0.001,** P<0.01,* P<0.05

2.3 雪菊提取液对亚硝酸钠致记忆巩固障碍模型小鼠的影响

另取小鼠 40 只,分组及给药同 2.2 项。

在连续灌胃给药 21 d 后,末次给药 30 min 后跳台训练,在跳台训练后,立即皮下注射亚硝酸钠,剂量为 100 mg/kg,跳台训练时间为 3 min。24 h 后进行跳台行为学实验,跳台实验为 5 min。

表2 雪菊提取液对亚硝酸钠致小鼠记忆获得障碍模型的影响

Table 2 Effects of coreopsis tinctoria water extract on memory impairment in mice induced by natrium nitrosum

组别	动物只数/只	潜伏期/s	跳台错误次数/次
空白组	10	88.5±91.53	2.8±1.87
低剂量组	10	135.5±136.05	0.9±1.10 *
中剂量组	10	215.5±113.69 *	0.7±0.82 **
高剂量组	10	160.3±140.52	0.8±1.03 **

注:与空白组比较,** P<0.01,* P<0.05

经跳台实验数据检测,发现与空白组相比,低、中、高剂量组的小鼠跳台错误次数均有明显的减少,呈现统计学显著差异,且中剂量组不仅极为显著地减少了跳台错误次数,潜伏期与空白组相比也有较为显著的延长。

3 讨 论

雪菊水提物对东莨菪碱所致记忆获得障碍模型小鼠影响的数据表明,雪菊提取液对修复记忆获得障碍具有明显改善作用,原因可能是雪菊提取物总黄酮对于具有中枢和周围神经的抑制作用的较低浓度东莨菪碱造成抑制的大脑皮质有显著的拮抗作用,其改善作用可能与增强中枢胆碱能神经系统有关,从而修复了东莨菪碱引起的健忘倾向,降低了小鼠细胞因摄入部分东莨菪碱而造成的细胞麻痹作用。

(下转第 55 页)

— 6 —

3　《基础化学实验》教学中自主性学习法应用存在的主要问题和对策

（1）当今高校扩招，使得学生的基础参差不齐，针对此现象，课程教研组积极进行了研讨，在实验教学方法上采取因材施教和个别学生单独指导的方法，帮助一些暂时落后的学生迅速跟上自主性学习教学改革的步伐。

（2）有部分学生在分组讨论中表现不积极，从不发言。可以通过及时多鼓励和表扬的方法，并把分组讨论的重要性和意义提前告诉学生，积极引导这些表现不积极的学生慢慢参与进来讨论。

（3）在学生参与实验教学环节，有少数学生听课不认真，没有真正参与到教学中来。针对此问题，老师可以采取提问听课不认真的学生的方法，及时督促学生参与到实验教学中。

（4）在进行学生自主性创新实验时，有部分学生查阅文献不充分或没有花时间查阅文献并总结，导致实验没有得到很好的设计。关于此问题，对于优秀学生，老师可以鼓励其独立设计和完成创新实验；对于能力弱点的学生，老师可以鼓励其通过团队合作的模式进行创新实验的设计，达到全体学生参与创新实验设计的目的。

参考文献

[1]　周智,周南,王锦 等. 学术冬令营 - 本科生科研动手能力培养和人才选拔的新模式探索 [J]. 化工时刊,2016, 30(5)：47.

[2]　周晓华,龚淑华,赵颖 等. 无机及分析化学课程考试模式改革的实践与探讨 [J]. 广东化工,2006, 33(11)：93.

[3]　屠小菊,杨建奎,张凤 等. 农科类专业化学实验教学的改革的研究 [J]. 化工时刊,2015, 29(3)：50.

（上接第 6 页）

雪菊水提物对亚硝酸钠所致记忆巩固障碍模型小鼠影响的数据表明，雪菊提取液对修复记忆巩固障碍也有明显改善作用，可能与雪菊水提取物能够有效解除小鼠亚硝酸钠中毒而引发的记忆巩固障碍有关。

通过对不同浓度雪菊提取物总黄酮对东莨菪碱及亚硝酸钠所致两种记忆障碍影响作用的实验研究，以及综合本实验组前期探索雪菊水提物对乙醇所致记忆再现障碍模型小鼠的影响[6]，发现雪菊总黄酮水提液在整个记忆过程所致障碍中均呈现有效的改善作用，并且改善效果均呈现显著性差异。其作用机制可能与雪菊水提物中的总黄酮能够清除自由基[7]、抗氧化等作用有关。

小鼠跳台实验做为动物行为学的测试方法，存在一定个体差异，且实验环境、动物饮食及昼夜节律对实验结果也有一定的影响[8]，因此本课题组同时也考察了另外一种行为学测试工具——避暗仪，对雪菊水提液的作用进行考察，实验结果与本研究所采用的跳台仪的结果基本一致，这从另一个侧面也证实了雪菊水提液对记忆障碍具有确切的作用。

参考文献

[1]　方煊,李雅丽,陈新梅.雪菊黄酮对脂肪变肝细胞的降脂效果 [J].温州医科大学学报,2016,46(10)：720～723.

[2]　张燕,李琳琳,木合布力·阿布力孜 等.新疆昆仑雪菊5种提取物对 α - 葡萄糖苷酶活性的影响 [J].中国实验方剂学杂志,2011,17(7)：166～169.

[3]　江虹,秦勇.雪菊活性成分提取及引种研究进展 [J].天津农业科学,2015,21(8)：46～50.

[4]　方瑞萍,唐辉,黄剑 等.雪菊的药理作用及营养成分的分析方法研究进展 [J].材料导报 A：综述篇,2014,28(10)：143～146.

[5]　邢佰颖,陈新梅,秦乐 等.昆仑雪菊总黄酮对小鼠负重游泳的影响 [J].化工时刊,2017,31(1)：9～11.

[6]　秦乐,陈新梅,邢佰颖 等.雪菊总黄酮对小鼠体重及记忆再现障碍的影响 [J].化工时刊,2017,31(2)：10～12.

[7]　刘博奥,刘继国,刘伟 等.天山雪菊不同溶剂提取物的抗氧化活性研究 [J].中国酿造,2014,33(3)：71～75.

[8]　李运明,匡永勤,孙年怡 等.神经科学研究中动物行为学实验设计需要考虑的几个问题 [J].西南军医,2015,17(5)：595～597.

— 55 —

第 31 卷第 7 期 2017 年 7 月	化工时刊 Chemical Industry Times	Vol. 31 , No. 7 Jun. 7. 2017

doi: 10.16597/j. cnki. issn. 1002 – 154x. 2017. 07. 013

大学生就业创业实现途径探讨
——以山东中医药大学为例

杨丽莹 陈新梅 王梦影

(山东中医药大学药学院,山东 济南 250355)

摘 要 近年来就业形式严峻,高校作为连接校园与社会的纽带,在促进就业创业方面承担着重大的责任。本文以山东中医药大学为例,提出高校服务大学生就业创业工作的措施,积极发挥高校在促进大学生就业创业中领航作用。

关键词 就业创业 路径 大学生

"十三五"期间,世界经济处于复苏期,中国经济处于特殊时期,有很多难题需要解决。在党的十八大上习近平总书记指出,实施创新驱动发展战略刻不容缓,国务院提出了"大众创业,万众创新"的号召[1],新的创业局面蓬勃兴起。山东中医药大学积极响应国家号召,校长及学校领导人高度重视大学生创新创业工作,多途径激发学生创新创业活力,推动大学生创业工作的深入开展,为毕业生就业创业发挥领航作用。

1 现状分析

随着中国教育事业的快速发展[2],大学毕业生的数量在逐年快速增加,仅 2016 年全国高校毕业生人数高达 770 万[3]。在扩招和毕业生分配制度改革之后,毕业生就业面临着供大于求的局面,大学生就业面临着更大的压力。一个稳定的工作关系到家庭的稳定和国家的发展。然而大学生在毕业季总是面临着许多主观或客观的原因,找不到自己合适的工作。在就业压力逐年增加的现在,研究如何通过创新创业教育推动大学生的高质量就业对高校具有十分重要的理论和实践意义,也有利于实现毕业生的高质量就业和满意就业[4]。本文以山东中医药大学实施的促进大学生就业创业的措施为例进行探讨。

2 大学生就业创业存在的问题

2.1 职业定位模糊,对现在的就业形式了解度不够

大部分毕业生对当前的就业形式了解度和认知度不高,缺乏对自己的职业规划,没有自己的想法。受老一辈观念的影响很大,在单位上有强烈的进入国家机关和事业单位的意愿,想要拥有一辈子的"铁饭碗",接受不了到生产一线或者基层工作。在地域上想在北上广等东南沿海的大城市工作,对于中小型企业和不发达的城市几乎不考虑。这就出现就业难和有业不就的尴尬局面。

2.2 自我认知度不够,缺乏自我定位意识

在新的就业体制下,大学生只是大众化教育的产物,不再是几十年前的"香饽饽"了。有的学生认为进入了大学就是站在金字塔上层的人物了,就业不愁。却不明白在现在的社会环境中自己具有创造什么价值的能力,在就业过程中,现实的薪资待遇与社会地位与心中的理想情况有太大的出入,造成了很大的心理落差。

2.3 创业意愿不强,创新度不够

大学生由于长期处于校园的环境中,极大的欠缺社会阅历,在创业初期的运行和市场开拓中实践经历不足。资金是创业的前提,初出校园的大学生没有自己成熟的人际关系网,在没有家庭、朋友或政策的支

收稿日期:2017 – 04 – 27

基金项目:山东省教育厅 2015 年度山东省本科高校教学改革研究项目(2015M189) ;山东省卓越工程师教育培养计划项目(鲁教高字[2013]3 号)

作者简介:杨丽莹(1995 ~) ,女,本科生;研究方向:药学。通讯作者:陈新梅(1973 ~) ,女,博士,副教授,硕士研究生导师,主要从事中药新制剂与制药新技术研究,E – mail: xinmeichen@126. com

— 47 —

化工时刊 2017. Vol. 31,No. 7

持下很难完成创业初期的运转。因此,资金也是限制大学生创业的一个很重要的因素。大学生在长期以来接受的是传统的应试教育,有的专业涉及市场营销方面的知识,但是仅有理论缺乏实践,并且在沟通、管理、理财等方面还存在很大的欠缺。在传统的本科教育的背景下,着重学习专业基础知识,对于专业的研发则需要更高的学历支持。因此,大学生很大一部分创新能力欠缺,思维被禁锢,没有核心优势或优势项目找不到自己合适的创业项目。创业需要极好的心里素质来承受所有的困难及突发情况,而大学生在校生存环境优越,没有经历过很大的磨难,很难有良好的心里承受能力来面对和解决这些问题。

2.4 自身综合能力有待提升

新时代的大学生应该有朝气蓬勃的精神,但是刚进入社会,缺少社会经验,适应能力不强,新的环境逐渐消磨了他们当初的自信心。这就是缺乏自信和心理承受能力小,情绪不稳定。目前的教育体制重视知识的传授,在能力方面没有系统的教育,大学生自身在素质和能力方面参差不齐,这就对进入职场有很大的影响。日常的口语表达能力有欠缺,在面试过程中表达不恰当,与工作失之交臂。在校期间学习了许多的专业知识,考出了多个证书,然而缺乏实践经历,难以适应后来的工作。

3 学校促进就业创业举措

针对大学生就业创业过程中存在的主观或客观问题,高校积极分析原因并采取各种措施促进学生的就业创业。

3.1 直接对学生进行就业创业教育指导

大一学生受自身条件、社会制度、教育环境等因素的限制[5],缺乏职业规划。学校从大一就开设职业生涯规划指导课程指导学生有目标的规划自己的职业生涯,给学生提供良好的就业指导,在低年级时就明确就业目标,在整个大学期间不断进行就业技能的培养,提高的求职技能。每年要求学生去与自己专业相关的岗位进行见习,提前接触自己将来的岗位为自己将要从事的工作有更深一层的准备。

3.2 高质量的就业指导团队

高校招生就业处作为大学生就业指导的主力军,对大学生就业创业工作十分重视,实战经验丰富,有大量充足的就业信息,并且在发展中不断的累积。下设有办公室,及时接收来自各种企业的招聘信息然后进行宣传和协助招聘。学校有数个附属医院以及合作医院,作为肩负人才培育、学科教学等艰巨任务的高等院校核心组成部分,在一定程度上给学生就业率的提高带来启发。

联系大量的招聘信息每学期招生就业处举办两次集中招聘活动,届时几百家招聘和数千名学生同时聚集在同一场地高效进行双向选择,既为企业在短时间内提供了充足的可用人才,也有利于大学生就业率提高[6]。

招生就业处积极与企业进行校企合作,校企合作是就业创业未来主要发展趋势,学校与企业合作[7],有针对性的促进科技创新,注重人才培养质量的提高。促进科技成果的转化,带动经济发展,积极为促进就业,高效的利用人才做表率。

3.3 加强对高质量岗位就业信息的收集和宣传

招生就业处开设就业信息网宣传招聘信息、校园专场、就业创业的新闻动态、就业政策和就业指导等。同时利用飞信、微信公众号、QQ 群、微博等网络信息平台及时进行的宣传高质量与校专业有关的招聘信息,多方式多渠道让学生及时接受最有效的招聘信息,高效的抓住每一个就业机会。邀请专家进行有关就业创业或学术讲座,开拓学生的视野,使其更加了解现在的就业形式。

3.4 开展新形势下的创业教育和实践

为与新形势下的创业教育形式接轨,为学校的学生创造良好的创业实践平台,学校投资创建了"创业孵化基地"。在这里,在校大学生可以在符合学校规定的条件下申请使用。在此可以接触到更多的社会资源,也可以直接的接受市场教育,在实践中总结经验。减小了许多的创业风险,减少了大部分的创业资金。在这里经历过了前期的研究基础,充分的市场调查,在财务分析和组织管理方面都有了初步的了解。并且,在学校内进行创业活动与上课的冲突在很大的程度上减小了,节约了创业者的精力,是接近这个道路的缓冲。在这个背景下,就为应届毕业生进行创业活动打下了坚实的基础。

3.5 丰富社团活动,提高大学生综合能力

丰富多彩的学生会和社团,有利于锻炼与人交往的能力。大学生职业发展协会还承办宣讲会,可以随时了解企业的用人要求,了解现在的就业趋势,评估

2017. Vol. 31, No. 7 化工时刊

自己的实力,改进自己的不足。职业生涯规划大赛,鼓励在校大学生参加,在大赛中规划自己的职业生涯再听在场邀请来的老师嘉宾进行点评,有利于对学生的将来早日树立一个目标,帮助他们更好的规划自己的未来,有利于将来的就业创业。模拟求职大赛,在招生就业处老师的培训下使在校大学生充分了解就业形式,转变择业观,系统了解事业单位对人才素质的基本要求。社团活动有简历制作大赛,提前要学生进行简历的制作,并邀请企业的人和在校老师来进行点评,为将来的找工作投递简历这个面试第一关奠定了基础。校园营销大赛,促使学生积极与社会接轨,体会创业的艰辛,为创业积累经验。

3.6 增强大学生科技创新与创业能力

高校提供勤工助学岗位增加学生的创业经验,熟悉社会的环境,体会作为劳动者的艰辛,增加心理和身体的承受能力。凭借科技创新提高大学生的创新创业能力,高校设有挑战杯、SRT 等科研活动。GMP模拟车间有助于培养学生的合作意识及创新意识[8],充分发掘学生的创新能力,建立新的人才培养体系和教学模式[9]。

4 学校取得成果

自 2015 年 10 月开始,我校对原大学生创业实践基地和就业创业实践基地进行升级改造。这个投入近 550 万元的大学生创业孵化基地建筑面积 5200 平方米,同时可容纳 120 个创业团队,设有办公席位400 多个。到 2016 年 5 月底,学校在基地组织了 88个项目答辩,入驻成功 43 个创业孵化项目,并且注册 24 个公司。山东省人力资源和社会保障厅、省财政厅联合下发《关于公布 2016 年度省级创业示范平台名单的通知》,山东中医药大学大学生创业孵化基地获评省级大学生创业示范平台,在高校荣获中第一名。

在学校的积极有效的创业教育下,学生获第六届中国大学生服务外包创新创业大赛 4 项三等奖、第七届中国大学生服务外包创新创业大赛 2 项二等奖,1项三等奖、"山东省大学生十大创业之星"、山东省创业计划类一等奖等创业比赛奖项。并且我校承办长

清区 2016 年创业大赛总决赛。在创业实战中,山东中医药大学学子创办的神农大药房已连锁 23 家。

5 结 语

高校大学生面临就业创业的新时期,促进就业创业有利于就业者的生存与发展,有利于高校的持续发展和国家的人才储备。因此高校作为人才培养的重要基地应积极探索行之有效的措施拓宽大学生就业渠道,提高大学生就业能力和适应岗位的能力[10],减轻就业压力,使社会对人才的需求与大学生就业保持同步,实现人才的良性循环,为社会的稳定做出贡献。

参考文献

[1] 李克菲. 以"大众创业,万众创新"拓展大学生创业路径[J]. 继续教育研究,2016(4):99~102.

[2] 唐秋红. 当代大学生就业创业特点、现状与路径探析[J]. 高教学刊,2016(12):68~70.

[3] 陈新梅,周萍,李颖,黄琼琼,王峻清. 我校制药工程专业应届毕业生考研情况调查与分析[J]. 卫生职业教育. 2017,35(3):105~106.

[4] 艾华,赵建磊,刘晓辉,田润平. 以创新创业教育推动高等中医药院校大学生高质量就业[J]. 中医教育 ECM. 2016,35(2):16~19.

[5] 崔英贤,陈新梅,曲志勇,李颖,史磊. 制药工程专业新生对专业认知及职业规划的调查与分析[J]. 化工时刊. 2016,30(5):50~52.

[6] 唐龙,王彩芳,徐寅,李怀征. 跟进式教育理念下"95后"大学生就业路径探析[J]. 创新与创业教育. 2015,6(6):55~57.

[7] 陈新梅,周 萍,王诗源. 基于实践能力和创新意识培养的药剂学课程群建设研究与实践[J]. 药学教育. 2015,34(10):613~615.

[8] 崔英贤,陈新梅,林桂涛,周长征,马山. GMP 模拟车间在制药工程专业人才培养中的应用研究[J]. 药学研究. 2016,35(9):553~555.

[9] 丁俊苗. 以创新创业教育引领高等教育改革与发展——创新创业教育的三个阶段与高校新的历史使命[J]. 创新与创业教育. 2016,7(1):1~6.

[10] 李莉. 人才供给侧改革下推进大学生就业创业教育的路径[J]. 西部素质教育. 2016,2(6):21.

华西药学杂志
WCJ·PS   2018,33(4)：373～375

雪菊水提物对小鼠肝及肾功能的影响

杨丽莹，陈新梅*，杜　月，岳志敏，李艳苹，夏梦瑶

（山东中医药大学药学院 山东 济南 250355）

摘要：目的　探讨雪菊水提物对小鼠肝、肾功能的影响。**方法**　将 40 只昆明种♂小鼠随机均分为空白组（0.9% NaCl 水溶液）、雪菊水提物组（低、中、高剂量分别为 28.5、57.0、114.0 mg·kg^{-1}）对小鼠进行灌胃给药，期间记录摄食量和体重，7 周后检测血清中谷丙转氨酶（ALT）、谷草转氨酶（AST）、尿素氮（BUN）及肌酐（SCr）的含量，并对小鼠进行肝、肾的病理分析。**结果**　与空白组比较，低、中、高雪菊水提物组的小鼠血清中 ALT、AST、BUN 及 SCr 的检测值差异无统计学意义，肝、肾的病理组织学检查无病理改变。**结论**　雪菊水提物对小鼠的肝、肾功能无影响。
关键词：雪菊水提物；总黄酮；肝功能；肾功能；血生化；脏器系数；肝切片；肾切片
中图分类号： R96　　　　　　　　**文献标志码：** A　　　　　　**文章编号：** 1006 - 0103（2018）04 - 0373 - 03
DOI： 10. 13375/j. cnki. wcjps. 2018. 04. 008

The effect of *Coreopsis tinctoria* water extracts on the function of liver and kidney in mice

YANG Liying，CHEN Xinmei*，DU Yue，YUE Zhimin，LI Yanping，XIA Mengyao

（*College of Pharmacy，Shandong University of Traditional Chinese Medicine，Jinan，Shangdong，250355 P. R. China*）

Abstract： **OBJECTIVE**　To explore the effect of *Coreopsis tinctoria* water extracts on mouse liver and kidney functions. **METHODS**　Forty male mice in Kunming，in accordance with the concentration of flavonoids in water extracts of *C. tinctoria*，mice were divided into the control group（0.9% NaCl aqueous solution），low dose（28.5 mg·kg^{-1}），medium - dose（57.0 mg·kg^{-1}）and high - dose groups（114.0 mg·kg^{-1}），by intragastric administration. Food intake and body weight were recorded. After 7 weeks，serum alanine aminotransferase（ALT），aspartate aminotransferase（AST），blood urea nitrogen（BUN）and creatinine（SCr）levels，and hepatic and renal pathological analysis of the mice were carried out. **RESULTS**　Compared with the control group，serum ALT，AST，BUN and SCr of mice in low，medium and high groups had no statistically significant difference. Histopathologic examination showed no pathological changes of liver and kidney. **CONCLUSION**　*C. tinctoria* extracts has no effect on liver and kidney function.
Key words: *Coreopsis tinctoria* Nutt.；Aqueous extract of *Coreopsis tinctoria*；Total flavonoids；Liver function；Kidney function；Blood biochemical parameters；Organ coefficient；Liver slices；Kidney slices
CLC number: R96　　　　　　　　**Document code:** A　　　　　　　　**Article ID:** 1006 - 0103（2018）04 - 0373 - 03

雪菊 *Coreopsis tinctoria* Nutt. 属一年生草本植物，主产于新疆地区。黄酮类化合物是其主要化学成分[1]，有抗炎、降脂、降压、降糖、抗凝血、抗氧化、抗病毒等药理活性，并具有活血化淤、清热解毒之功效[2-3]。常饮雪菊用能清凉降火、清肝明目。雪菊被卫生部列为食药同源的物品名单，具有较高的药用和保健价值[4]。现就昆仑山雪菊水提物对小鼠肝、肾功能的影响进行了初步研究，考察长时间饮用雪菊是否会对肝脏和肾脏功能有影响，以期为雪菊的健康饮用提供依据。

1　实验部分

1.1　仪器、试药与动物

5821 型 AU5800 全自动生化分析仪（Beckman Coulter）；ASP300S 全自动脱水机、EG1150H 石蜡包埋机、RM2235 切片机、ST5020 多功能染色机（德国 Leica）；BX51 显微镜（日本 Olympus）。新疆昆仑山雪菊（新疆润元本草有限公司，经山东中医药大学李宝国老师鉴定为雪菊 *Coreopsis tinctoria* Nutt.）。SPF 级昆明种♂小鼠（山东鲁抗医药股份有限公司质检中心实验动物室，合格证号：SCXK【鲁】

基金项目：山东省本科高校教学改革研究项目（2015M189）；山东省卓越工程师教育培养计划项目（鲁教高字[2013]3 号）；国家级大学生创新创业训练计划项目（编号：201710441037）
作者简介：杨丽莹（1995—）女 从事制药工程的研究工作。Email：1581544752@qq.com
* 通信作者（Correspondent author），Email：xinmeichen@126.com

374 华西药学杂志 第33卷

20170006)。

1.2 方法与结果

1.2.1 小鼠的分组及给药 将40只昆明种♂小鼠在实验室经适应性饲养1周后按体重随机均分为空白组和低、中、高剂量雪菊水提物组。给予空白组小鼠生理盐水(0.9% NaCl水溶液),其余3组分别给予昆仑雪菊水提液(含11.21%总黄酮),低、中、高剂量分别为28.5、57.0、114.0 mg·kg^{-1}。各组小鼠均自由饮水,喂食普通饲料,每日早晚灌胃各1次,每次0.4 mL,持续灌胃给药42 d。

1.2.2 体重及摄食量的测定 实验期间,记录小鼠每日的摄食量,每周称重1次,并观察小鼠的健康状

况。未观察到空白组与各实验组小鼠在体态、精神、活动上的明显差异,且空白组与各实验组小鼠的体重和摄食量的差异均无统计学意义($P > 0.05$)。

1.2.3 血清中谷丙转氨酶(ALT)、谷草转氨酶(AST)的活性和尿素氮(BUN)、肌酐(SCr)的含量测定 末次给药后,小鼠正常饮水,禁食12 h。从眼球中取0.5 mL血,于3×10^3 r·min^{-1}离心10 min,分离200 μL血清,采用全自动生化分析仪测定血清中ALT、AST的活性和BUN、SCr的含量。与空白组比较,各实验组ALT与AST的活性无统计学意义($P > 0.05$),各实验组BUN与SCr含量的差异无统计学意义($P > 0.05$)(表1)。

表1 雪菊水提物对小鼠肝、肾功能相关生化指标的影响($\bar{x} \pm s, n = 10$)

Table 1 Effects of *C. tinctoria* water extracts(CTWE) on the biochemical indexes of liver and kidney function in mice($\bar{x} \pm s, n = 10$)

Groups	Dose/mg·kg^{-1}	ALT/U·L^{-1}	AST/U·L^{-1}	BUN/mmol·L^{-1}	SCr/μmol·L^{-1}
Blank	–	31.38 ± 6.19	118.13 ± 18.16	9.87 ± 1.46	7.75 ± 1.39
CTWE	28.5	28.67 ± 3.43	118.89 ± 20.29	9.26 ± 0.84	7.22 ± 1.56
	57.0	29.00 ± 5.70	110.88 ± 24.11	9.27 ± 0.72	7.77 ± 1.99
	114.0	31.89 ± 6.05	113.63 ± 14.86	8.98 ± 0.84	7.00 ± 1.58

1.2.4 小鼠肝和肾组织的形态学观察[5-6] 脱颈处死小鼠后迅速解剖,取部分肝脏组织,用10%中性甲醛固定24 h,将所取组织沿长轴剖开,每隔1 cm取材,大小1×1×0.3 cm。将所取标本在10%中性甲醛中固定4~6 h,水洗20~30 min,采用常规脱水、透明、浸蜡、石蜡包埋等处理后,制成4 μm的切片,行常规HE染色,10×10倍镜进行病理组织学检查。空白组与各实验组小鼠的肝脏组织结构正常,肝细胞无变性坏死,无充血、出血或炎症现象。小鼠

肝细胞以小叶中央静脉为轴心呈放射状排列,细胞轮廓清楚呈多边形,未见细胞质疏松化改变。各组小鼠的肝组织形态结构正常,无病理改变。空白组与各实验组小鼠的肾脏组织结构中,肾小球无肿胀萎缩,肾小管上皮细胞无变性坏死,肾间质无充血、出血或炎症,无浸润现象,肾小球呈圆球形,毛细血管团轮廓清晰可见,近区小管上皮细胞呈立方形,核位于基底部。各小鼠肾组织形态的结构正常,无病理改变(图1)。

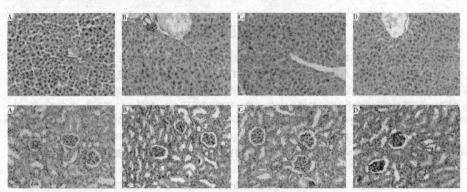

图1 空白组(A)、雪菊水提物(低、中、高剂量)组(B~D)的小鼠肝(1)和肾(2)组织的病理图(HE×100)

Figure 1 Histopathological images of liver tissues(1) and kidney tissues(2) of the blank group(A), KCWE groups(low, middle and high dose were B~D)(HE×100)

1.2.5 小鼠的肝脏系数和肾脏系数的测定 于眼球取血后,脱颈处死小鼠,迅速解剖小鼠,分离肝脏

和肾脏,用0.9% NaCl溶液冲洗、滤纸拭干后称重。以肝脏重量占体重的百分比表示肝脏系数;以双侧

肾重占体重的百分比表示肾脏系数。空白组与各实验组小鼠的肝脏系数和肾脏系数均无统计学意义（ $P > 0.05$ ）（表 2 ）。

表 2　雪菊水提物对小鼠肝脏、肾脏系数的影响（ $\bar{x} \pm s, n = 10$ ）
Table 2　Effects of KCWE on liver and kidney coefficient of mice （ $\bar{x} \pm s, n = 10$ ）

Groups	Doses/mg·kg^{-1}	Liver index/%	Kidney index/%
Blank	–	3.60 ± 0.22	1.31 ± 0.12
CTWE	28.5	3.50 ± 0.23	1.30 ± 0.19
	57.0	3.52 ± 0.22	1.22 ± 0.16
	114.0	3.54 ± 0.25	1.25 ± 0.15

1.2.6　统计学分析　数据采用 SPSS 17.0 中 One - Way Anova 进行单因素方差分析，数据均采用 $\bar{x} \pm s$ 表示，两组间均数比较采用 t 检验， $P < 0.05$ 表示差异具有统计学意义。

2　讨论

肝脏具有解毒和代谢的作用，谷丙转氨酶（ ALT ）和谷草转氨酶（ AST ）是广存于肝脏中的氨基酸转移酶，因此，用 AST 和 ALT 的变化来辅助判断肝损伤的性质和程度。尿素氮（ BUN ）和肌酐（ SCr ）的浓度取决于肾的排泄能力，其含量可间接反映肾脏的损伤程度。文中结果显示：空白组与各实验组小鼠 AST、ALT 的活性无统计学意义，与小鼠肝组织的病理学检查结果一致，表明不同浓度雪菊总黄酮对小鼠的肝功能无影响；空白组与各实验组小鼠 BUN 和 SCr 的含量无统计学意义，与肾组织病理学检查结果一致，表明雪菊总黄酮对小鼠的肾功能也无影响。实验动物脏器系数是药物毒性实验指定检测项目之一，依据脏器系数可确定内脏器官病变的性质和程度。文中结果显示：空白组与各实验组的肝脏系数无统计学意义，表明小鼠的肝脏无病变；肾脏系数无统计学意义，表明小鼠的肾脏也无病变；与组织病理学的检查结果一致。综上所述，雪菊水提物对小鼠血清中 ALT、AST 的活性，BUN、SCr 的含量以及肝脏和肾脏系数均无影响，表明雪菊水提物无肝、肾毒性。

参考文献：

[1]　丁豪 杨海燕 辛志宏. 昆仑雪菊黄酮类化合物的抗氧化相互作用研究 [J]. 食品科学 2015,36(25)：26 - 32.

[2]　杨博 张薇. 新疆雪菊化学成分及研究进展 [J]. 化学工程与装备 2013,11：140 - 141.

[3]　杨英王 陈伟 杨海燕，等. 昆仑雪菊中 2 个黄酮类化合物的分离鉴定及其抗氧化活性评价 [J]. 南京农业大学学报，2014,37(4)：149 - 154.

[4]　远辉 孙蕾 杨文菊. 新疆不同产地雪菊中氨基酸的测定及分析 [J]. 食品科技 2015,40(07)：326 - 329.

[5]　邹登峰 张可锋 谢爱泽. 金花茶多糖抗小鼠免疫性肝损伤作用的研究 [J]. 华西药学杂志 2014,29(5)：525 - 527.

[6]　吴欣 李聃丹 陶冶，等. 曲尼司特对肾小球硬化大鼠肾脏的保护作用 [J]. 华西药学杂志 2008,23(1)：56 - 58.

收稿日期：2017 - 11 - 04

《合成化学》征订启事

　　《合成化学》是由中国科学院成都有机化学有限公司和四川省化学化工学会联合主办的学术性期刊。于 1993 年创刊 国内外公开发行 是国内唯一以合成理论、方法及应用为报道重点的学术性刊物。本刊主要报道基本有机合成、高分子合成、生化合成及无机合成等方面的基础研究和应用研究的研究论文、快递论文、研究简报、制药技术以及合成化学领域各学科的综合评述 《合成化学》先后于 2008 年和 2011 年入选"中文核心期刊" 现为中国科技核心期刊和 CSCD 来源期刊。

　　《合成化学》为月刊 大 16 开 每月 20 出版 国内连续出版物号：CN 51 - 1427/06 国际连续出版物号：ISSN 1005 - 1511 国内邮发代号：62 - 196 全国各地邮局订阅 国外发行代号：MO4469 中国国际图书贸易集团有限公司订购。每期订价 12 元/本 全年 144 元。

　　欢迎到全国各地邮局订阅 错过订阅的读者 可与《合成化学》编辑部联系补订 联系方式：Website: http://hchxcioc.com Tel: 028 - 85255007 Email: hchx@cioc.ac.cn。

附录三 课题组发表的教学论文

第 27 卷第 10 期
2013 年 10 月

化工时刊
Chemical Industry Times

Vol. 27, No. 10
Oct. 10. 2013

doi: 10.3969/j. issn. 1002 – 154X. 2013. 10. 016

制药工程专业卓越工程师试点班课程体系设置研究

陈新梅　周　萍　王诗源

(山东中医药大学药学院,山东 济南 250355)

摘　要　以国家中长期教育改革和发展规划纲要为契机,积极探索"卓越工程师"的培养模式,在充分借鉴国内外成功经验的基础上,将制药工程专业卓越工程师试点班的课程按:通识课程、基础课程、专业基础课程、专业课程、工程实践课程等 5 个模块进行设置,着力培养学生的创新意识和工程实践能力。

关键词　卓越工程师　制药工程　课程体系　试点班　实践能力

1 制药工程专业卓越工程师的培养目标

依托"卓越工程师培养教育计划",制药工程专业应以立足经济发展为需要,着眼高等教育实际,坚持"行业指导、校企合作、分类实施、形式多样"的原则,进一步加强高校与行业、企业、科研院所等单位合作,培养一批思想道德良好、基础理论扎实、工程素质过硬、掌握制药工程专业知识、工程设计、技术实施、生产运行、管理能力、具有继续学习能力、创新能力、国际视野和领导能力的的高素质复合型的卓越制药工程师人才。

2 试点班学生的遴选与管理

首先对"卓越工程师培养教育计划"进行宣讲和咨询,学生自主报名,经过资格审核、笔试、专家面试、公示后,最终选择基础扎实、实践能力强、综合素质优秀、具有较强发展潜力的学生进入试点班,进行特殊培养。卓越工程师学制四年,按"2 + 1 + 1"模式培养,即:学生 2 年在校学习基础知识,1 年在校学习专业知识,1 年企业实践训练。采用"辅导员 + 双师制"的管理模式。学生在学校导师和企业导师的共同指导下,以企业实际项目进行学习和训练。

试点班学生实施学分制,制定个性化培养方案。试点班实行动态管理,建立优补和退出机制,按比例淘汰不适应该培养模式的学生,并增补优秀学生。

3 制药工程专业卓越工程师试点班的课程体系设置

制药工程专业卓越工程师培养目标是"培养未来工业界的精英人才,工程技术领域的拔尖人才",因此课程体系的设置突出"创新性、重实践、国际化"的特色,大力加强对学生的工程素养和工程实践能力的培养[1,2]。课程设置由"通识课程、基础课程、专业基础课程、专业课程、工程实践课程"等 5 个模块组成。通过课堂教学、实验、实习、见习、工程实训及创新计划等教学环节,同时增加案例教学、现场教学和研讨课程的比例,把以工程设计为主线的培养思想贯穿其中,体现工程教育面向实践的思想,从而实现学生体魄、素养、知识和能力的全面培养[3,4]。制药工程专业卓越工程师试点班的课程体系设置和课程进度安排如表 1 所示。

收稿日期:2013 – 09 – 13
作者简介:陈新梅,(1973 ~)女,博士,副教授,主要从事药剂学的教学与科研。E – mail: xinmeichen@126.com

2013. Vol. 27, No. 10　化工时刊

表1　制药工程专业卓越工程师试点班的课程体系设置和课程进度安排

课程类型	课程名称	性质	学分	开课学期							
				1	2	3	4	5	6	7	8
通识课程	思想道德修养与法律基础	必修	3.0	☆							
	中国近现代史纲要	必修	2.0		☆						
	马克思主义基本原理	必修	3.0			☆					
	毛泽东思想和中国特色社会主义理论体系概论	必修	4.0				☆				
	形式与政策01	必修	1.0	☆							
	形式与政策02	必修	1.0		☆						
	大学英语Ⅰ	必修	3.5	☆							
	大学英语Ⅱ	必修	3.5		☆						
	大学英语Ⅲ	必修	3.5			☆					
	大学英语Ⅳ	必修	3.5				☆				
	计算机文化基础	必修	2.0	☆							
	C语言程序设计	必修	3.5		☆						
	大学体育Ⅰ	必修	1.5	☆							
	大学体育Ⅱ	必修	1.5		☆						
	专项体育课1	必修	1.5			☆					
	专项体育课2	必修	1.5				☆				
	军事理论	选修	2.0	☆							
	高等数学基础	必修	3.0	☆							
基础课程	无机化学	必修	3.0	☆							
	无机化学实验	必修	1.0	☆							
	物理学	必修	4.5		☆						
	分析化学	必修	3.0		☆						
	分析化学实验	必修	2.0		☆						
	有机化学	必修	4.5		☆						
	有机化学实验	必修	2.0		☆						
	正常人体解剖学	必修	2.0		☆						
	生理学	必修	3.0			☆					
	数理统计学	必修	2.5			☆					
	仪器分析	必修	3.0			☆					
	仪器分析实验	必修	1.5			☆					
	生物化学	必修	4.0			☆					
	生物技术	限选	2.0			☆					
	物理化学	必修	3.0				☆				
	物理化学实验	必修	1.0				☆				
专业基础课程	药理学	必修	3.0					☆			
	药学文献检索及科技 文体写作	必修	1.0					☆			
	新药研究思路与方法	限选	2.0						☆		
	药物合成	必修	3.0					☆			
	药物合成实验	必修	1.5					☆			
	化工原理	必修	3.0					☆			
	天然药物化学	必修	3.0					☆			
	天然药物化学实验	必修	2.0					☆			
	药物化学	必修	3.0					☆			

化工时刊 2013. Vol. 27, No. 10 教改论坛

续表

课程类型	课程名称	性质	学分	开课学期 1	2	3	4	5	6	7	8
专业课程	药物化学实验	必修	2.0					☆			
	药用高分子材料	必修	3.0					☆			
	药事管理学	必修	2.0					☆			
	制药机械设备与车间工艺设计	必修	3.5						☆		
	制药工程实训	必修	1.5						☆		
	化学制药工艺学	必修	3.0						☆		
	生物制药工艺学	必修	3.0						☆		
	制药工程制图	必修	4.0						☆		
	制药工程制图实验	必修	1.0						☆		
	药理学	必修	3.0						☆		
	药理学实验	必修	2.0						☆		
	药剂学	必修	5.0						☆		
	药剂学实验	必修	2.0						☆		
	药物分析	必修	3.0						☆		
	药物分析实验	必修	2.0						☆		
	物理药剂学	限选	1.0						☆		
	生物药剂学与药物动力学	限选	3.0						☆		
企业实践课程 认知实践	企业概况	必修	1.0							☆	
	企业产品	必修	1.0							☆	
	企业文化	必修	1.0							☆	
	规章制度	必修	1.0							☆	
	法律法规	必修	1.0							☆	
	安全教育	必修	1.0							☆	
生产实践	生产技能	必修	2.0							☆	
	生产工艺	必修	2.0							☆	
	生产运行	必修	2.0							☆	
	设备管理	必修	2.0							☆	
	质量控制	必修	2.0							☆	
	环境保护	必修	2.0							☆	
工程实践	产品研发	必修	2.0							☆	
	工程设计	必修	2.0							☆	
	工程施工	必修	2.0							☆	
	工程管理	必修	2.0							☆	
学位论文	基于制药工程项目的学位论文	必修	18.0								☆

4 结 语

"卓越工程师教育培养计划"是教育部于 2010 年 6 月正式启动,目前已批准两批,国内拥有制药工程专业并申请加入该计划的院校也只有少数。因此,面对这一新鲜事物,我们将积极应对,并对该计划在培养过程中出现的问题分析解决、进一步完善和修正。笔者坚信,在不久的将来,将会有一大批卓越制药工程师领军人才进入制药工程行业,推动该行业大力发展。

参考文献

[1] 骆健美,罗学刚,郭艳 等.制药工程专业建设和发展的总结[J].药学教育,2012, 28 (5):17~20.
[2] 刘宏伟,罗晓燕,马红梅 等.制药工程卓越工程师培养认识实习教学模式改革[J].化工高等教育,2012,(5):47~50.
[3] 邢黎明,于远望,唐志书 等.制药工程专业本科课程体系研究[J].中国中药杂志,2012, 37 (14):2 186~2 189.
[4] 李庆国,关世侠,李卫民.中医药院校制药工程专业课程设置探讨[J].化工高等教育,2009,(5):37~40.

— 58 —

中国高等医学教育 2014年 第12期

● 专题—医学生职业素质与能力培养研究

基于 CDIO 理念的"卓越制药工程师"
企业培养方案研究

陈新梅[1],周 萍[1],王诗源[1],徐溢明[2]

(1. 山东中医药大学药学院,山东 济南 250355;2. 山东大学医学院,山东 济南 250012)

[摘要] "卓越工程师教育培养计划"是教育部推行的一项的重大举措,已成为制药工程教育改革的中心课题。文章基于 CDIO 工程教育理念,积极探索出适合"卓越制药工程师"的企业培养方案,培养和提高学生的工程实践能力。

[关键词] 卓越工程师;制药工程;CDIO 工程教育理念;培养方案;实践能力 DOI: 10.3969/j.issn.1002-1701.2014.12.009

[中图分类号] G647 [文献标识码] A [文章编号] 1002-1701(2014)12-0017-02

"卓越工程师教育培养计划"(简称"卓越计划")是《国家中长期教育改革与发展规划纲要》(2010-2020 年)和《国家中长期人才发展规划纲要》(2010-2020 年)的重要内容,旨在为未来工程师领域培养多种类型的优秀的工程师后备军,它要求高校转变办学理念,调整人才培养目标定位以及改革人才培养模式,加强高校与行业和企业的深度合作,培养更加符合社会和企业需求的高素质复合型人才,促使我国工程教育与国际工程教育接轨,提升我国工程教育的国际竞争力,使我国由工程教育大国走向工程教育强国[1]。CDIO 工程教育模式(Conceive 构思、Design 设计、Implement 实施、Operate 运行)是当前国际工程教育改革的最新成果和教育理念,是"做中学"(learning by doing)和"基于项目的教育和学习"(project based on education and learning)集中概括和抽象表达[2]。CDIO 让学生在受教育的过程中接受工程实践、直接体验产品的生命周期。CDIO 突出学生的主体地位、注重扎实的工程基础理论和专业知识的培养,让学生以主动的、实践的、课程之间联系的方式进行学习。因此,如何借鉴 CDIO 工程教育模式和理念培养"卓越制药工程师"是"卓越计划"的关键核心问题。本文对基于 CDIO 理念的企业培养方案进行深入探讨。

一、企业实践培养目标

"卓越计划"的特点是行业企业深度参与培养过程,这是成功培养卓越工程师的关键,也是我国工程教育改革发展的战略重点。因此改革课程教学内容与教学方法是实现这一目标的重要途径。我们通过组织探索"基于问题的学习、基于项目的学习、基于案例的学习"的研究型教学模式这一手段,强化学生的工程意识和提高工程实践能力[3]。

1. 基本工程实践能力的培养目标。注重学生基础工程能力的培养,要求学生深入企业,接受企业文化、规章制度、生产技能培训、生产实习。掌握制药工程领域相关的识图方法、绘图、调试、检修和维护等基本技能,使学生初步了解专业性质、行业应用、企业工作环境、企业要求,以激发学生学

习的积极性和主动性,为综合工程能力的实践打下坚实的基础。同时,要求学生熟悉企业环境和企业文化,积累工作经验、培养团队协作精神、人际关系和职业道德等方面的知识,以增加学生对社会的适应能力。

2. 综合工程实践能力的培养目标。该能力的培养采用"项目驱动"的培养模式即:针对企业实际技术需要,选择适合教学的典型工程项目或可研项目,使教学内容与工程项目相接轨。通过学生的在岗实习,进入实际工程项目实践,让学生初步掌握企业应用项目设计、企业管理基本知识、综合培养学生工程实践能力,促使学生由"学生角色"转变为"工程师角色",最终转化成"卓越工程师角色"[4]。

二、企业培养方案

"卓越计划"要求企业深度参与工程型人才的培养,使企业由单纯的用人单位转变为人才共同培养单位;按国家标准、行业标准、学校标准的具体要求培养工程人才和认证工程人才;同时,要求学生参与企业的生产过程,根据实际情况制定特色化的培养方案。我们从实际出发,依托我校优势,培养具备坚实的传统中医药理论知识,适应现代中医药发展需求,掌握现代中药种植、鉴定分析、炮制加工、制药开发和经营管理的应用型创新中药人才;以突出"中药学"专业为特色,着力培养面向中药制药领域的"卓越中药制药工程师",满足药材种植、药物研发、中间提取、药品制造、市场营销及售后服务于一体的现代中药产业链的要求。

企业培养方案的设置加强学科之间的交叉与融合,注重课程体系的综合化、现代化、基础化,从而实现整体优化。让学生在实践的过程中:基础知识、个人能力、团队协作和系统能力等四个层面达到预定目标[2,5]。我院的卓越制药工程师企业培养实践方案如下所示(见附表)。

三、企业实践成绩考核

学生在第四年学习时完成毕业设计或学位论文,选题来源于应用课题和工程实践,必有具有明确的职业背景和应用价值。学位论文由学生独立完成,具有一定的难度、深度、广

中国高等医学教育 2014 年 第 12 期

附表 我院卓越制药工程师企业培养实践方案

实践属性	实践环节	学分	学时（周）	学期
认知实践	企业概况	0.5	1	7-8
认知实践	企业文化及企业产品	0.5	1	7-8
认知实践	消防与安全	1.0	1	7-8
认知实践	法律法规及规章制度	1.0	1	7-8
认知实践	GMP	1.0	1	7-8
认知实践	三废治理与环境保护	1.0	1	7-8
工程实践	公用工程（水电汽）	1.0	1	7-8
工程实践	土木工程	1.0	1	7-8
工程实践	制药车间设计与布局	2.0	1	7-8
生产实践	制药机械与设备	2.0	2	7-8
生产实践	机械制图	2.0	2	7-8
生产实践	制药工艺	2.0	2	7-8
管理实践	产品质量控制	2.0	2	7-8
管理实践	生产运行管理	1.0	2	7-8
管理实践	设备管理	1.0	2	7-8
管理实践	企业管理	1.0	1	7-8
管理实践	突发事件与危机管理	0.5	1	7-8
工程设计与研究实践	市场与药品营销	0.5	1	7-8
工程设计与研究实践	财务分析	1.0	1	7-8
工程设计与研究实践	成本核算	1.0	1	7-8
工程设计与研究实践	产品研发	1.0	1	7-8
工程设计与研究实践	知识产权与专利	1.0	1	7-8
工程设计与研究实践	工程设计	1.0	1	7-8
工程设计与研究实践	工程施工	1.0	1	7-8
工程设计与研究实践	基于工程项目的毕业设计	3.0	15	8
25 项实践		30 分	45 周	

度和工作量。能体现出毕业生独立承担专门技术或管理工作的能力，从选题、立题依据、文献调研、研究方案、数据处理、结果分析等方面体现学生综合分析和解决实际工程问题的能力。企业实践成绩是学生总成绩的重要组成部分，企业实践的成绩（毕业设计（论文）成绩）应由学校和企业双方指导教师组织企业技术人员和高校教师对学生设计（论文）进行评审答辩后由答辩委员会给出成绩，成绩的等级为：优、良、中、及格和不及格。

四、结 语

卓越计划是一项庞大的系统工程，在实施的过程中，既要借鉴外部的先进经验，又要依据自身特色，探索出适合自身的发展之路，才能达到教学目标、满足市场对制药工程人才的需求，从而最终实现学生、企业和高校的三方共赢。

[参考文献]

[1] 教育部. 教育部关于实施"卓越工程师教育培养计划"的若干意见（征求意见稿）[EB/OL]. http://www.moe.edu.cn/publicfiles/business/htmlfiles/moe/s3860/201102/115066.Html.

[2] 姚双良. "卓越工程师教育培养计划"与学生学业管理改革探析[J]. 赤峰学院学报（自然科学版），2013,29(8)：225-226.

[3] 董华清，周 震，艾 宁. "卓越工程师教育培养计划"实施过程中的阻力分析与应对[J]. 中国大学教育，2013,2：34-36.

[4] 赵凤芝，包 锋，吴 晶. CDIO 模式下的软件高端人才培养[J]. 软件工程师，2013,11：35-37.

[5] 陈新梅，周 萍，王诗源. 制药工程专业卓越工程师试点班课程体系设置研究[J]. 化工时刊，2013,27(10)：56-58.

[收稿日期] 2014-02

[作者简介] 陈新梅，女，博士，副教授，硕士生导师，主要从事药剂学的教学与科研工作。

[基金项目] 山东省卓越工程师教育培养计划项目（制药工程专业）。

Developing an industry training program guided by CDIO concept for outstanding pharmaceutical engineers

Chen Xinmei[1], Zhou Ping[1], Wang Shiyuan[1], et al

(1. College of Pharmacy, Shandong University of Traditional Chinese Medicine, Jinan 250355, Shandong, China;

2. School of Medicine, Shandong University, Jinan 250012, Shandong, China)

Abstract: The outstanding pharmaceutical engineers program is a major initiative by Ministry of Education. It has become the central topic of the pharmaceutical engineering education reform. Guided by CDIO Engineering Education Concept, the paper describes the development of an industry training program to build practical engineering skills for students.

Key Words: outstanding engineer; pharmaceutical engineering; CDIO engineering education concept; cultivation plan; practice ability

医疗论坛
Medicial Treatment Forum

中国民族民间医药
Chinese journal of ethnomedicine and ethnopharmacy

· 85 ·

"卓越制药工程师培养教育计划"质量保证体系的构建

陈新梅　周　萍　王诗源

山东中医药大学药学院，山东　济南　250355

【摘　要】　"卓越工程师教育培养计划"是教育部推行的工程教育改革的一项重大举措，是制药工程教育改革的重要课题。我校从政策、制度、经费、师资和质量等方面入手，着力构建"卓越制药工程师培养教育计划"质量保证体系，为培养卓越制药工程师提供保障。

【关键词】　卓越工程师；制药工程；质量保证体系；实践能力；应用型工程师

【中图分类号】　R197.323.6　　　【文献标志码】A　　　【文章编号】1007-8517（2014）10-0085-02

"卓越工程师教育培养计划"是由教育部发起、旨在培养优秀工程师后备军的工程教育改革的重大举措[1]。制药工程专业"卓越工程师教育培养计划"旨在强化学生的工程观念、工程实践能力、工程设计能力、计算机应用能力和创新能力，致力于培养德智体全面发展、掌握药学知识、化学工程、机械工程和管理工程等知识，适应社会主义现代化建设所需要的基础扎实、视野开阔、学风严谨、实践力强、创新意识、胜任制药工程技术研发、设计、施工、运行、维护、管理等工作的的卓越制药工程工程师人才。

我校制药工程专业于2013年入选"山东省卓越工程师教育培养计划项目"[2]。应用型卓越制药工程师主要在本科阶段培养，主要从事药品的生产、营销、服务或工程项目的施工、运行和维护等工作。依托我校优势，主要培养具备坚实的传统中医药理论知识，适应现代中医药发展需求，掌握现代中药种植、鉴定分析、炮制加工、制药开发和经营管理的应用型创新中药人才；以突出"中药学"专业为特色，着力培养面向中药制药领域的"卓越中药制药工程师"，满足药材种植、中药制剂研发、中间提取、药品制造、市场营销及售后服务于一体的现代中药产业链的要求[3]。

1　"卓越制药工程师教育培养计划"质量保证体系的任务与分工（见表1）

在学校统一领导下，成立了"山东中医药大学卓越工程师教育培养计划领导小组"、"专家顾问小组"和"山东中医药大学制药工程专业卓越工程师教育培养计划工作小组"。"山东中医药大学卓越人才培养计划领导小组"负责决策、统筹协调、组织实施、监督检查。"专家顾问小组"制定卓越人才培养的政策、规划和建设方案。"山东中医药大学制药工程专业卓越工程师教育培养计划工作小组"负责全面落实并实施制药工程卓越工程师人才培养工作。

依托"山东中医药大学卓越人才培养计划领导小组"，药学院成立了"制药工程专业卓越工程师教育培养计划工作小组"，由药学院院长担任组长，分管教学的副院长和分管学生工作的副书记担任副组长。成员由专业点负责人、教学团队负责人、课程组长、企业负责人及专家等组成。

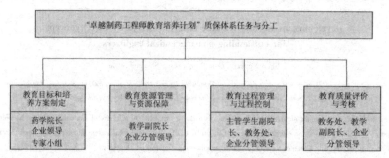

表1　"卓越制药工程师教育培养计划"质量保证体系的任务与分工表

2　质量保障体系的构建

2.1　制度保障
领导小组和工作小组全面组织落实培养全过程，包括：培养方案的制定与论证、人才培养标准体系的制定与论证、学籍管理、课程设置、学生遴选、校内教学、企业教学、教师评聘、考核管理等，全面统筹和落实卓越工程师人才培养工作，并负责承担企业合作、学生管理和相关协调工作。

2.2　政策保障
学校大力支持"卓越工程师培养教育计划"；鼓励我校建立与社会、企业、用人单位联合育人的新机制、新模式；鼓励学校与合作企业申报教育部"国家级工程实践教育中心"；继续支持校外实习基地建设。

（下转第87页）

基金项目：山东省卓越工程师教育培养计划项目（制药工程专业）。

作者简介：陈新梅（1973-），女，博士，副教授。主要从事药剂学的教学与科研。E-mail：xinmeichen@126.com。

医疗论坛　　　　　　　　　　　　**中国民族民间医药**
Medicial Treatment Forum　　　Chinese journal of ethnomedicine and ethnopharmacy　　　　　• 87 •

的子宫肌瘤患者青睐于该治疗方法。子宫肌瘤剔除术去除了病灶又保留了子宫的生理功能，满足了女性对微创的需求，保持了盆底解剖结构的完整性，比开腹手术创伤要小得多，具有切口小、损伤小、出血量少、恢复快、疼痛少、住院时间短等优点，预后满意，已被广大的临床医师及患者普遍接受。但腹腔镜手术存在适应症，并非所有子宫肌瘤患者都适用，多用于单发、浆膜下、较小肌瘤。因该操作是在腹腔镜下进行，对临床医师的技术要求及器械的要求较高。对于多发肌瘤、肌壁间及浆膜下肌瘤目前仍多选择开腹手术治疗。而传统的开腹手术治疗子宫肌瘤操作比较规范统一，不受患者年龄、肌瘤数目、肌瘤部位、肌瘤大小等的限制。对器械要求不高，技术水平要求一般，手术适应证广，由于该术式视野开阔，术野清晰，在直视下操作，不仅降低了手术的难度，减少出血，而且止血缝合快，医生操作简单。但创伤较大，机体术后恢复慢，并发症的发生率高，容易引发盆腔粘连，同时切口影响术后美观。腹腔镜手术受操作空间及手术者操作熟练程度的影响，有学者认为[2]，年龄＜45岁，肌瘤最大直径＜10 cm的患者适用于腹腔镜手术，由于腹腔镜手术由于视野有限，增加了肌瘤残留率及术后复发率，手术适应症应根据子宫肌瘤的大小、位置、类型以及手术者的操作熟练程度而定。

术前进行B超检查，严格掌握适应证可降低并发症的发生，对子宫损伤小，术中及术后并发症少，妊娠的结局好。但对于子宫后壁下段的肌瘤，腹腔镜下手术视野暴露困难，开腹较为满意。伴随手术技巧的日趋成熟，腹腔镜手术设备的不断完善，适应症会越来越宽，相对禁忌症则越来越少，已不再局限于浆膜下的肌瘤，具有恢复子宫肌壁的正常解剖结构，恢复患者的正常月经和不孕患者的生育功能，可获得与开腹手术相同的治疗结局。但入选标准应充分考虑患者的年龄、体形、手术适应症以及医生的技术水平。对手术创面大量出血不能及时有效止血的患者，应尽早转行开腹手术治疗。腹腔镜作为一种的手术方法，严格掌握手术适应症是保证手术成功的关键。

综上所述，腹腔镜治疗子宫肌瘤安全、有效、微创，显著优于传统开腹手术，是一种理想的可选择的术式。

参考文献

[1] 聂芳. 腹腔镜治疗子宫肌瘤106例临床疗效 [J]. 中国实用医刊，2013, 40 (24)：42 -43.

[2] 汪界丽，刘冬艳. 两种手术方法治疗子宫肌瘤的疗效比较分析 [J]. 中国现代医生，2013, 51 (31)：142 -144.

（收稿日期：2014.03.25）

（上接第85页）

2.3　经费保障　校财政在保证日常教学经费的基础上，大力支持"卓越工程师教育培养计划"。将"卓越工程师"纳入预算，配套专项经费，加大申报专业在课程建设、教学改革、师资培训、教材建设、校企联合培养、国际化培养等经费的投入力度。拨出专项经费用于聘请企业具有丰富经验的工程师指导学生企业实践。

2.4　师资保障　本专业具有众多工程经验丰富的优秀教师，其中多为教师曾在企业工作多年，有企业一线的工作经历。与工程密切相关的核心课程如：制药工程设备与原理、生物制药工艺学、化学制药工艺学、药剂学、药物分析等都由具有企业工作经历的教师主讲。

　　与企业建立教师定期挂职锻炼机制。学校定期选送工程背景良好的中青年教师定期去企业进行实践锻炼。教师挂职锻炼期间原待遇不变，在考核和各类评优中，对企业挂职锻炼教师优先考虑。学校从合作企业中聘请具有丰富实践经验的工程师作为校外兼职教师，承担部分教学工作；学校鼓励建立一定规模的、相对稳定的校外兼职教师队伍。

　　加强"双师型"教师的引进。在今后的进人计划中，有计划的引进一批即具有教师资格、又具有企业工作实践背景的师资力量，进一步改善和提高"双师型"教师的比例。

2.5　质量保障　成立"专家指导委员会"，构建校企联合培养共同体。学校与企业定期沟通协商。进一步健全和完善企业实践教学质量监督和管理机制，采用多种方式如：定期访问和反馈、学生问卷调查、学生座谈会等手段加强对企业实践过程的监督管理。完善校、院、系三级听课制度、同行评教制度、学生评教制度，对课堂教学和实验教学进行质量控制。建立激励机制，组建专兼职结合的师资队伍。通过激励机制，鼓励学校教师和企业工程师积极参与工程实践、促进实践与教学的结合。建立适宜的考核和评价机制。建立以课程、实践、学校导师、企业导师四位一体的综合评价机制，注重对学生的能力的评价。

3　结语

　　"卓越工程师教育培养计划"是工程教育改革的一项崭新举措，我校积极从政策、制度、经费、师资和质量等方面给予大力支持。笔者坚信：在不久的将来，我们会培养出一批优秀的制药工程师人才，推动制药行业的大力发展。

参考文献

[1] 陈新梅，周萍，王诗源. 制药工程专业"卓越工程师"试点班学生遴选与管理机制初探 [J]. 中国民族民间医药，2014, 23 (224)：85.

[2] http://www.sdedu.gov.cn/jyt/gsgg/webinfo/2013/11/13875924762 26874.htm.

[3] 陈新梅，周萍，王诗源. 制药工程专业卓越工程师试点班课程体系设置研究 [J]. 化工时刊，2013, 27 (10)：56 -58.

（收稿日期：2014.03.25）

"卓越制药工程师"培养模式初探

陈新梅,周　萍,王诗源

(山东中医药大学药学院,山东 济南 250355)

摘要:目的　探索"卓越制药工程师"的培养模式。**方法**　从"卓越制药工程师"的培养目标出发,探索适宜的培养模式。**结果**　采用复合培养模式,即:包括"高校与制药企业联合培养模式、双师培养模式、分段培养模式、国际化视野的培养模式"等多种模式在内的复合培养模式。**结论**　该模式有利于培养学生的创新意识和提高工程实践能力。

关键词:卓越工程师;制药工程;培养模式;应用型人才;实践能力

中图分类号:G642.4　　**文献标识码:**A　　**文章编号:**2095 – 5375(2014)04 – 0239 – 002

DOI:10.13506/j.cnki.jpr.2014.04.019

Exploration of the training mode in outstanding pharmaceutical engineers

CHEN Xin-mei,ZHOU Ping,WANG Shi-yuan

(*College of Pharmacy,Shandong University of Traditional Chinese Medicine,Jinan 250355,China*)

Abstract: Objective　To exploration of the training mode in outstanding pharmaceutical engineers. **Methods**　To exploration of the appropriate training mode from the point of the training target. **Results**　Composite training mode had been employed including cooperation mode between university and enterprise,double – qualified teacher mode,staged cultivation mode and international perspective mode. **Conclusion**　This mode was helpful to cultivate the innovation consciousness and improve the ability of engineering practice.

Key words: Outstanding engineers;Pharmaceutical engineering;Training mode;Applied talents;Practical ability

"卓越工程师教育培养计划"是《国家中长期教育改革与发展规划纲要》(2010 ~ 2020 年)和《国家中长期人才发展规划纲要》(2010 ~ 2020 年)的重要内容,由教育部 2009 年发起,旨在为未来工程师领域培养多种类型的优秀的工程师后备军,它要求高校转变办学理念,调整人才培养目标定位以及改革人才培养模式,培养面向工业界、面向未来、面向世界的优秀工程技术人才,提升我国工程教育的国际竞争力,提升我国产业的国际竞争力[1]。

"卓越制药工程师"是制药工程专业的培养的高层次应用型的人才。该项目的实施能树立制药工程人才实践教育示范作用、满足制药工程师的规模化、高质量的人才培养需求、推动校企联合育人的长远机制、建立稳定的专职兼职应用性师资队伍。

1 "卓越制药工程师"培养目标[2]

"卓越制药工程师"是制药工程专业的培养的高层次人才,其培养目标如图 1 所示。

2 培养模式[3]

"卓越制药工程师"的培养目标决定了该类工程师的培

图 1　"卓越制药工程师"培养目标

养模式由下列四种培养模式有机组合而成,如图 2 所示。

2.1 "高校与制药企业联合培养"模式　校企联合培养主要体现在:企业参与学生的培养和学生参与企业的生产,由校企联合制定实践教学计划、校企联合开展实践活动、校企联合考核实践教学质量。学生大一至大三期间的课程在学校内完成。卓越工程师班按单独制定的应用型制药工程专业培养方案培养,大部分专业课程由具有企业工作经历的专

基金项目:山东省卓越工程师教育培养计划项目(制药工程专业)

作者简介:陈新梅,女,博士研究生,副教授,研究方向:药剂学的教学与科研,E – mail:xinmeichen@126.com

药学研究 · *Journal of Pharmaceutical Research* 2014 *Vol.* 33 , *No.* 4

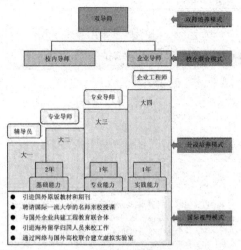

图 2　"卓越制药工程师"培养模式

业教师讲授。学生大四的企业实践在企业内完成。学校根据制药行业的发展需要,优先选择制药领域具有代表性的龙头或骨干企业作为卓越工程师培养计划的合作方。双方签订合作培养协议。

2.2 "双师制培养"模式　按"卓越制药工程师"的培养目标,为每位学生配备校内导师和企业导师。校内导师按1∶3的师生比指派副教师职称以上的教师作为导师,根据学生的特点实行个性化的培养。基础知识学习实行学分制。同时在合作企业内选择企业导师。根据企业需求及学校对人才培养的定位,确定企业实践期间的培养目标和培养任务。从企业中聘任具有丰富经验资深专家作为导师参与技能教学,由企业导师和学校导师共同执导学生。

2.3 "2+1+1分段培养"模式　卓越工程师的培养主要由"校内学习"和"企业实践"两个培养阶段组成。四年本科制,实行"2+1+1"的培养模式,即:2年基础能力培养+1

年专业能力培养+1年企业实践能力培养。在原有教学方法的基础上,根据卓越工程师的培养要求,强化理论和实践的结合,推进企业现场教学、工程项目教学、工程案例教学等教学方法和手段。

2.4 "基于国际视野"的国际化教学模式　充分利用国际交流资源,努力扩大学生对外交流活动,安排"卓越工程师教育培养计划"试点班的学生参加世界500强企业或海外高校,进行国际交流生培训、实习、培训、工程实践、修读相关专业课程,让学生全面的了解制药工程专业相关的技术、产品、政策、法规、发展动向。聘请国际一流大学的名师来校授课;引进国外原版教材和期刊;通过网络与国外高校联合建立虚拟实验室;与国外企业共建工程教育联合体;引进海外留学归国人员来校工作。

3 结语

　　"卓越制药工程师"的培养要求与制药企业建立联合培养制人才的新机制、优化制药人才培养方案、改革课程体系、教学内容和教学方法、建设高水平工程教育师资队伍。同时,学校也应从组织、制度、政策、经费、师资等方面给予大力的扶持[4]。"卓越制药工程师培养计划"是保证人才培养质量的手段,也是本科工程教育课程体系建设与教学方法改革的指南,因此其应用和实现具有重要的现实意义。

参考文献:

[1] 教育部.教育部关于实施"卓越工程师教育培养计划"的若干意见(征求意见稿) [EB/OL]. http://www. moe. edu. cn/publicfiles/business/htmlfiles/moe/s3860/201102/115066. html

[2] 陈国松,许晓东.本科工程教育人才培养标准探析[J].高等工程教育研究,2012,2:36–42.

[3] 张智钧.试析高等学校卓越工程师的培养模式[J].黑龙江高教研究,2010,12:139–141.

[4] 曲明哲,解海.卓越工程师培养方案与社会需求适应性的研究[J].黑龙江高教研究,2012,8:135–137.

(上接第234页)

要认真核对医嘱,配药、输液时检查溶媒状态,如出现溶液浑浊、变色要及时采取有效措施,保证用药的每一环节零差错。同时,医、药、护应及时查阅学习PPIs 的最新研究进展,如新剂型的开发应用、新的用法用量、新的不良反应等,以使PPIs临床作用发挥最大,确保患者的用药安全、有效、经济。

3.3 PASS 系统的局限性　PASS 系统虽然可以向临床提供大量用药指导信息,对临床医嘱进行实时监测,但目前的系统尚存在一定的局限性,如系统中部分数据信息与说明书不符、不能实现个体化用药监测、同时开立医嘱但不同时间用药系统默认两药同时服用等问题。因此,该系统尚需进一步完善,以更好地指导临床用药。

参考文献:

[1] 王燕.质子泵抑制剂的不良反应[J].临床合理用药,

2012,5(2A):91–92.

[2] 陈玲园,黄天国,宋爱华.门诊口服质子泵抑制剂不合理用药处方分析[J].临床合理用药,2011,4(1A):123–124.

[3] 秦秀兰,温悦,孟德胜.某综合性三级甲等医院门诊质子泵抑制剂合并用药情况分析[J].中国药房,2010,21(46):4340–4342.

[4] 姚苏宁,严小惠.综合性医院门诊质子泵抑制剂合理用药情况分析[J].中国全科医学,2012,15(6A):1882–1884.

[5] van der Pol RJ,Smits MJ,van Wijk MP,et al. Efficacy of proton–pump inhibitors in children with gastroesophageal reflux disease: a systematic review[J]. Pediatrics,2011,127(5):925–935.

医 疗 论 坛　　　　　中国民族民间医药

Medicial Treatment Forum　　Chinese journal of ethnomedicine and ethnopharmacy　　　　　　　·85·

制药工程专业 "卓越工程师" 试点班
学生遴选与管理机制初探

陈新梅　周　萍　王诗源

山东中医药大学药学院，山东　济南　250355

【摘　要】　以"卓越工程师培养教育计划"为契机，积极探索制药工程专业"卓越工程师"试点班的人才遴选与管理模式，通过严把学生遴选环节和提高管理机制，为培养未来制药工程师奠定坚实基础。

【关键词】　卓越工程师；制药工程；试点班；人才选拔；实践能力

【中图分类号】 R286　　　**【文献标志码】** A　　　**【文章编号】** 1007 - 8517（2014）03 - 0085 - 01

"卓越工程师教育培养计划"（简称"卓越计划"）由教育部 2010 年发起，旨在为未来工程师领域培养多种类型的优秀的工程师后备军，增强我国的核心竞争力和综合国力。"卓越计划"是高等工程教育的重大改革，目前尚无现成的模式和成熟的经验可借鉴。制药工程专业具有明显的行业背景。为了保证培养质量，本着严谨负责的态度，应先建立"卓越制药工程师"试点班，进而逐步进行摸索和深入。

1　试点班

"卓越制药工程师"试点班规模为 30 人/年·班，学生从药学院每年入学的新生中遴选，选拔坚持自愿申请和择优录取的原则，独立设班，实施个性化的培养方案，单独组织教学。学生的培养采用"2 + 1 + 1"的模式，即：2 年基础课学习 + 1 年专业课学习 + 1 年企业实习。由学校导师和企业导师"双师"分段指导。

2　试点班学生遴选

学校专门成立"试点班"遴选小组，小组成员主要由学院、教务处、企业等相关人员组成。试点班学生遴选具体程序如下：①宣传：新生入学后，在学校内进行广泛宣讲，给学生系统介绍"卓越工程师教育培养计划试点班"的培养方案与思路，吸引优秀本科生；②报名：学院积极鼓励符合条件的全日制本科生自愿报名参加遴选；③资格审查：报名的学生提交各种证明自身能力的材料，遴选小组对报名的学生进行资格审查，以高考成绩为参考，优选数理基础好、动手能力强、对工程实践有浓厚兴趣的学生按 1 : 5 的比例推荐面试；④面试：学院组织专家对报名的同学进行面试，面试主要考察学生的综合素质和能力，面试内容包括：知识结构、知识面、语言表达、沟通能力、团队合作、实践动手能力等方面，面试成绩按从高到底进行排序；⑤录取：坚持"公开、公平、公正"的原则择优录取，优先考虑德智体全面发展、学业与综合素质优秀、有制药工程实践经验的同学，根据分数排名，公布录取结果；⑥公示：选拔结果公示 3 天无异议后，提交教务处审批备案[1]。

3　试点班管理机制

3.1　严进严出的进出机制　试点班执行严进严出的原则。经学校主管部门批转后，从每年的新生中选拔优秀学生，审核和面试合格后进入试点班；对于达不到阶段学习目标的学生以稳妥的方式退出试点班，转到其他相应专业的普通班继续学习，并保留已取得的学分。对有意进入的非试点班学生，经全面考核后可进入试点班学习，进入和退出按学校相关程序进行认定。

3.2　优胜劣汰竞争机制　为保证试点班学生的培养质量，实行优胜劣汰的竞争机制。在试点班运行过程中，学生可以通过多种渠道滚动进入试点班，也可以通过末位淘汰机制实行动态分流，实行择优进入与分流的动态滚动机制[2]。

3.3　全方位保障机制　学校在专业建设、师资培训、教学改革等方面优先考虑试点班；各类学生创新活动优先考虑试点班学生及项目。

3.4　激励与奖励机制　试点班的学生除参与学校统一的激励和奖励机制如：国家奖学金、一方奖学金之外，药学院充分利用企业捐助资金和校友捐助资金对试点班成绩优异的同学进行奖励。

3.5　分段式的学籍管理　试点班学生的学籍由两部分组成：从大一至大三在校学习期间，学校负责学籍档案的管理。大四进入企业实习后，学籍由学校和企业共同完成。学生在企业完成实习后，企业将学生档案转至学校，由学校完成学生大学期间完整的学籍档案。

3.6　免试推荐攻读研究生　进入试点班且毕业成绩合格的学生优先免试推荐攻读研究生。

4　结语

学生是"卓越计划"实施的主体[3]，试点班学生的遴选和管理是"卓越计划"的首要问题和关键问题。卓越制药工程师的培养是一项需要反复砺炼、循序渐进长期的事业[4]，因此我们应立足现实，结合自身实际，积极探索适宜的人才遴选方式和管理机制。

参考文献

[1] 刘立程，余彦蓉. 通信工程"3 + 1"班项目人员选拔的问题及对策分析[J]. 中国电力教育，2013，28：224 - 225.

[2] 任鹏贞，戴蓉. 卓越工程师班动态管理对促进学风建设的实践与探索[J]. 教育教学论坛，2013，33：242.

[3] 毕萍，刘毓. 面向"卓越工程师培养"的学生遴选问题研究[J]. 陕西教育·高教，2013，5：53.

[4] 卢艳青，李继怀. 试析卓越工程师培养的实现途径，以辽宁科技大学冶金工程专业为例[J]. 黑龙江高教研究，2013，5：67 - 69.

（收稿日期：2013.12.01）

基金项目： 山东省卓越工程师教育培训计划项目（制药工程专业）支持。

作者简介： 陈新梅（1973 ~），女，博士，副教授。主要从事药剂学的教学与科研。E - mail: xinmeichen@126. com.

2016年10月
第41期

教育教学论坛
EDUCATION TEACHING FORUM

Oct. 2016
NO.41

高校专业教师培育和践行社会主义核心价值观的途径初探

陈新梅，曲智勇，周　萍

（山东中医药大学　药学院，山东　济南　250355）

摘要：本文从高校专业教师的角度出发，阐述了高校教师通过如下五个途径培育和践行社会主义核心价值观：提高教师自身素质、关注大学生教育全过程、爱岗敬业、促进中医药行业发展、认真"做药"。

关键词：社会主义核心价值观；高校；专业教师

中图分类号：G641　　　**文献标志码**：A　　　**文章编号**：1674-9324(2016)41-0036-02

党的十八大报告提出"富强、民主、文明、和谐；自由、平等、公正、法制；爱国、敬业、诚信、友善"的社会主义核心价值观[1]，它集中反映了现阶段全国人民的价值追求。高校是培养和践行社会主义核心价值观的重要阵地，作为高校专业教师，应该从如下几个方面去培育和践行社会主义核心价值观。

一、把社会主义核心价值观践行到教师自身素质的提高当中

教育是一项关系到国家发展的宏伟大业，高校是国家培养高级人才的摇篮。教师是高校发展的主体，教育的发展关键是教师的内涵和素质。因此，教师应从如下几个方面去提高自身素质。首先，要具备良好的政治素质。作为教师，不仅要在传道、授业、解惑的过程中坚持正确的思想政治方向，用社会主义的思想道德标准去培养大学生，同时还必须积极引导学生抵制错误思潮，培养学生爱国情操、民族自尊心和民族自信心。只有教师自身具备了良好的政治素质，才能培养出适应社会主义经济建设的栋梁之才。其次，教师要具有高尚的职业道德素质。教师的职业精神和献身精神是做好教育工作的前提。在当前市场经济的冲击下，教师在师德和价值取向上要学习人民教育家陶行知先生的"捧着一颗心来，不带走半根草"的无私奉献精神。身教重于言传，教师在教学的过程中要始终坚持"以身作则"，只有树立好的榜样，才能带动学生自觉实践社会主义核心价值观。教师只有具有高尚的职业道德素养，只有全身心的去爱学生，以自身的人格魅力和学识魅力感染学生，才会赢得学生的尊敬，只有把职业当做事业去做，才能超越职业所限，超越个人的得失所困。再有，教师要不断提高自身业务素

养。前苏联著名教育实践家和教育理论家苏霍姆林斯基曾经说过："为了使学生获得一点知识的亮光，教师应该吸收进整个光的海洋"。在科学技术飞速发展的今天，现实对教师提出了更高的要求，教师作为知识的传授者，必须不断提高自我、健全自我，发展自我，不断提高自身的业务水平。最后，教师要不断学习新的教育理念和教育方法。教育是一门科学，教师只有遵循教育规律，在科学的教育理论指导下，才能把教学工作搞好。同时，现代教育学倡导"师生平等"和"师生互动"的教育理念，因此，教师要不断学习新的教育理念和新的教育方法，在教学的过程中，体现"以学生为主体"的教育理念，时刻把培养学生的能力和素养放在第一位。

二、把社会主义核心价值观融入到大学生教育的全过程

大学生是社会主义事业的生力军和接班人，他们正处在世界观、价值观、人生观等形成的关键时期，心理尚不成熟，可塑性很强，因此作为专业教师，我们不仅要重视专业知识和专业技能的传授，同时还要把爱国主义、集体主义、国情教育渗透到专业知识当中，把专业教育和社会主义核心价值观结合起来，引导学生对社会主义核心价值观的认知和认同，帮助学生树立正确的三观。首先，充分利用课堂主渠道的作用，从不同角度和不同方面贯穿社会主义核心价值观体系的教育。教师力求以科学和艺术的方式让学生接受知识，培养良好的专业兴趣，激发学习热情，掌握本专业的技术和方法。其次，重视实践教学。实践是学生理论联系实际、了解社会的重要途径，教师要以不同的程度和不同的方式参与其中，带领学生从象牙塔里走出

收稿日期：2016-06-20

基金项目：山东省教育厅2015年度山东省本科高校教学改革研究项目（项目编号：2015M189）；山东省卓越工程师教育培养计划项目（鲁教高字[2013]3号）

作者简介：陈新梅（1973-），女，汉族，甘肃，博士、研究生，副教授、硕士研究生导，研究方向：中药新制剂与制药新技术研究。

2016 年 10 月　　　　　　　　　　教育教学论坛　　　　　　　　　　Oct. 2016
第 41 期　　　　　　　　　　EDUCATION TEACHING FORUM　　　　　　　　　　NO.41

来,结合自身专业特点,融入到社会中去,广泛参加社会活动,加深对社会的了解,通过实践锻炼意志和培养吃苦耐劳的精神。最后,注重学生的综合能力和创新能力的培养。教书是手段,育人是目的。坚持育人为先,德育为先。

三、把社会主义核心价值观融入到爱岗敬业的细节中

爱岗敬业、诲人不倦,是对每位教育工作者最基本的要求[3]。结合我校的实际情况,药学院的每一位教师都积极参与到学校的"特色名校工程建设"和"教育质量年"实际工作中,把自身的价值融入到学校的发展之中。教师的爱岗敬业主要表现为:对教学认真负责、一丝不苟、多向老教师虚心请教、认真研究每一个知识点、认真上好每一堂课、认真指导学生的基本操作、能叫出每一个学生的名字、尊重和关注每一位学生,不断反思、丰富和完善自身。

四、把社会主义核心价值观融入到中医药行业的发展中

习近平总书记说"中医药学是中国古代科学的瑰宝,也是打开中华文明宝库的钥匙"。"天人合一、仁和精诚"的中医核心价值观和思维方式凝聚着深邃的哲学智慧。中医药作为我国独特的卫生资源,已加快步伐走向世界,作为一名药学专业教师,我们要不遗余力地培养掌握中药学知识的接班人,让中华文明走向世界,为人类健康和国际文化交流做出更大的贡献,让中医药成为实现中华民族伟大复兴的重要载体。

五、把社会主义核心价值观融入到"做药"的具体实践中去

药品是一种特殊的商品,在诊断、治疗和预防疾病的过程中发挥中重要作用。因此,我国两个百年制药企业同仁堂和胡庆余堂的祖训给了我们深刻的启示。同仁堂的祖训是"炮制虽烦,必不敢省人工;品味虽贵,必不敢减物力";胡庆余堂的祖训是:"采办务真,修制务精"。他们所强调的用药精准和诚信作风,对于我们还具有深刻的现实意义。我们药学院培养的学生今后将会从事药学教育、新药研发、制药、药品检验、药品销售等行业。我们只有在大学四年的教育中始终践行社会主义核心价值观,才能让我们的学生走向工作岗位后,在面对利益诱惑的时候做出正确的选择。

药学院全体教师在药学院党总支的带领下,认真学习"社会主义核心价值观"和习总书记的《做党和人民满意的好老师》的教师节讲话,引导教师信奉和持守富强、民主、文明、和谐的国家价值观念;信奉和持守自由、平等、公正、法治的社会价值观念;信奉和持守爱国、敬业、诚信、友善的个人道德价值观念。通过学习,不但加强了教师师德建设和教师职业道德规范建设,而且在药学院形成了浓厚的"团结、奋进、积极进取"的良好氛围。社会主义核心价值观的培育和践行,是一个逐步形成共识的过程,"路漫漫兮其修远,吾将上下而求索"。我们药学院全体教师会上下齐心、继续努力,为社会培养出德智体全面发展的高级药学人才。

参考文献:

[1]中共中央办公厅.关于培育和践行社会主义核心价值观的意见[N].人民日报,2013-12-24(1).

[2]韩喜平.社会主义核心价值观培育与高校的责任[J].中国高等教育,2014,(7):4-7.

[3]李胜新,王春生.社会主义核心价值观与高校青年教工师德建设[J].武汉冶金管理干部学院学报,2010,20(1):59-61.

Study on the Ways to Cultivate and Practice the Socialist Core Values Concept in the Professional Teachers in the Colleges and Universities

CHEN Xin-mei*,QU Zhi-yong,ZHOU Ping

(College of Pharmacy,Shandong University of Traditional Chinese Medicine,Jinan,Shandong 250355,China)

Abstract: Five ways were expounded in the paper to cultivate and practice the socialist core value concept: Improve their own quality,attention to the whole education process,dedication,promote the development of Chinese Medicine Industry and to product preparation seriously.

Key words:the socialist core value concept;colleges and universities;professional teachers

中医药导报 2017 年 10 月第 23 卷第 19 期 October.2017 Vol.23 No.19

医学教育

卓越制药工程师试点班毕业实习双向调查与分析*

陈新梅，周 萍，李 颖

（山东中医药大学药学院，山东 济南 250355）

[摘要] 对卓越制药工程师试点班的毕业实习生及其实习单位进行了双向问卷调查，调查了双方对毕业实习的评价和诉求，通过深入分析调查结果提出今后实习工作的重点，为进一步提高卓越制药工程师的实习质量提供借鉴。

[关键词] 卓越工程师；制药工程；毕业实习

[中图分类号] G642.0 [文献标识码] B [文章编号] 1672-951X(2017)19-0126-03

DOI:10.13862/j.cnki.cn43-1446/r.2017.19.045

Bi-Investigation and Analysis of the Graduate Situation in Outstanding Pharmaceutical Engineers Experiment Class

CHEN Xin-mei, ZHOU Ping, LI Ying

(College of Pharmacy, Shandong University of Traditional Chinese Medicine, Ji'nan Shandong 250355, China)

[Abstract] Bi-investigation and analysis of the graduate situation between the students and the enterprise were carried out. The evaluation and demands about the graduate practice were investigated. The focus of the work in the future was put forward after analyzed in depth. This project provided references for the future improvement of the quality of graduation practice.

[Keywords] outstanding engineer; pharmaceutical engineering; graduation practice

我校的"卓越制药工程师试点班"是在山东省卓越工程师培养教育计划和山东省教育厅2015年高校教育改革课题的资助下成立的虚拟班。试点班的首批毕业生于2016年1月至6月期间进入企业实习。该试点班的学生培养模式为"基于CDIO理念工程培养模式"[1]。

为了全面深入的了解试点班首批毕业生在企业的实习状况、进一步完善试点班学生的管理和提高卓越制药工程师试点班的教学质量，本课题组对试点班首批毕业生及其实习单位进行了双向问卷调查，即分别对实习生和实习单位进行问卷调查，客观调查和分析双方的评价和诉求，为今后进一步提高卓越制药工程师试点班毕业生的实习质量提供依据。现将调查结果总结如下。

1 调查对象与方法

1.1 调查对象 调查对象为药学院卓越制药工程师试点班首批毕业生，共11人(试点班总人数为33人，其中2012级毕业生为11人)；以及毕业生所在实习单位，共10家实习单位。

1.2 调查内容 调查采用问卷调查法，问卷为自行设计。实习生的调查问卷包括对实习单位的评价、实习中自身能力的

不足、遇到的困难、感受与收获、建议和意见等相关内容；实习单位的调查问卷包括实习生专业对口程度、实习单位对实习生能力的评价、接收实习生考虑的因素、建议和意见等方面内容。

1.3 调查方法 向试点班的首批毕业生发放调查问卷，共发放11份，回收11份，回收有效问卷11份，回收率为100%。共向实习单位发放调查问卷11份，由实习单位主管实习生的负责人填写，回收有效问卷11份，回收率为100%。

2 调查结果

2.1 实习生调查结果

2.1.1 实习单位性质 实习单位是由学院统一推荐、由学生和单位双向选择而确定。调查结果显示学生的实习单位主要分为医药企业及公司、高校等。总体与专业相高度相关。(见表1)

2.1.2 学生对实习单位的满意度 学生对实习单位的满意度主要包括如下几个方面：对实习单位的整体印象、对实习岗位的满意度、是否专业对口、住宿条件、饮食条件、工作环境、管理模式、带教老师等几个方面。(见表2)

*基金项目：山东省教育厅2015年度山东省本科高校教学改革研究项目(项目编号:2015M189)；山东省卓越工程师教育培养计划项目(鲁教高字[2013]3号)

126

2017 年10月第23卷第19期　October.2017　Vol.23　No.19　中医药导报

表 1　实习单位性质

序号	实习单位性质	比例(%)
1	高校(药学类)	18.2
2	医药企业及公司	72.7
3	其他	9.1

表 2　学生对实习单位的满意度(%)

序号	调查内容	满意	一般	不满意
1	整体印象	100.0	0	0
2	实习岗位	100.0	0	0
3	专业对口	72.7	18.2	9.1
4	住宿条件	81.8	18.2	0
5	饮食状况	90.9	9.1	0
6	工作环境	100.0	0	0
7	管理模式	100.0	0	0
8	带教老师	100.0	0	0

2.1.3　学生通过实习发现自身薄弱的环节　本项内容主要是调查学生在经过一段时间实习后,发现自身薄弱的方面是什么?主要包括:专业理论知识、实践动手能力、外语水平、计算机能力、心理素质、吃苦耐劳精神、人际交往与沟通、抗压性、团队合作、综合能力等方面。本项调查可以多选。(见表3)

表 3　学生通过实习发现自身的薄弱环节(%)

序号	薄弱环节	选择人数	比例(%)
1	实践动手能力	6	54.5
2	人际交往与沟通	6	54.5
3	专业理论知识	3	27.2
4	计算机水平	3	27.2
5	外语水平	2	18.2
6	团队合作	1	9.1
7	综合能力	1	9.1
8	心理素质	0	0
9	吃苦耐劳精神	0	0
10	抗压性	0	0

2.2　实习单位调查结果

2.2.1　实习单位接收实习生考虑的因素　本项主要调查实习单位在接收实习生时主要考虑的因素包括:专业对口、学历层次、学习成绩、学生党员和干部、在校期间获奖、性格、性别、家庭背景、老师推荐、领导推荐等。(见表4)

表 4　实习单位接收实习生考虑的因素　(%)

序号	考虑因素	很重要	较重要	一般	不重要	不考虑
1	专业对口	45.4	36.4	9.1	9.1	0
2	学历层次	27.3	27.3	45.4	0	0
3	学习成绩	9.1	54.5	36.4	0	0
4	党员干部	9.1	54.5	27.2	27.2	0
5	获奖情况	0	36.4	54.5	9.1	0
6	性格状况	27.3	63.6	0	0	0
7	性别因素	9.1	0	36.4	45.5	9.1
8	家庭背景	0	0	36.4	27.2	36.4
9	老师推荐	0	54.5	36.4	9.1	0
10	领导推荐	9.1	72.7	18.2	0	0

2.2.2　实习单位对实习生的能力评价　本项主要调查实习单位在接收实习生实习之后,对学生的各项能力的评价,主要包括:思想觉悟、专业知识、敬业精神、工作态度、适应能力、吃苦耐劳、人际交往、创新能力、团队合作、诚信意识、身心素质、科研能力、心理素质、工作成绩。(见表5)

表 5　实习单位对实习生的能力评价　(%)

序号	评价项目	很满意	较满意	基本满意	不满意
1	思想觉悟	72.7	18.2	9.1	0
2	专业知识	54.5	45.5	0	0
3	敬业精神	90.9	9.1	0	0
4	工作态度	90.9	9.1	0	0
5	适应能力	63.6	27.3	0	0
6	吃苦耐劳	54.5	45.5	0	0
7	人际交往	45.5	45.5	9.0	0
8	创新能力	27.3	63.6	9.1	0
9	团队合作	45.5	54.5	0	0
10	诚信意识	54.5	36.4	9.1	0
11	身心素质	36.4	63.6	0	0
12	科研能力	36.5	36.5	27.0	0
13	心理素质	90.9	0	9.1	0
14	工作成绩	63.6	36.4	0	0

2.3　结果分析　从本次调查的整体结果来看,学生对实习单位的安排较满意、能保质保量的完成实习任务、自身能力有所提高。同时实习单位对试点班学生的实习情况也较满意。但调查结果也反映出一些共性问题,如学生普遍认为自身实践能力较差并在人际交往中存在一定困惑,实习单位的住宿和饮食条件需要改善。而实习单位认为学生今后应着重加强实践能力和创新能力的提高。因此学生反映出的问题与实习单位反映的问题有一定的共性,这也从侧面反应出此次的双向调查的结果的真实性和可靠性,同时也明确了我们今后的工作重点和工作方向。

3　提高卓越制药工程师试点班学生实习质量的措施

3.1　应强化学生实践能力培养　从调查结果来看,实习生普遍反映自身的实践能力欠缺,同时实习单位也希望学院加强学生的实践能力。实践能力为每名学生的后期发展提供足够的动力和更多的机会。因此,学院应该根据企业的需求,适时调整实习大纲,着力培养学生的实践能力,将理论联系实际,而不是只停留在理论层面[3]。

3.2　重视非知识性技能的提高　实习生在企业的实习多以专业理论与实验知识性技能培养为主,对非知识性技能培养重视程度不足。此次调查结果也显示部分学生在实习期间遇到了人际交往与沟通方面的困难,团队合作能力也有欠缺。而这些能力又是实习单位相当重视的,也是学生进入社会所必需的基本条件。因此,应重视非知识性技能的培养。

3.3　加强毕业实习质量评估　问卷调查中,实习单位向学院提出最多的建议即要加强对实习生的实习跟踪,实时了解学生在实习中的动态。虽然学校有完整的教学质量评估体系,但是对实习质量的评价缺乏具体的考核细则,学院应该制定一套管理和考核措施,及时发现和解决实习期间的问题,提

中医药导报 2017年10月第23卷第19期 October.2017 Vol.23 No.19

高实习质量[2]。

4 结 语

社会和企业的需求是专业人才培养的原动力[3]。今后我们的工作重点是要继续积极完善实习方案、强化实习管理和考核制度，着力提高学生实践能力与创新能力，为社会培养所需要的制药工程师专业型人才[4]。

参考文献

[1] 陈新梅,周萍,王诗源,等.基于CDIO理念的"卓越制药工程师"企业培养方案的研究[J].中国高等医学教育,2014(12):17-18.

[2] 褚克丹,王晓颖,徐伟.中药学专业本科毕业实习调查报告[J]中医教育,2016,35(1):9-12.

[3] 章华伟. 新形势下我国制药工程专业生产实习的思考[J].中国现代教育装备,2015,6(11):29-31.

[4] 刘进兵,吴凤艳,张超.制药工程专业生产实习存在的问题与思考[J].山东化工,2016,45(1):109-110,112.

（收稿日期：2016-09-19 编辑：马正谊）

（上接第125页）
然高于同组第4周时,但组内差异无统计学意义（$P>0.05$）;而结合中医康复护理的观察组在第12周时6 min步行试验距离、代谢当量、左室射血分数虽然高于同组第4周时（$P<0.01$）.其原因可能如下:(1)对照组患者运动疗法康复疗效虽不显著,但患者运动耐力、心肺功能均有所提高,可能与本实验观察疗程较短而改善不明显、或患者心功能损害严重而恢复困难等因素相关,值得继续探讨。(2)观察组患者在对照组基础上,根据中医辨证,然后采用个体化、具有针对性的护理:汤药护理,增强冠脉血流、增强机体免疫力等[13];饮食护理,防止病理产物生成,促进机体功能康复;穴位按摩、艾灸,操作简单,实用性强,患者可自行治疗,具有调畅气血、疏通经络之功;止痛安神方睡前浴足,可畅达患者情志,行气止痛、安神定志,保持充足睡眠,有益于疾病的康复。故观察组患者生存质量(除SF、RE外)高于对照组（$P<0.05$）。两组生存质量中SF、RE的组内差异、组间差异均无统计学意义（$P>0.05$）,可能与患者性格、工作能力等相关,值得继续探讨。

3.3 护理体会

由于PCI术后患者多在3~5 d出院,家庭延续护理非常重要,但患者对相关中医护理不熟悉,出院前对每个患者制定详细家庭延续护理方案,对相关内容进行指导,包括操作方法及注意事项,直到患者熟悉具体操作为止;同时,中医康复护理中的所有方案均具有安全有效、简单易操作的特点,故患者家中实施中医康复依从性高,从而保证临床疗效。然而,中医药博大精深,本资料仅采用中医的几种护理方法,如耳穴压豆、针刺、埋线、穴位注射、中药热封包等护理方法,值得临床推广及实施。

总之,急性心肌梗死冠脉支架术后患者结合中医康复护理,能有效改善患者心肺功能,提高运动耐力,对改善患者生存质量具有重要意义。为AMI行PCI术的患者家庭延续护理提供更多选择。

参考文献

[1] 周琦.中医治疗冠脉支架植入术后再狭窄伴完全阻塞的康复观察[J].2014,30(3):73-74.

[2] 游为民,贾俊花,王雅洁,等.急性心肌梗死生存质量及影响因素的调查报告[J].2010,31(12):1653-1654.

[3] 中华医学会心血管病学分会.2001急性心肌梗死诊断和治疗指南[J].中华心血管病杂志,2001,29(12):710-725.

[4] 国家中医药管理局.中医病证诊断疗效标准[M].北京:中国医药科技出版社,2012:30.

[5] 陈军.冠心病PCI术后中西医结合康复的临床观察[D].济南:山东中医药大学,2009.

[6] 许红,吕春苗,叶莉芬.早期心脏康复对急性心肌梗死青年患者生存质量和精神心理状态的影响[J].心脑血管病防治,2017,17(1):75-77.

[7] 苏懿,王磊,张敏州.急性心肌梗死的流行病学研究进展[J].中西医结合心脑血管病杂志,2012,10(4):467-469.

[8] 韦吉伟.急性心肌梗死的治疗进展[J].临床合理用药,2017,10(2):180-181.

[9] 赵慧,刘强,王刚.冠心病PCI术后分子水平变化研究进展[J].山西中医学院学报,2016,17(2):66-68.

[10] 何玉娜,蔺嫦燕.冠脉支架内再狭窄的血流动力学研究进展[J].中国生物医学工程学报,2015,34(3):354-359.

[11] 阳正国.中医治疗急性心肌梗死研究进展[J].实用中医药杂志,2012,28(5):3433-436.

[12] 陈丽娜,段培蓓,张学萍.急性心肌梗死早期运动疗法研究进展[J].护理研究,2017,31(12):1431-1433.

[13] 王洋,朱志林,李北和,等.中西医结合治疗急性前壁心肌梗死合并急性左心力衰竭冠脉支架植入术后30例疗效观察[J].河北中医,2015,37(3):382-384,389.

（收稿日期：2017-03-03 编辑：湘泉）

欢 迎 订 阅 欢 迎 投 稿

教育与培训

对分课堂及 PBL 联合教学法在制药工程实训教学中的应用探索

毕建云, 陈新梅, 战　旗, 张宏萌, 王桂美

(山东中医药大学, 山东 济南　250355)

摘要: 结合本校制药工程实训课程的特点, 探讨一种复合式的的教学模式 – 对分课堂及 PBL 联合教学法, 对其传统制药工程实训教学中的不足, 新型教学模式的运行机制、优势等进行了相应的总结简述。希望能够借此提升制药工程实训教学效果, 培养出具有良好专业能力和创新能力的制药工程专业人才。

关键词: 对分课堂; PBL; 实验教学; 制药工程实训; 应用

中图分类号: G642.0　　　　文献标识码: A　　　　文章编号: 1008 – 021X (2017) 02 – 0083 – 02

DOI: 10.19319/j.cnki.issn.1008-021x.2017.02.036

Application and Exploration of Joint Approach of Bisection classroom and PBL in Teaching Practice of Pharmaceutical Engineering

Bi Jianyun, Chen Xinmei, Zhan Qi, Zhang Hongmeng, Wang Guimei

(Shandong University of TCM, Jinan　250355, China)

Abstract: To explore a composite of teaching mode – Joint Approach on Bisection classroom and PBL, base on combining the characteristics of pharmaceutical engineering. The brief summaries of their traditional pharmaceutical engineering training teaching deficiencies, operational mechanism of new teaching model, advantages and so on were descripted accordingly. We are hoping to enhance the teaching effectiveness of pharmaceutical engineering training, cultivate pharmaceutical engineering talents with good professional skills and innovation ability.

Key words: bisection classroom; PBL; experimental teaching; pharmaceutical engineering training; application

1998 年, 国家教育部规定在工学门中新设制药工程专业, 原化学制药等相关专业转为制药工程[1]。制药工程专业是一个化学、药学(中药学) 和工程学交叉的工科类专业, 以培养从事药品制造, 新工艺、新设备、新品种的开发、放大和设计人才为目标。具有很强的应用性与实践性, 要求学生能够应用所学知识解决药品生产过程中复杂的工程技术问题[2]。

1　中医药院校制药工程专业概况

山东中医药大学作为中医药院校, 制药工程专业的设置与开展, 可以从根本上改变中医药行业缺乏制药高层次人才的状况, 采用中医理论筛选处方, 利用制药工程理论制备制剂, 基本实现了中医药从理论到实践的结合。制药工程专业的培养目标是培养具备制药工程和中药制剂学等方面的基础理论知识和工程实践技能, 能在有关生产企业、科研单位和管理部门从事中医药产品生产、设计、管理和研究的制药工程师。制药工程专业本科生毕业后的就业方向大多为制药企业[3]。

2　制药工程实训课程的特点及缺陷

我校制药工程专业经过大学本科四年的学习, 不仅要掌握扎实的专业理论知识, 而且要接受系统的实验技能培训。因此, 根据对本专业课知识的掌握程度进行了实验课的分级及整合。大一、大二一般是基础性的实验, 大三开始制药工程实训等专业性的实验, 目的是为了学生在进入实习之前帮助其增加药厂的直观印象, 提高其实践操作能力, 培养其独立的研究设计能力。

我校制药工程实训教材是使用的北京大学医学出版社周长征主编的《制药工程实训》, 作为由我校教师主编的教材, 其更加紧扣本专业教学要求和课程特点, 充分体现了以 GMP 为中心和主线的制药工程实训原则。实训实例选取了五种中药常用的制剂, 以大生产的形式进行工程设计、实验设计、生产出成品并进行质量控制。学生通过实训, 能够严格按照 GMP 的要求, 从换鞋、更衣、净化消毒进入车间, 再从中药材的前处理、提取、精制、浓缩, 到制剂、内外包装, 再到质量控制等完全模拟制药厂的全部操作, 基本包含了中药制药的全过程。教材一共分 11 章, 内容包括中药前处理、提取、分离、蒸发、干燥工艺与操作, 丸剂, 滴丸剂, 颗粒剂, 片剂, 口服液体制剂制备工艺与

收稿日期: 2016 – 12 – 01

基金项目: 山东省教育厅 2015 年度山东省本科高校教学改革研究项目(2015M189) ; 山东省卓越工程师教育培养计划项目(鲁教高字 [2013] 3 号); 山东中医药大学教育科学研究实验教学专项(No. Sy2016021); 山东省中医药大学教育科学研究实验教学专项(No. Sy2016035)

作者简介: 毕建云(1987—), 硕士, 初级实验师, 研究方向: 中药新剂型与新制剂研究; 通讯作者: 陈新梅(1973—), 博士, 副教授, 硕士研究生导师, 研究方向: 中药新制剂与制剂新技术研究。

山 东 化 工
SHANDONG CHEMICAL INDUSTRY
2017 年第 46 卷

操作等实验项目。保证学生完成中药厂基本生产流程操作培训[4]。该实训课程的设置与目前医药企业的 GMP 确认与验证的实际请况紧密结合，基本上实现了与制药厂生产岗位的对接，为学生日后在制药企业的实习与工作打下了基础。

就我校而言，制药工程实训实验项目的设置往往是认知性实验和验证性实验占较大比例，综合性、设计性、创新性的实验所占比例较少。主要原因是传统的实验教学主要是为了验证教学理论知识的正确性。因而，现有的实验过程中，基本都是由指导教师准备好实验方案和实验器材，对操作步骤、工艺流程及注意事项等做好详细说明，学生只是机械地按照设定好的实验步骤和实验设备进行简单的重复实验验证。这种模式虽然在一定程度上培养了学生的动手能力，但容易让学生产生惰性和依赖心理，不利于培养学生的创新思维以及分析解决问题的能力。同时，学校教学用实验设备相对落后，很难满足现代先进的仪器设备培训要求，因此必须从教学形式上进行相应的改革，以适应现代制药工程专业实训课程的课程目标，培养符合现代中医药行业要求的实践性人才。

3 对分课堂及 PBL 联合教学法的运行机制

对分课堂由复旦大学心理系教授张学新老师于 2013 年提出，目前已经被广泛认可、传播和应用[5]。对分课堂的核心理念—半课堂时间分配给教师讲授，一半分配给学生讨论，师生"对分"课堂，其出发点是调动学生的学习积极性，把讲授和讨论的时间错开，让学生在课后有一周的时间自主安排学习，进行个性化的内化吸收，对应的考核方法强调过程性评价，并关注不同的学习需求[6]。对分课堂的基本流程见图 1。

对分课堂基本流程
相隔一定时间（如一周）

第一次课：讲授　框架、重点、难点讲解

课外：内化　个性化独立学习

第二次课：讨论　小组讨论全班交流

图 1　对分课堂的基本流程

PBL 是"problem – based leanring"的简写，即"以问题为基础的学习"。这种教学方法突出以问题为教学基础和中心环节，以学生为主体，发动学生通过自主学习环节，在教师引导和帮助下独立地分析和解决问题[7]。PBL 教学法是目前许多院校在教学改革中着重推行的教学法，受到了广泛的重视，该教学法医学院校采用较多，其他学校和专业目前也已广泛引入，取得了相关的经验和成果[8]。

就我校制药工程实训课程的特点，考虑并尝试将两种教学模式进行融合。对分课堂采用隔堂对分的方式，穿插采用 PBL 教学法。制药工程实训课程总共是 36 学时，一周一次课，一次 3 学时，总共是 12 个周的实验课程，主要涉及到的实验项目为中药前处理、提取、分离、蒸发、干燥工艺与操作、丸剂、滴丸剂、颗粒剂、片剂、口服液体制剂制备工艺与操作等七大实验项目。这就要求大约 2 周时间完成一个实验项目。以丸剂的制备工艺与操作试验为例，采用对分课堂理论，可以安排第一周两个学时教师讲述丸剂制备的实验理论、知识点、仪器操作注意事项及其药厂的实践理论，第三个学时可以让学生自行消化、熟悉，教师按照药厂丸剂制备的工艺流程，布置相关实验设计的作业，要求学生课下讨论并以小组的方式形成一份设计报告。第二周前两个学时选择小组代表对形成的设计报告进行简述，并将其进行实践，制备丸剂。第三个学时由老师对每个

小组的设计报告及成果进行相应的评价，并对学生报告中的不足进行及时的修正。按照此种方法依次完成后续的六个实验项目。

4 对分课堂及 PBL 联合教学法的优势

对分课堂及 PBL 教学法两种教学模式最早均应用于理论课的教学，并且取得了相当好的反应，但两种教学模式是否适用于应用型专业实验课的教学，目前尚无定论。传统的教师单纯的讲授，学生按照实验讲义进行验证性试验，采用以上的方式既达不到制药工程专业对学生实验设计技能的培养，也达不到对 GMP 车间、仪器的要求和操作等技能的训练要求[9]。

对分课堂及 PBL 联合教学法应用到制药工程实训课程中，充分体现了现代教学理念。首先，对分课堂的教学模式可以增加学生的主动性，一周 3 个学时中，学生的理解、思考、设计、操作占据了 2 个学时，将课前、课中、课后的时间得到了充分的利用，将相关的知识点进行反复的熟悉记忆，对技能型的知识进行重复的推翻、思考、再推翻。穿插着采用 PBL 教学法，提出问题，提出总体目标和方向，由学生分组协作，搜集加工处理信息，沟通讨论，论证确定方案，实验实施，师生共同探讨、评价和总结，从而能较为理想地完成制药工程实训实验教学。其次，采用对分课堂及 PBL 联合教学法可以激发学生创新意识，培养创新能力。PBL 教学法中问题是教学的中心，在教师引导下自主解决问题是每个学生都必须面对的，也是必要必须解决的。教师对相关剂型的实验设计，仪器的使用及 GMP 的要求进行阐述，在此基础上让学生自行设计某一剂型的成型工艺，多小组交流讨论，很容易会产生创新点，学生教师均能得到相关的启发。可以说，实验教学中引入 PBL 教学法，从培养创新能力角度来说是极为必要的

再次，联合教学法的开展可以构建新型和谐融洽的实验课师生关系和课堂氛围。在对分课堂和 PBL 教学模式下，师生积极交流互动，教师讲授的内容减少，教师起到启迪、引导的作用，学生自己思考，自己设计，论证并实施自己的方案，随后教师对学生的方案进行评价、指导，使学生既能产生成就感，自主学习知识、夯实技能，也能多一些对教师的包容和理解，从而创建新型和谐的师生关系。可以看到，在采用对分课堂的基础上穿插采用 PBL 教学模式，两者可以完美的结合，在制药工程实训实验课程的实施中，其优势可以得到充分的体现。完全符合培养和造就掌握现代化药物制剂的研究能力与生产技术的复合型医药科技人才的现代医药课程的内容。

5 对分课堂及 PBL 联合教学法试运行效果评价

对分课堂及 PBL 联合教学法创建是制药工程实训实验教学的一个创新，可以在有限的教学资源条件下，最大限度开拓学生对于制药工程专业的理解及增强他们的实践能力。本课题组成员采用该模式选择制药工程专业 4 个班(200 人)实施了该联合实验教学模式，并采用调查问卷及期末测验的方式对该模式的的运行效果进行评价，并及时的总结指导教师及学生的反馈意见。结果显示，90% 的学生认为对分课堂及 PBL 联合教学模式可对制药工程的专业性质有了更加深入的了解，制药工程实训实验设计的思路更加清晰，并且提出了不同于教材的相关制剂制备的其他实验设计方案，很大程度上增加了学生的创新能力。对实验中的注意事项、操作要点有了更加具体的了解。在一个实验循环中，可以做到复习与预习同时进行。85%

（下转第 87 页）

基于 CDIO 理念的卓越制药工程师培养模式的构建与实践

三部分组成。根据各部分在总成绩中所占的百分比，便可计算出总成绩。在答辩结束后，由答辩主席牵头，组织答辩委员会对各小组答辩成绩进行综合审查。

2.8 做好毕业设计（论文）的存档工作

学校应认真做好存档工作。中北大学朔州校区的存档材料包括：①任务书；②开题报告；③设计说明书（论文）及相关图件；④每周记录表；⑤开题报告检查表；⑥中期报告；⑦中期报告检查表；⑧指导教师评语表、评阅人评语表、答辩主席评语表（或二辩评语表）等。

毕业设计（论文）是毕业生留给学校的一笔宝贵财富。对于优秀毕业设计（论文），教师可以用它来丰富教学内容，为下一届学生起到示范作用。

2.9 建立指导教师考核制度

为加强对指导教师的管理，正确评价其工作态度和能力，充分发挥指导教师的主动性和积极性，学校应制定指导教师考核办法。这样可以避免部分指导教师对学生的指导应付了事。

3 结语

提高毕业设计（论文）的质量，并非一朝一夕之事。首先，全校师生要从思想上高度重视，充分认识到毕业设计（论文）工作的重要性，明确各自的任务、职责；其次，雄厚的师资力量、充足的研究经费、严格的制度规范也是提高毕业设计（论文）的有力保障；再者，需加强毕业设计（论文）教学中各阶段的管理工作。在今后的教学实践中，需把握好毕业设计（论文）工作中的6个环节：选题和立题；撰写毕业设计（论文）任务书；文献检索和撰写开题报告；设计（实验）；撰写设计说明书（论文）；预答辩和答辩等[10]，进一步探索出适合人才培养及市场需求的环境工程专业毕业设计（论文）的教学模式。

参考文献

[1] 吴会杰,李　元,李　庆,等.浅谈高校工科毕业论文教学改革的实践与探索[J].教育教学论坛,2015(6)：85-86.

[2] 柯　颖.高校本科毕业论文教学改革的对策思考[J].学术论坛,2008(10)：203-205.

[3] 魏　杰,王东田.本科毕业论文教学改革的研究[J].江苏教育学院学报,2009,26(4)：67-68.

[4] 刘劲聪.本科毕业论文教学改革的实践与探讨[J].广东外语外贸大学学报,2007,18(5)：107-109.

[5] 张承中.环境类专业以科研促进毕业设计环节教学改革的实践[J].西安建筑科技大学学报（社会科学版）,2006,25(3)：40-42.

[6] 刘　琦,石　林.环境工程类专业本科毕业设计（论文）改革研究[J].高教与经济,2008,21(2)：18-22.

[7] 张　治.建环专业毕业论文教学模式的改革与探索[J].长春理工大学学报,2011,6(7)：189-190.

[8] 李卫祥,李长萍,冀满祥,等.本科毕业论文（设计）教学改革研究与实践[J].山西农业大学学报（社会科学版）,2006,5(3)：305-307.

[9] 刘志煌,刘海苑.工科本科生毕业论文教学改革的探讨[J].广东工业大学学报,2010,10(S1)：103-104.

[10] 王久芬,杜拴丽.论工科院校本科毕业设计（论文）工作的教学改革[J].中北大学学报（社会科学版）,2005,21(3)：88-89.

（本文文献格式：柴春镜.环境工程专业本科毕业设计（论文）教学改革的探讨[J].山东化工,2017,46(02)：85-87.）

（上接第84页）
的学生认为充分增加了"学"与"教"之间的互动，并且充分体现了实验教学中"学生为主，老师为辅"的教学理念。在实验过程中，教师的辅导由灌输式的"教"改为启发式的"导"，对学生的问题进行疏导式的解答，使实验教学不再枯燥。90%的GMP实训中心管理人员认为，以上两种实验教学方法的联合使用，使得实验室中有限的仪器设备得到了最大程度的使用，效率明显提高，设备的损耗程度大大的降低。总之，85%的教师和学生更加倾向于对分课堂及PBL联合教学模式。

6 讨论

制药工程实训是我校制药工程专业比较重要的专业性实验课程，在有限的教学资源内，让学生们掌握GMP相关的规定，熟悉每种剂型的制备流程，了解每种仪器的操作规程是比较繁琐、困难的事情。传统的教学方法有其自己独特的优势，但是学生很难对以上内容进行全面的掌握[10]。"实践出真知"只有把时间多留给学生，增加其思考、实践的机会才能达到以上目标。对分课堂及PBL教学法引入制药工程专业实验教学目前尚属于探索阶段，与理论专业课关系的协调以及对于应用型专业学生实习实践技能培养的促进作用等问题，仍需再进一步加以完善和解决。但是，在一定程度是两种教学模式的联合应用对培养创新性制药工程专业的人才是大有裨益的。

参考文献

[1] 滕　杨,谭　天,焦淑清,等.浅谈制药工程专业创新型人才的培养模式[J].中国民康医学,2014,26(20)：96-97.

[2] 彭成松,江章应.深化实践教学改革提升制药工程专业人才培养质量[J].广州化工,2015,43(25)：204-206.

[3] 蔡秀兰,孔繁晟,贲永光.以工程实践能力培养为导向加强制药工程专业建设[J].广州化工,2016,43(1)：164.

[4] 周长征.制药工程实训[M].北京：北京大学医学出版社,2011.

[5] 张学新.对分课堂：大学课堂教学改革的新探索[J].复旦教育论坛,2014,12(5)：5-10.

[6] 陈瑞丰.对分课堂：生成性课堂教学模式探索[J].上海教育科研,2016(3)：71-74.

[7] 赵大伟,王　斌,陈洪玉,等.PBL教学法在制药工程专业实验教学中的应用探索[J].赤峰学院学报,2014,30(10)：272-273.

[8] 高胜利,赵方方.PBL教学模式与高素质创新人才的培养[J].实验室研究与探索,2007,26(5)：83-86.

[9] 叶　云,钟英英,廖　兰,等.制药工程专业实践教学环节改革的探讨[J].广州化工,2016,44(1)：206-207.

[10] 谢爱华,张园园,楚　立.中医药院校制药工程实训教学设计及教材点评[J].广州化工,2015,43(23)：248-249.

（本文文献格式：毕建云,陈新梅,战　旗,等.对分课堂及PBL联合教学法在制药工程实训教学中的应用探索[J].山东化工,2017,46(02)：83-84,87.）

调查报告 卫生职业教育 Vol.35 2017 No.3

我校制药工程专业应届毕业生考研情况调查与分析

陈新梅[1]，周 萍[1]，李 颖[1]，黄琼琼[1]，王峻清[2]

（1.山东中医药大学药学院 山东 济南 250355 2.山东中医药大学 山东 济南 250355）

摘 要 采用问卷调查法调查我校 2012 级制药工程专业毕业生研究生报考情况。结果发现 毕业生考研率为 60.3% 推免率为 4.9% 外考率为 70.1% 专业对口率为 98.6% 女生考研率显著高于男生 报考学校多为"211 工程"和"985 工程"类高校，选择专业多为药学相关热门专业。提示我们在今后工作中 注重对考研学生的引导。

关键词 考研 制药工程专业 应届毕业生

中图分类号 G455 文献标识码 B 文章编号 1671-1246(2017)03-0105-02

据教育部新闻办公室官方微博"微言教育"公布的数据，2016 年我国研究生报考人数为 177 万 这是继 2014 年和 2015 年连续两年人数下滑后的一次反弹。为了准确掌握我校制药工程专业应届毕业生研究生报考情况和特点 课题组对我校 2012 级制药工程专业毕业生进行了问卷调查 以期为今后的工作提供借鉴和指导[1-2]。

1 对象与方法

调查对象为我校药学院 2012 级制药工程专业 4 个班共 239 名毕业生 其中男生 76 名 女生 163 名。本次调查以问卷形式进行。为了保证数据的可信度和可追溯性 所有问卷均实行实名制。调查内容包括姓名、性别、学号、生源地、报考学校、拟考专业、学校所在地等。发放调查问卷 239 份 回收 239 份 均为有效问卷 有效回收率为 100.0%。问卷经分类整理后录入计算机 Excel 表格进行分析。

2 结果与分析

2.1 考研率

239 名学生中 参加 2016 年硕士研究生入学考试的有 144 人 考研率为 60.3% 说明学生考研意愿较强。

2.2 推免率

144 名考研学生中 推免生 7 人 推免率为 4.9%。推免生的选拔依据主要是成绩 + 综合表现 这种分数 + 素质的衡量机制相对公平、公正。

2.3 外考率

144 名考研学生中 报考外校的有 101 人 外考率为70.1%。表明学生更想"走出去"感受不同教育环境和学习氛围。

2.4 考研性别比

239 名学生中 女生 163 名 考研的有 107 人 女生考研率为 65.6% 男生 76 名 考研的有 37 人 男生考研率为48.7%。女生考研率显著高于男生。这也从一个侧面反映出女生就业难问题。

2.5 专业对口率

144 名考研学生中 报考专业基本对口的占 98.6%(如制药工程、药物化学、药剂学、药物分析等专业) 专业不对口的占1.4%(如环境科学与工程、中西医结合基础等专业)。

2.6 排名前 10 位的报考学校

报考人数最多的 10 所学校 山东中医药大学(30.0%)、中国药科大学(11.0%)、沈阳药科大学(10.0%)、北京中医药大学(8.3%)、中国海洋大学(5.6%)、山东大学(4.2%)、天津医科大学(4.2%)、华东理工大学(2.8%)、苏州大学(2.8%)、北京协和医院药物研究所(2.1%)。从这组数据可以看出 学生考研时多选择"985 工程"或"211 工程"类高校。

2.7 排名前 5 位的考研专业

报考人数最多的 5 个专业 药物化学(28.5%)、(中药)药剂学(16.7%)、药物分析(11.8%)、中药学(9.7%)、药理学(4.9%)。而报考制药工程专业的只占 4.2%。这一方面反映出学生对药学相关专业的兴趣更高 另一方面也反映出制药工程专业是一个口径较宽的专业。

2.8 排名前 5 位的报考学校所在地

除济南(34.0%)外 学生报考学校所在地排名前 5 位的是北京(11.8%)、南京(11.8%)、沈阳(10.5%)、青岛(8.3%)、天津(6.3%)。可以看出 学生报考时 首选经济发达、交通便利、就业机会更多的东部发达城市。

3 存在的问题

3.1 严峻的就业形势导致考研率升高

据不完全统计 2016 年全国高校毕业生人数高达 770 万，海外留学归来毕业生 30 万 再加上没有找到工作的往届生，2016 年将会有 1 000 万毕业生竞争工作岗位。因此 严峻的就业形势使考研率升高。毕业生希望通过考研提高就业竞争力，

注 本文系山东省教育厅 2015 年度山东省本科高校教学改革研究项目(2015M189) 山东省卓越工程师教育培养计划项目(制药工程专业 鲁教高字[2013]3 号)

调查报告　　　　　　　　　　卫生职业教育　　　　　　　　　　Vol.35 2017 No.3

计算机基础教学现况调查与教学策略

申英英,石　方,刘　耕,乔素娟,朱庆文,王　丽

（天津医科大学临床医学院，天津 300270）

摘　要　通过对天津医科大学临床医学院大一新生计算机基础课程现况进行调查，发现传统教学模式已不适用于独立医学院校学生。翻转课堂能充分调动学生学习自主性，解决独立医学院校计算机基础课程课时较少问题，具有很大的推广和应用价值。

关键词　计算机基础　翻转课堂　独立医学院校

中图分类号　G526.5　　　　　　文献标识码　B　　　　　　文章编号：1671-1246(2017)03-0106-02

随着计算机网络及软件技术迅速发展，其应用已深入医学各个领域。在基础医学中利用计算机处理各种医学实验信息、模拟生物和生理系统，对研究生物的微观结构、神经活动、癌细胞发生机理等有促进作用[1]。

1 独立医学院校大一新生计算机基础课程设置情况

天津医科大学临床医学院作为医学类三本独立院校，尤其注重学生实际应用能力培养。因此，在大一阶段，学院各专业均开设了计算机基础课程，详见表 1。

表 1　计算机基础课程设置情况

专业	理论课时	上机课时	班级数
临床医学	24	15	16
护理学	24	15	10
眼视光学	30	15	4

获得满意的工作。

3.2 普通学生考名校的难度加大

2014 年我国全面放开推免生限制，推免生主要集中在名校，由于推免生要占统招名额，因此，普通学生报考名校和热门专业的难度加大。

3.3 考研对正常教学的影响

从 2015 年开始，全国研究生入学考试时间由每年 1 月提前到前一年 12 月底，此时学校的正常教学还未结束，但学生考研需要专门时间进行系统复习，因此对出勤率影响较大。考研成绩公布后，部分学生由于准备复试和调剂又会影响毕业实习。因此，考研对正常教学秩序和实习质量有一定影响[3]。

4 对策与建议

4.1 加强正确引导

虽然在就业方面，研究生的竞争力大于本科生，工资待遇、社会保障、发展空间也更好，但是毕业生还是要结合自身实际情况，理性分析各种机会与成本[4]，权衡利弊后再做出选择，不能盲目随大流。要让学生明白，考研只是增强自身核心竞争力的一种方式，而不是最终结果。引导学生做好两手准备，时刻关注各种就业信息。同时，加强学生考研失利后的心理疏导。

4.2 培养学生综合能力和实践能力

由表 1 可以看出，独立医学院校医学专业计算机基础课程课时普遍较少，这是由其专业课程特点决定的。独立院校注重对学生实际操作能力的培养，因此一般会设置一年半到两年的实习期，且由于专业特殊性，医学生在本科阶段要学习的专业课较多，因此，在有限的学习时间内学院一般会压缩基础课学时，增加专业课学时。如何在有限的学时内，使学生更高效地学习计算机知识并应用于实践，就成了独立医学院校计算机基础教学中的首要问题。

2 大一新生问卷调查

2.1 对象

天津医科大学临床医学院 2015 级部分新生，其中临床医学专业 20 个班，护理学专业 10 个班，眼视光学专业 4 个班，共计 1 008 人。

从 2014 年的推免政策来看，名校更看重学生的综合能力和素质，而不仅仅是分数。制药工程专业实践性很强，应积极引导学生参加各类实践，不断提高自身综合素质。

4.3 加强就业和创业指导

及早开设职业生涯规划课程，加强国家就业政策解读和就业信息宣讲，帮助学生制订合理的人生目标与发展规划。转变学生就业观念，培养创业精神，提高学生就业和创业能力。

5 结语

考研是毕业生高质量就业的有效途径之一。高校应对毕业生进行正确引导，使其明确学习目的，端正考研动机，树立正确的职业观，同时加强学生管理，维护日常教学秩序，保证实习教学质量。

参考文献：

[1]陈新梅,周萍,王诗源,等.基于 CDIO 理念的"卓越制药工程师"企业培养方案的研究[J].中国高等医学教育,2014(12)：17-18.

[2]陈新梅,周萍,王诗源.制药工程专业卓越工程师培养模式初探[J].药学研究,2014,33(4)：239-240.

[3]余结根,陶香香,刘影,等.考研热影响下医学生临床实习中存在的问题和对策[J].卫生职业教育,2015,33(17)：95-97.

[4]郭奕鸥.职业发展过程中大学生考研的个人投资决策分析[J].职业时空,2015,11(7)：106-108.▲

· 148 ·　　　　　　　　山东化工
SHANDONG CHEMICAL INDUSTRY　　　　　　　　2017 年第 46 卷

制药工程专业学生毕业实习的调查与分析

陈新梅[*1],周　萍[1],徐溢明[2]

(1. 山东中医药大学药学院,山东 济南　250355;

2. 山东大学临床医学院,山东 济南　250000)

摘要:目的:对我校 2012 级制药工程专业学生的实习情况进行调查与分析。方法:调查学生的实习去向,并对实习情况进行深入分析。结果:学生毕业实习情况基本正常,并受社会因素影响较大。结论:在今后工作中要对学生积极引导,鼓励学生通过实习带动就业。

关键词:制药工程;实习;调查与分析

中图分类号:G642;R - 4　　　　文献标识码:A　　　　文章编号:1008 - 021X(2017) 08 - 0148 - 02

DOI:10.19319/j.cnki.issn.1008-021x.2017.08.058

Investigation and Analysis on Graduation Practice of Pharmaceutical and Engineering Students

*Chen Xinmei[*1], Zhou Ping[1], Xu Yiming[2]*

(1. College of Pharmacy, Shandong University of Traditional Chinese Medicine,Jinan　250355,China;

2 . College of Clinical Medicine, Shandong University,Jinan　250000,China)

Abstract: Objective: To investigate and analysis the situation about graduate practice of Pharmaceutical and Engineer student. Methods: The situation of graduate practice has been investigated and deeply analysised. Results: The situation of graduate practice was basically normal. Meanwhile, it was greatly influenced by the social factors. Conclusion: It is necessarily to guide and encourage the student to promote employment through graduation practice.

Key words: pharmacy engineering; graduation practice; investigation and analysis

　　毕业实习是制药工程人才培养过程中的重要环节,是学生从学校走向工作岗位的过渡时期,它以具体工作为载体,在实践的过程中进一步巩固理论知识,促进实践与理论的密切结合,同时培养学生创新能力和团队合作精神,为学生将来进入社会并适应工作岗位奠定坚实的基础,因此毕业实习在制药工程人才培养的过程中具有不可替代的重要地位。

　　制药工程专业是由化学、药学(中药学) 、工程学、生命科学交叉而产生的工科类专业,以培养药品制造新工艺、新设备、新品种的开发放大和工程设计人才为主的专业,该专业的实践性和应用性非常强。1999 年我校制药工程专业首次招生,2010 年成为国家级特色专业,2011 年进入"应用基础型特色名校工程重点建设专业",2013 年进入"山东省工程师培养教育计划",2015 年获得山东省教育厅"2015 年度山东省本科高校教学改革研究项目"经费资助[1]。为了深入了解制药工程专业学生的毕业实习情况,笔者对我校 2012 级制药工程专业毕业生进行调查和分析,现总结如下。

1　材料与方法

1.1　调查对象

　　以我校 2012 级制药工程专业 4 个班级共 239 名学生为调查对象。

收稿日期:2017 - 01 - 12

基金项目:山东省教育厅 2015 年度山东省本科高校教学改革研究项目(2015M189) ;山东省卓越工程师教育培养计划项目(鲁教高字 [2013] 3 号) ;山东中医药大学 2016 年实验教学改革课题(SY2016035)

作者简介:陈新梅(1973—) ,女,博士,副教授,硕士研究生导师,主要从事中药新制剂与制剂新技术研究。

1.2　调查方法

　　以电话调查为主要调查手段,共调查 239 名学生,覆盖面为 100% 。

1.3　数据处理

　　用 EXCEL 对调查结果进行处理。

2　调查结果

　　在对我校 2012 级制药工程专业 239 名学生电话调查的基础上,对调查结果进行分析,学生毕业实习的情况如表 1 所示。

表 1　学生毕业实习的性质

实习性质	实习人数/名	百分率/%
专题实习	52	21.7
零售药店	49	20.5
制药企业	44	18.4
与医药无关行业	36	15.1
医院诊所	35	14.7
外企药品销售	13	5.4
医药相关行业	10	4.2

3　结果分析

　　从表 1 的数据中可以看出,我校 2012 级制药工程专业的学

基于 CDIO 理念的卓越制药工程师培养模式的构建与实践

生在选择毕业实习时，实习单位的性质有: 专题实习、零售药店、制药企业、与医药无关行业、医院诊所、外企药品销售、医药相关企业等七大类。我校制药工程专业学生就业采用"双向选择"的原则，但是这种实习现状在一定程度上受社会大环境的各种因素影响。在新形式下，人们的生活观念、思维模式和价值观的变化对制药工程毕业生的实习和就业产生影响。同时，由于国内经济增长放缓，大学生就业压力增加，对毕业生选择实习也会产生一定影响[2]。

(1) 在毕业实习的学生中，有 21.7% 的学生选择专题实习。专题实习是在实习期间，在专业教师的指导下，学生独立完成科研课题，撰写论文并参加学校组织的毕业答辩。参加专题实习的学生一般都参加了研究生入学考试，专题实习为其将来从事科研工作奠定了坚实的基础。

(2) 在毕业实习的学生中，有 20.5% 的学生选择了在零售药店实习，如济南平民漱玉大药房、济南国泰大药房、恒丰人和大药房、成泰大药房、利康大药房等。这个比例仅次于专题实习位居第二。这与我国近几年医疗体制改革、药品零售药店和连锁药店蓬勃发展有关。大量具有相当规模的零售药店的出现，对于驻店药师以及具有药学专业知识背景管理人员有相当的需求量，因此提高了学生在零售药店实习的比例。

(3) 在毕业实习的学生中，有 18.4% 的学生选择了去制药企业实习，如: 烟台鲁银药业有限公司、迪沙药业、山东明仁福瑞达制药股份有限公司、江苏先声药业有限公司、烟台益生药业有限公司等。制药企业能提供的实习岗位包括生产、质检、销售和管理等，能满足不同学生对在制药企业毕业实习的需求。

(4) 在毕业实习的学生中，有 15.1% 的学生选择去一些与自身专业无关的岗位进行毕业实习，如: 教育培训机构、饮食连锁、购物广场、健身俱乐部等，这些实习工作与学生的专业无关。学生选择这些单位实习的原因一部分是出于经济因素的考虑，但同时也折射出毕业生自我期望过高、不愿从基层做起的现实。因此这部分数据提示我们在今后的工作中，要加强对学生的实习和就业教育和引导，同时尽可能给学生提供更多与专业密切相关的实习岗位。

(5) 在毕业实习的学生中，有 14.7% 的学生选择了去医院或诊所进行毕业实习，其中有相当一部分学生返回生源地进行实习。

(6) 在毕业实习的学生中，有 5.4% 的学生选择了去外企销售岗位进行毕业实习。如辉瑞投资有限公司、阿斯利康贸易有限公司等。外企药品销售人员的薪酬与销售业绩有关，业绩好的员工薪酬相当可观，这对于初出校门的毕业生来说，有很大的吸引力。同时外企药片销售工作理念先进并富于挑战性，符合年轻人的心态。

(7) 在毕业实习的学生中，有 4.2% 的学生选择了与医药相关的岗位进行毕业实习，如医药物流公司、生物科技公司、牙科器械和生物信息公司等。

4　提高学生高质量毕业实习的措施与手段

4.1　以行业发展和市场需求为导向，突出专业优势，促进学生全面发展

在我国，制药工程是朝阳专业，社会对该专业的毕业生有一定的需求量，这要求我们必须根据市场需求及时调整教育教学策略。一方面，要充分重视学生基本知识和基本技能的培养，着力务实基本功。同时，要对学生加强通识教育，增进大学生在人文社会科学知识、创新意识、合作意识等方面的教育和学习，提高人文科学素养、创新能力和合作能力。另一方面，要强化学生管理和营销技能的学习和培养，以适应市场的需要[3]。

4.2　加强校企合作，探索产学研合作模式

学校应该积极寻求与企业的合作，努力搭建产学研合作平台。在学科专业建设方面，学校邀请企业专家参与人才培养方案、课程设置和教学计划的制定; 在师资队伍建设方面，学校聘请企业具有实践经验的管理人员或者工程技术人员担任学生的指导老师; 在学生实习实训上，企业可以为学生提供部分工作岗位，使学生在校期间有机会进入实际工作中，获得真正的职业训练和工作体验。同时，通过设立企业奖学金，科研合作等方式加强合作，实现优势互补，共同发展[4]。

4.3　加强学生的毕业实习指导工作

进一步加强毕业生的毕业实习指导工作，帮助学生树立正确的价值观和毕业实习观，摒弃不切合实际的想法。实习单位在选聘实习生时不再唯学历，而是唯能力，要指导学生充分认识到这个事实。

5　结语

毕业实习在制药工程人才培养的过程中具有不可替代的重要地位，不仅促进实践与理论相结合，同时开拓学生视野、增加社会经验，培养专业兴趣，调整心理预期与实际之间的差距、更是促进就业的重要途径之一。这要求我们积极鼓励和引导学生，通过实习了解行业和工种的职业规范、提升职业素养和技能，在实习的同时得到实习单位的认可，以实习带动就业，为培养出高素质的应用型人才提供有效途径[5]。

参考文献

[1] 陈新梅, 周萍, 王诗源, 等. 基于 CDIO 理念的"卓越制药工程师"企业培养方案的研究[J]. 中国高等医学教育, 2014 (12): 17 - 18.

[2] 章华伟. 新形势下我国制药工程专业生产实习的思考[J]. 中国现代教育装备, 2015(11): 29 - 31.

[3] 杜松云, 毛淑芳, 杨艾玲. 深化校企合作, 提高制药工程专业生产实习中学生的主动学习积极性的实践探讨[J]. 广东化工, 2016, 43(5): 221 - 222.

[4] 杨得锁, 王晓林, 赵均安, 等. 新形势下地方院校制药工程专业校企共建实习基地的探索与实践[J]. 化工高等教育, 2015(3): 6 - 9.

[5] 陈新梅. 学科交叉联合培养本科生的模式初探[J]. 中国高等医学教育, 2013 (4): 64, 129.

(本文文献格式: 陈新梅, 周　萍, 徐溢明. 制药工程专业学生毕业实习的调查与分析[J]. 山东化工, 2017, 46(08): 148 - 149.)

基于实践能力达成的评价方法在制药工程专业《药剂学实验》中的应用与评价

陈新梅[1]，周　萍[1]，徐溢明[2]

（1. 山东中医药大学 药学院，山东 济南　250355；2. 山东大学 临床医学院，山东 济南　250012）

摘要： 对制药工程专业学生《药剂学实验》的实践能力进行评价。将"基于实践能力达成的评价方法"应用于《药剂学实验》。学生学习的积极性、主动性和学习成绩显著提高。本研究采用的评价方法有利于提高学生的实践能力和综合素质，值得推广。

关键词： 制药工程；药剂学实验；实践能力

中图分类号： G642　　　**文献标识码：** B　　　**文章编号：** 1008 – 021X(2017) 09 – 0135 – 02

DOI: 10.19319/j.cnki.issn.1008-021x.2017.09.057

Application and Eevaluation of the Evaluation Method Based on the Achievement of Practical Ability in Pharmacy Engineering Specialty in the Course of Pharmacy Experiment

Chen Xinmei[1] , Zhou Ping[1] , Xu Yiming[2]

(1. College of Pharmacy , Shandong University of Traditional Chinese Medicine , Ji'nan　250355 , China;

2. School of Medicine , Shandong University , Ji'nan　250012 , China)

Abstract: To evaluate the practical ability of the Pharmacy Engineering Specialty in the course of Pharmacy Experiment. The evaluation method based on the achievement of the practical ability has been used. The enthusiasm , initiative and the examination scores of students have been improved. The evaluation method used in the study is beneficial to the improvement the practical ability of Pharmacy Engineering Specialty students.

Key words: pharmacy engineering; pharmacy experiment; practical ability

　　工程教育在高等教育中占据重要的地位，工程教育的质量是关系到国家强盛和民生的重大问题。2015 年，国务院印发的《中国制造 2025》，部署推进"制造强国"的战略。2016 年，我国成为本科工程教育国际互认协议《华盛顿协议》的正式签约成员，这标志着我国朝向工程教育的国际化迈出重要一步。2016 年，教育部评估中心《中国工程教育质量报告》问世。我校制药工程专业 2013 年进入"山东省卓越工程师教育培养计划"项目。在山东省教育厅"2015 年度本科高校教学改革项目"的资助下，我院成立了"卓越制药工程师试点班"，如何提高制药工程专业学生的实践能力是制药工程专业教育的重中之重[1]。

　　《药剂学》是制药工程专业的主干课程，是研究药物制剂的配制理论、处方设计、制备工艺、质量控制和合理应用的综合性技术学科。药剂学是一门实践性很强的学科，在制药工程专业的《药剂学实验》中，学生通过对常规剂型的制备和质量评价来加深对药剂学理论的理解和掌握[2-3]。传统的《药剂学实验》考核方式是以学生卷面考试成绩为依据，但是这种考核方式无法反映学生的实践操作能力。为此，本课题组对 2012 级制药工程专业《药剂学实验》的考核方式进行改革，改革后的考核方式更加注重学生的基本实践操作能力，更加注重实验教学的过程，而不是注重考试结果本身。本文对这种基于基本实践技能达成的考核方式的应用和效果进行介绍和评价。

1 "基于实践能力达成的评价方法"的理论依据

　　学生的能力是指在专业领域内，能够成功的应用专业知识和技能解决实际问题。其内涵包括：专业理论知识和基本操作技能；其外延是指除专业理论知识和基本操作技能之外，还包括社会责任感、终身学习能力和团队协作能力。因此对学生能力的评价应该是全面的评价。制药工程是一门实践性很强的专业，对制药工程专业的学生来说，基本实践能力是重中之重。在我国教育部颁布的《工程教育专业认证标准(试行) 》中明确要求：工程教育本科层次人才培养的重要方面包括：实践能力、创新能力、协作能力、自主创新能力，其中实践能力位居第一。

2 "基于实践能力达成的评价方法"的方案设计

　　在上述理论依据，本课题组设计的实验方案如下：评价方案由两部分构成，第一部分是对学生实践过程的评价(包括：卫生、纪律、出勤率、团队协作、预习报告、实验操作、实验报告)，第二部分是对药剂学基本理论知识的评价，两部分的比例均为50%。具体评价项目及权重见表 1 所示。

收稿日期： 2017 – 03 – 09

基金项目： 山东省教育厅 2015 年度山东省本科高校教学改革研究项目(2015M189) ；山东省卓越工程师教育培养计划项目(鲁教高字 [2013] 3 号) ；山东中医药大学 2016 年实验教学改革课题(SY2016035)

作者简介： 陈新梅(1973—)，女，博士，副教授，硕士研究生导师。主要从事中药新制剂与制剂新技术研究。

表 1　评价内容及权重

评价内容	评价项目	权重/%
实践能力	卫生	5
	纪律	5
	出勤率	5
	团队协作	5
	预习报告	5
	实验操作	10
	实验报告	15
理论知识	药剂学理论	50

2.1　对实践过程的评价

2.1.1　出勤率

出勤率是保证学生提高动手能力的关键。制药工程专业的《药剂学实验》课程开设在大四上学期,此段时间内,学生忙于考研复习和找工作,对实验课程的出勤率造成一定影响。对此,本课题组采用上课点名的方式来确保出勤率,同时将出勤率按一定权重计入期末总评成绩,以督促学生全勤。

2.1.2　实验过程

实验成绩包括实验预习、课堂提问、实验操作技能、卫生、纪律、团队合作等。其中,预习和课堂提问反映学生对实验原理、实验内容、实验过程的了解程度。实验操作是对实验基本技能的掌握程度,同时保证学生能够准确使用相关仪器和设备,避免出现由于操作失误导致的实验结果的错误。对于实验做出的结果,班与班之间,小组与小组之间,组员间可以相互评价自己的实验结果,对实验失败的原因进行分析,写进实验报告中。教师可将平时成绩算入实验报告中。

2.1.3　实验报告

实验报告是对学生对实验过程进行总结并做出书面报告。实验报告的内容包括实验目的、实验内容、实验方法、实验结果、实验讨论等。撰写实验报告要求学生记录实验数据和实验现象、分析实验结果,如果实验失败还必须找出实验失败的原因,认真总结经验教训。教师根据实验报告考核学生撰写实验报告的规范性、数据的处理能力、实验结果的正确性以及对实验结果的分析与讨论等。

2.2　对理论知识掌握程度的评价

对药剂学理论的评价采用卷面考核的方式。考核的内容涉及到实验原理、实验步骤、注意事项、数据处理等内容。

3　"基于实践能力达成的评价方法"在制药工程专业《药剂学实验》中的应用

3.1　研究对象及方法

选择制药工程专业 2012 级 1 班和 2 班的学生为研究对象,每个班随机平分甲乙两组,其中每个班的甲组采用传统的考核评价方法,乙组采用"基于实践能力达成的评价方法"。甲乙两组的实验在不同的实验室内进行。除考核评价方法之外,其余两组均一致。

3.2　数据处理方法

从"山东中医药大学教务系统"中调取制药工程专业 2012 级 1 班和 2 班的学生的《药剂学实验》成绩,分别对实践能力成绩、理论知识成绩、总评成绩等三部分成绩进行统计学检验。采用 SPSS17.0 统计学软件进行统计。

3.3　结果

将"基于实践能力的评价方法"应用于 2012 级制药工程 1 班和 2 班学生的《药剂学实验》教学之中,结果发现学生学习的主动性和积极性显著提高,同时学生考试成绩也显著提高,结果见表 2 所示。

表 2　学生成绩

班级	分组	人数	实践能力成绩	理论知识成绩	总评成绩
1 班	甲组	29	81 ±6	60 ±19	70 ±11
	乙组	30	89 ±8 ***	65 ±15	77 ±9*
2 班	甲组	30	79 ±15	57 ±19	68 ±15
	乙组	29	91 ±2 ***	62 ±15	76 ±7 **

注:* $P < 0.05$; ** $P < 0.01$; *** $P < 0.001$。

4　结果与讨论

(1) 本研究将"基于实践能力的评价方法"应用于 2012 级制药工程 1 班和 2 班学生的《药剂学实验》教学之中,结果发现,运用新的考核评价方法之后,学生学习的积极性和主动性显著提高,同时期末考试的实践能力成绩、理论知识成绩、总评成绩均高于对照班,并且学生全部通过考试。其中,实践能力成绩和总评成绩均具有统计学意义。

(2) 在本项目采用的《药剂学实验》评价体系中,评价指标具有一定的科学性和可操作性,所有指标都可量化;同时对学生能力的评价既注重对实验过程的评价,也注重对理论知识的评价;属于动态评价。

5　结语

本研究提出的"基于实践能力达成的评价方法",更加注重对过程的评价,这种评价方式有利于提高学生的实验动手能力和实验操作技能,从而提高学生的综合能力,有一定的应用和推广价值。

参考文献

[1] 杨硕晔,胡元森. 制药工程教育专业认证的认识与思考 [J]. 药学教育,2016,32(1):22 - 25.

[2] 陈新梅. 教育信息化背景下的药剂学教学方法探索 [J]. 中国数字医学,,2015,10(12):81 - 82,88.

[3] 陈新梅,周　萍,王诗源. 基于实践能力和创新意识培养的药剂学课程群建设研究与实践 [J]. 药学研究,2015,34(10):613 - 615.

(本文文献格式:陈新梅,周　萍,徐溢明. 基于实践能力达成的评价方法在制药工程专业《药剂学实验》中的应用与评价 [J]. 山东化工,2017,46(9):135 - 136.)

中医药导报 2018 年 2 月第 24 卷第 4 期 February.2018 Vol.24 No.4

引用 陈新梅 周萍 胡乃合 等."3+1"应用型卓越制药工程师培养过程中的问题及对策——以山东中医药大学制药工程专业为例[J].中医药导报,2018,24(4):128-131.

"3+1"应用型卓越制药工程师培养过程中的问题及对策*

——以山东中医药大学制药工程专业为例

陈新梅[1],周 萍[1],胡乃合[2],曲智勇[1],曲丽君[2],徐溢明[3]

（1.山东中医药大学药学院,山东 济南 250355;2.山东鲁信药业有限公司,山东 济南 250355;3.山东大学临床医学院,山东 济南 250012）

[摘要] 目的:分析我校卓越制药工程师培养过程中出现的问题,为今后工作提供借鉴。方法:从卓越制药工程师培养过程中出现的问题入手,进行深入思考和系统总结,并提出相应解决办法。结果:虽然卓越工程师的培养遇到了一定的问题,但总体取得了较好的成效。结论:随着我国正式加入《华盛顿协议》和《中国制造2025》,卓越制药工程师将会发挥越来越重要的作用。

[关键词] 卓越工程师;制药工程;专业建设

[中图分类号] G642.0 [文献标识码] A [文章编号] 1672-951X(2018)04-0128-03

DOI:10.13862/j.cnki.cn43-1446/r.2018.04.050

Problems and Countermeasures among the Cultivation of "3+1' Applied Outstanding Pharmaceutical Engineers

——Taking the Pharmaceutical Engineering Specialty of Shandong University of Traditional Chinese Medicine as Example

CHEN Xin-mei[1], ZHOU Ping[1], HU Nai-he[2], QU Zhi-yong[1], QU Li-jun[2], XU Yi-ming3

（1.College of Pharmacy, Shandong University of Traditional Chinese Medicine, Ji'nan Shandong 250355, China; 2.Shandong Lu Xin Pharmaceutical Co., Ltd. , Ji'nan Shandong 250355, China; 3.School of Medicine, Shandong University, Ji'nan Shandong 250012, China）

[Abstract] Objective: To analyze the problems in the process of cultivating outstanding pharmaceutical engineers in our university and provide reference for the future work. Methods: Starting from the problems in the process of cultivating the outstanding pharmaceutical engineers, the corresponding solution were put forward after thorough thinking and systematic summary. Conclusion: Although some problems were encountered in the training process, but overall achieved good results. Results: With China's formal accession the *Washington Agreement* and *China's Manufacturing 2025* implementation, outstanding pharmaceutical engineering will play more and more important role.

[Keywords] outstanding engineer; pharmaceutical engineering; specialty construction

我校从1999年开始招收首批制药工程专业本科生;2009年,我校制药工程专业被评为"山东省品牌专业";2011年成为"应用基础型特色名校工程"重点建设专业;2013年进入"山东省卓越工程师教育培养计划";2015年获得山东省教育厅"山东省本科高校教学改革研究项目"的资助。我校制药工程专业在15年的跨越式发展中,充分依托和发挥中药学学科优势,同时注重学科之间的交叉渗透,发挥多学科优势,以"厚基础、宽口径、重实践、强能力"的思路,形成了以中药制药为特色的办学优势,为我国和山东省制药行业培养了大批的制药工程技术人才[1]。我校制药工程专业在发展的过程中,尤其是在2013年进入"山东省卓越工程师教育培养计划"后,在卓越制药工程师的培养过程中遇到各种问题,本文对这些问题及相应的对策进行研究,以期对今后工作有所借鉴。

*基金项目:山东省教育厅2015年度山东省本科高校教学改革研究项目(2015M189);山东省卓越工程师教育培养计划项目(鲁教高字[2013]3号)

2018 年 2 月第 24 卷第 4 期　February.2018　Vol.24　No.4　　中医药导报

1　培养过程中遇到的问题及对策

1.1　培养模式和课程体系改革问题　随着工业化和信息化的迅速发展,制药行业在自主创新、产业结构、环境、能源、原材料等方面面临越来越多的难点和热点,这对制药工程技术人才提出越来越高的要求。同时制药工程专业在发展的过程中,在培养模式上"重理论、轻实践"造成培养的学生理论和实践脱节,无法满足生产企业的需求,对企业和行业的发展造成一定影响。对于本科层次应用型的卓越制药工程师,国内现多采用"3+1"的培养模式,即 3 年校内培养+累计 1 年企业实践能力培养。"3+1"的培养模式要求强化理论和实践的结合,推进企业现场教学、工程项目教学、工程案例教学等教学方法和手段,以制药工程技术能力为培养重点,使培养出的学生熟悉药物及制剂的产品研发、工艺流程、生产设备、质量控制,同时要求学生了解企业文化、管理模式、工程设计、运行方式,还必须具备工程意识、工程素质、工程实践能力。学生在企业累计实践时间达到 1 年,这要求前 3 年的课程学习时间要压缩,因此,对课程体系的改革势在必行,必须缩减各学科之间交叉和重复的内容。

1.2　合作企业的选择问题　选择合适的制药企业是保障"卓越制药工程师培养教育计划"实施的重要环节。在选择合作企业时,应考虑到如下因素:企业的社会责任感、企业文化和理念、生产规模、生产技术和设备、与高校合作有人共同发展的意愿等。同时也要考察企业的实践条件,如解决学生的食宿、联合编写教材或实训指导等能力。我校首批试点选择山东中大药业有限公司、山东中医药大学第二附属医院药剂科、山东明仁福瑞达等 3 家作为首批试点单位进行卓越制药工程师培养。

1.3　试点班遴选与组建时间问题　对于卓越工程师的培养,"试点班"是常用的方法。目前国内的卓越工程师试点班的组建主要有两种方法。第 1 种是在新生入学后,先在新生中进行宣讲,然后遴选试点班成员组建试点班。第 2 种是在大三结束后,在大三学生中进行宣讲,然后从大三的学生中遴选试点班成员。对于我校来说,卓越制药工程师的培养是一个新鲜事物,前无经验可循,因此本着谨慎负责的态度,我校的"卓越制药工程师试点班"先在 4 个年级中分别进行宣讲,然后遴选试点班成员,在大四进行企业培养,这种培养方式已经在我校 2012 级制药工程专业学生中被验证是一种较好的方法。

1.4　工程能力培养问题　制药工程专业是药学(中药学、生物药)、化学、工程学、医学、生物学等学科相互交叉、相互渗透形成的交叉学科。我校在药学、化学、医学和生物学等教育过程中师资力量雄厚,但工程学的实力较薄弱,因此如何加强工程类课程的教学是卓越制药工程师培养的重点。一方面制定企业培养方案,将工程类课程的重点放在企业内完成[1]。企业培养方案包括:公用工程(水电汽)、土木工程、制药车间设计与布局、工程设计、工程施工等,同时从企业中聘请经验丰富的技术人员,以讲座的形式定期给学生进行专题讲座,如制药行业职业道德、药品生产企业管理、企业文化、主人翁意识(敬业意识、团队意识、质量意识、纪律意识)、安全生产、环境保护、节能减排。另一方面,提高高校教师的工程技术能力是解决该问题的关键,通过定期指派青年教师和骨干教师深入国内外知名制药企业实践和参加国内外行业会议等形式,加强教师队伍的工程意识、工程素养和工程实践能力。

1.5　学生在企业实践的安全问题　学生在制药企业实践时,当遇到易燃、易爆、高温、高压、昼夜倒班连续生产等情况时,会对学生的安全造成一定影响。在"试点班"遴选签订协议时,要求学生家长知情同意,家长作为监护人在协议上签字,以发挥监护人的有效监督作用。学生进入企业后,企业应首先进行安全培训,待培训合格后,再进入实践环节,同时企业应根据自身实际情况按合适比例指派来自生产一线的实践经验丰富、学术水平高、科研能力强的"企业带教老师",同时高校的辅导员定期对到企业实践的学生进行定期走访和指导。企业应给学生购买人身意外保险。

1.6　企业正常生产秩序和行业机密问题　卓越制药工程师的培养需要学生在企业生产、学习、实践累计 6 个月以上,要求学生深度参与企业的设计、研发和生产的全过程。但是对于制药企业来说,由于《药品生产质量管理规范》(GMP)的规范化要求,企业正常的生产秩序、制药行业之间的激烈竞争和技术保密等原因,企业不愿接收学生进入敏感和关键岗位,因此这种现状对学生质量的培养有一定影响。针对上述问题,可以采用"企业冠名的试点班"的方式来解决。企业可通过对"卓越制药工程师试点班"进行冠名,由企业出资设立奖学金,对试点班内品学兼优的学生给予奖励,同时该试点班学生毕业后,企业有权优先择优录取,这样,学生不仅能在第四年进入企业的敏感和关键岗位,同时解决就业问题。同时企业应与拟录取的学生签订《技术保密协议》《知识产权协议》等协议。

1.7　毕业设计问题　传统的制药工程专业学生的毕业设计多在学校内完成,并不是真正的面对生产实际,学生缺乏完整的制药工程的整体观和工程实践能力。"双导师"指导的基于企业具体项目的毕业设计是解决该问题的重要途径。该模式要求学生以企业具体的项目为依托,在"双导师"的共同指导下完成。企业导师负责学生选题、指导学生现场实践,学校导师负责指导学生的论文撰写。这种毕业设计模式不仅有利于学生了解制药的全过程,如项目资料收集、设计实验方案、具体实施、结果反馈等环节,同时也有利于巩固和加强校企之间的关系,既能解决制药企业的实际问题,又能提高高校教师的工程技术能力。

1.8　高校教师的考核和企业兼职教师的薪酬问题　对制药工程专业的教师来说,目前仍有较重的科研考核的压力,因此教师很难拿出足够的时间和精力投入卓越制药工程师的培养之中。同时,企业的兼职教师承担了一部分的学生培养工作,也应支付一定的报酬。高校应改革制药工程专业教师的考核方案,将工程实践的内容纳入到考核体系之中,以鼓励教师积极参与工程师的培养。同时改革人事制度和财务制度,出台企业兼职教师的薪酬政策,以保障专职教师和兼职教师培养学生的积极性。

1.9　国际化视野的问题　随着世界经济和科学技术的快速发展,"全球经济一体化"和我国加入世贸组织要求制药行业工程技术人才具有国际化视野。同时,制药工程专业在发展的过程中,也需要掌握和了解本专业的新成果、新方法和新技术,因此对国际化视野的要求是卓越工程师培养的重要内容之一。专业教师必须具有一定的专业外语水平,能及时汲

129

中医药导报 2018年2月第24卷第4期 February.2018 Vol.24 No.4

取本专业的新成果,开设双语课程,制药工程人才的培养要与国际接轨,积极参与CDIO国际合作组织年会、申请中外教育合作项目、中外联合培养、组织学生去外企实习、教师出国访学等活动不断拓宽师生的国际视野和跨文化交际能力。

1.10 保障体系和各种管理制度问题 "卓越工程师培养教育计划"的顺利推进离不开强有力的保障体系[2]。保障体系在组织领导、政策、经费、师资等方面给予保障和协调。学校应增设卓越计划专业建设经费、工程实践指导经费,同时建立健全各种规章制度。建立"校-院-系"三级保障体系进行保障。第1层面的保障体系由主管教学的副校长和企业领导人负责,主要负责卓越制药工程师培养过程的总体规划。第2层面的保障体系由药学院主管教学的副院长和企业主管领导负责,主要保障校企全方位和全过程的合作。第3层面的保障体系由制药系和车间领导负责,主要负责具体落实情况。同时应制定并健全各种规章制度,如《合作制药企业选择标准》《卓越制药工程师试点班遴选制度》《试点班动态管理制度》《校企联合培养制度》《企业指导教师指导协议》等相关规章制度。

1.11 各级政府的支持与投入问题 在"卓越工程师"的培养过程中,制药企业由之前单纯的"用人单位"变成"联合培养单位",因此企业势必在人、财、物、力等方面进行大量投入,因此会影响到企业的积极性。同时,在申请各级"工程实践教育中心"的过程中,也要求企业参与。因此,如何提高企业参与人才培养的积极性就格外重要。为了鼓励制药企业积极参与制药工程专业的人才培养,各级政府应考虑在一定程度上给予企业一定优惠政策,如给予一定程度的减税或者专项补贴等。

1.12 行业战略联盟的问题 为了加强和推进行业发展,自2010年教育部实施"卓越工程师培养教育计划"以来,国内部分专业成立了行业战略联盟。2014年6月23日成立了中国冶金行业卓越工程师培养联盟,2014年7月17日成立了土建类卓越工程师战略联盟。2014年12月23日,教育部和国土资源部联合发布《关于实施国土资源领域卓越工程师培养教育计划的意见》中提出成立"国土资源系统和地质勘查行业卓越工程师计划战略联盟"。同时也有省级的行业联盟,如湖北化工联盟[3]。到目前为止,制药工程行业的战略联盟尚是一片空白。呼吁我国制药行业成立制药行业战略联盟,共同公关技术难题、资源共享、共同培养人才。

1.13 工程教育专业认证问题 工科专业进行专业认证是人才培养的国际化接轨、实现国际互认的必然之路。目前国际上影响较广泛的工程教育专业认证标准有:《华盛顿协议》、美国工程技术认证委员会(ABET)的EC2000认证标准、欧洲工程教育认证联盟(ENAEE)的EUR-ACE认证标准。目前我国已成为《华盛顿协议》中的正式成员国。通过工程教育专业认证的学生可以在相关的国家或地区按照职业工程师的要求,取得工程师执业资格,这将为工程类学生走向世界提供具有国际互认质量标准的通行证。在国内,2012—2014年,华东理工大学、合肥工业大学、大连理工大学、常州大学、昆明理工大学的制药工程专业通过中国工程教育专业认证协会(China Engineering Education Accreditation Association, CEEAA)的认证。我国工程教育专业认证协会也修改并颁布了《工程教育认证标准(2015版)》。

1.14 毕业生职业资格认证和高质量的就业问题 如何将专业学位教育与职业资格认证结合是增强学生就业竞争力的有效措施,同时对卓越制药工程师来说,我们关心的不仅是就业率,更重要的是高质量的就业。高质量的就业是指学生的专业与工作内容的相关度和吻合度、毕业半年内的离职率、毕业半年内的收入状况[4]。我校历来重视紧密结合制药行业的需求,将学校内的专业学位教育和社会的职业资格认证紧密结合,鼓励学生参加并考取相应的职业资格证书,如注册执业药师。

1.15 政府-制药行业-高校-企业-学生之间的协调和配合问题 "卓越制药工程师"的培养要求政府-行业-高校-制药企业-学生之间相互配合和协调,但是目前的现状是,高校和企业参与度较高,而政府和制药行业参与度较低,因此势必影响卓越制药工程师的培养质量。因此政府和制药行业加入卓越制药工程师的培养是今后工作的重点和难点。

2 我校卓越制药工程师培养取得的成效

山东省教育厅2013年开展了"山东省省级卓越工程师教育培养计划项目",我校制药工程专业积极申报并获得立项(鲁教高字[2013]3号)。2015年由我校药学院陈新梅副教授牵头申报的"基于CDIO理念的卓越制药工程师培养模式研究"获得山东省教育厅"2015年度山东省本科高校教学改革研究项目"立项(2015M189)。在上述两个项目的支持下,卓越制药工程师的培养取得了一定的成效。

2.1 明确培养模式和培养思路 明确了卓越制药工程师试点班的培养模式,如试点班成员遴选与管理[5]、培养模式[6]、课程体系建设[7]、企业培养方案[1]、质量保障体系[2]等关键环节进行了初步探索和实践。同时明确了培养思路,卓越制药工程师的培养重点要突出其工程实践能力、创新能力和拓展国际化视野。因此围绕上述培养思路重点展开相应工作。

2.2 成立"卓越制药工程师试点班" 经过宣传、动员、报名、初选、面试、公示等环节,我校首批卓越制药工程师试点班圆满完成成员遴选工作,最终确定33名试点班成员[8]。卓越制药工程师试点班采用灵活的管理机制,主要培养具有工程意识、实践能力并具有国际视野的卓越制药工程师。

2.3 卓越制药工程师试点班取得的成效 在近1年的培养过程中,试点班成员的工程素养、实践能力、创新意识、创新能力有所提升、视野有所开阔。有2名同学参加药学院第四届实验技能大赛,3名同学获得2016年校级SRT项目立项并获得研究经费资助,2名同学参与专利申请,共发表9篇论文,4人接受邀请参与山东大学、苏州大学、沈阳药科大学的2016年暑期夏令营活动,卓越制药工程师试点班2012级12名毕业生百分之百就业,山东迪沙药业集团、山东明仁福瑞达制药股份有限公司、山东西王药业有限公司、烟台鲁银药业有限公司、华润三九临清药业等企业给予试点班成员高度评价。

3 结 语

"卓越计划"是一项系统工程,该计划的顺利实施和推进需要政府、行业、高校和企业等共同努力,在计划实施的过程中,势必会遇到各种问题,但是我们坚信,只要我们齐心协力共同努力,会提高高等工程教育质量,培养出更多的卓越制

2018年2月第24卷第4期　February.2018 Vol.24 No.4　中医药导报

清代蜀中名医刘福庆、刘莹医学传承探析*

高　锋,官菊梅,唐　旭

(四川中医药高等专科学校,四川　绵阳　621000)

[摘要]　清代蜀中三台名医刘福庆、刘莹父子医术精湛,对地方医学影响颇深,但其成才路径却少有记载,更无考证。通过对所见文献资料进行梳理,刘福庆医学传承以自学为主,兼有家族熏陶;刘莹医学传承既嗣承家传,又深得明师指导,且博采众长。刘氏父子门人众多,大多已无从考证,仅留存部分有姓名者以资参考。

[关键词]　医学传承;清代;三台;刘福庆;刘莹

[中图分类号]　G642　[文献标识码]　A　[文章编号]　1672-951X(2018)04-0131-03

DOI:10.13862/j.cnki.cn43-1446/r.2018.04.051

The Analysis of Chinese Medicine Heritage of the Famous Sichuan Doctor LIU Fu-qing, LIU Ying in Qing Dynasty

GAO Feng, GUAN Ju-mei, TANG Xu

(Sichuan College of Traditional Chinese Medicine, Mianyang Sichuan 621000, China)

[Abstract]　LIU Fu-qing and his son LIU Ying, were the famous doctor in the Santai Sichuan of the Qing Dynasty, had excellent medical skills, which influenced the local traditional Chinese medicine quite deep. However, the path of their success were less documented and less textual. This article collected and organized all the related documents. LIU Fu-qing′s medical inheritance was based on self-study, with family edification. LIU Ying′s medical skills was not only inherited from his family, but also guided from master, and he aggregated the advantage of both. There were a large number of disciples for Liu and his son, but most of them left few related literature, only parts of them remained name for reference. Analysis of LIU′s father and son′s medical heritage experience, help to understand the origin of Liu′s medical, but also for the training of high-level Chinese medicine talents, the old Chinese medicine academic experience to provide reference.

[Keywords]　Qing Dynasty; San tai; LIU Fu-qing; LIU Ying; Inheritance of TCM

师者学问高深,求学者必入师门得其门径,方可登堂入室,故学无师难以得高明,术无承难以得传薪[1]。众所周知,中

*基金项目:四川中医药协同发展研究中心重点项目(zx15004):三台刘氏中医药文化与传统文化的关系研究;四川省中医药管理局项目(2016C070)

药工程师。同时随着我国正式成为《华盛顿协议》的成员国以及《中国制药2025》的实施,我们相信卓越制药工程师在制药行业中将发挥越来越重要的作用。

参考文献

[1]　陈新梅,周萍,王诗源.基于CDIO理念的"卓越制药工程师"企业培养方案的研究[J].中国高等医学教育,2014(12):17-18.

[2]　陈新梅,周萍,王诗源."卓越制药工程师培养教育计划"质量保证体系的构建[J].中国民族民间医药,2014,23(231):85,87.

[3]　韩新才,闫福安,王存文,等.卓越工程师人才培养工程教育体系的探索[J].实验技术与管理,2015,32(3):13-17,32.

[4]　吴妍.卓越工程师计划下的就业情况探析[J].科技创新导报,2015(3):231-232.

[5]　陈新梅,周萍,王诗源.制药工程专业"卓越工程师"试点班学生遴选与管理机制初探[J].中国民族民间医药,2014,23(224):85.

[6]　陈新梅,周萍,王诗源.制药工程专业卓越工程师培养模式初探[J].药学研究,2014,33(4):239-240.

[7]　陈新梅,周萍,王诗源.制药工程专业卓越工程师试点班课程体系设置研究[J].化工时刊,2013,27(10):56-58.

[8]　崔英贤,陈新梅,曲智勇,等.制药工程专业新生对专业认知及职业规划的调查与分析[J].化工时刊,2016,30(5):50-52.

(收稿日期:2017-01-12　编辑:李海洋)

131